丛 书 总 主 编　陈宜瑜
丛书副总主编　于贵瑞　何洪林

中国生态系统定位观测与研究数据集

湖泊湿地海湾生态系统卷

广东大亚湾站
（2007—2017）

王友绍　孙翠慈　王玉图　主编

中国农业出版社
北　京

内容简介

本数据集是大亚湾海洋生态系统国家野外科学观测研究站近10余年来对大亚湾生态系统综合观测的历史资料与研究成果。全书涵盖了大亚湾物理海洋学、化学海洋学、生物海洋学、悬浮物与沉积物、气象等不同观测要素，以更加直观和简明的方式来了解大亚湾生态系统长期变化的特征与趋势。本数据集不仅为大亚湾生态系统长期变化研究、近海海洋生态系统的健康评估、海洋生物资源保护、海洋经济可持续发展提供基础资料和决策依据；同时，也为从事海洋科学、生态科学、全球变化领域研究的科技人员、管理人员以及其他相关人员系统地了解大亚湾生态系统状况提供参考。

中国生态系统定位观测与研究数据集

PREFACE 1
序一

进入20世纪80年代以来，生态系统对全球变化的反馈与响应、可持续发展成为生态系统生态学研究的热点，通过观测、分析、模拟生态系统的生态学过程，可为实现生态系统可持续发展提供管理与决策依据。长期监测数据的获取与开放共享已成为生态系统研究网络的长期性、基础性工作。

国际上，美国长期生态系统研究网络（US LTER）于2004年启动了Eco Trends项目，依托US LTER站点积累的观测数据，发表了生态系统（跨站点）长期变化趋势及其对全球变化响应的科学研究报告。英国环境变化网络（UK ECN）于2016年在*Ecological Indicators*发表专辑，系统报道了UK ECN的20年长期联网监测数据推动了生态系统稳定性和恢复力研究，并发表和出版了系列的数据集和数据论文。长期生态监测数据的开放共享、出版和挖掘越来越重要。

在国内，国家生态系统观测研究网络（National Ecosystem Research Network of China，简称CNERN）及中国生态系统研究网络（Chinese Ecosystem Research Network，简称CERN）的各野外站在长期的科学观测研究中积累了丰富的科学数据，这些数据是生态系统生态学研究领域的重要资产，特别是CNERN/CERN长达20年的生态系统长期联网监测数据不仅反映了中国各类生态站水分、土壤、大气、生物要素的长期变化趋势，同时也能为生态系统过程和功能动态研究提供数据支撑，为生态学模型的验证和发展、遥感产品地面真实性检验提供数据支撑。通过集成分析这些数据，CNERN/CERN 内外的科研人员发表了很多重要科研成果，支撑了国家生态文明建设的重大需求。

近年来，数据出版已成为国内外数据发布和共享，实现“可发现、可访问、可理解、可重用”（即 FAIR）目标的重要手段和渠道。CNERN/CERN 继 2011 年出版“中国生态系统定位观测与研究数据集”丛书后再次出版新一期数据集丛书，旨在以出版方式提升数据质量、明确数据知识产权，推动融合专业理论或知识的更高层级的数据产品的开发挖掘，促进 CNERN/CERN 开放共享由数据服务向知识服务转变。

该丛书包括农田生态系统、草地与荒漠生态系统、森林生态系统及湖泊湿地海湾生态系统共 4 卷（51 册）以及森林生态系统图集 1 册，各册收集了野外台站的观测样地与观测设施信息，水分、土壤、大气和生物联网观测数据以及特色研究数据。本次数据出版工作必将促进 CNERN/CERN 数据的长期保存、开放共享，充分发挥生态长期监测数据的价值，支撑长期生态学以及生态系统生态学的科学研究工作，为国家生态文明建设提供支撑。

孙鸿烈

2021 年 7 月

PREFACE 2

序 二

科学数据是科学发现和知识创新的重要依据与基石。大数据时代，科技创新越来越依赖于科学数据综合分析。2018 年 3 月，国家颁布了《科学数据管理办法》，提出要进一步加强和规范科学数据管理，保障科学数据安全，提高开放共享水平，更好地为国家科技创新、经济社会发展提供支撑，标志着我国正式在国家层面开始加强和规范科学数据管理工作。

随着全球变化、区域可持续发展等生态问题的日趋严重以及物联网、大数据和云计算技术的发展，生态学进入了“大科学、大数据”时代，生态数据开放共享已经成为推动生态学科发展创新的重要动力。

国家生态系统观测研究网络（National Ecosystem Research Network of China，简称 CNERN）是一个数据密集型的野外科技平台，各野外台站在长期的科学研究中积累了丰富的科学数据。2011 年，CNERN 组织出版了“中国生态系统定位观测与研究数据集”丛书。该丛书共 4 卷、51 册，系统收集整理了 2008 年以前的各野外台站元数据，观测样地信息与水分、土壤、大气和生物监测以及相关研究成果的数据。该丛书的出版，拓展了 CNERN 生态数据资源共享模式，为我国生态系统研究、资源环境的保护利用与治理以及农、林、牧、渔业相关生产活动提供了重要的数据支撑。

2009 年以来，CNERN 又积累了 10 年的观测与研究数据，同时国家生态科学数据中心于 2019 年正式成立。中心以 CNERN 野外台站为基础，生态系统观测研究数据为核心，拓展部门台站、专项观测网络、科技计划项目、科研团队等数据来源渠道，推进生态科学数据开放共享、产品加工和分析应用。为了开发特色数据资源产品、整合与挖掘生态数据，国家生态科学数据中心立足国家野外生态观测台站长期监测数据，组织开展了新一版的观测与研究数据集的出版工作。

本次出版的数据集主要围绕“生态系统服务功能评估”“生态系统过程与变化”等主题进行了指标筛选，规范了数据的质控、处理方法，并参考数据论文的体例进行编写，以翔实地展现数据产生过程，拓展数据的应用范围。

该丛书包括农田生态系统、草地与荒漠生态系统、森林生态系统以及湖泊湿地海湾生态系统共 4 卷（51 册）以及图集 1 本，各册收集了野外台站的观测样地与观测设施信息，水分、土壤、大气和生物联网观测数据以及特色研究数据。该套丛书的再一次出版，必将更好地发挥野外台站长期观测数据的价值，推动我国生态科学数据的开放共享和科研范式的转变，为国家生态文明建设提供支撑。

2021 年 8 月

CONTENTS

目录

第1章

概　述

自20世纪60年代以来，国际海洋生态学处于迅速和全面发展的阶段，有关海洋研究领域的国际重大计划相继开展，如JGOFS、GLOBEC、GOOS、GOEZS、SAOLS等（Botsford et al.，1997；Evelia & Guillermo，2001；Huang et al.，2003；Wang et al，2008）；直接涉及海洋生态的主要研究内容和议题包括：① 海洋对大气CO_2的缓冲和调节能力，海洋生态过程在其中的作用和机制；② 海洋中生源要素（特别是C、N）的生物地球化学循环过程及各种界面的通量；③ 海洋中颗粒物质的沉降、痕量气体（CH_4、N_2O、DMS等）的排放与生物活动和生产过程的关系；④ 生物群落的结构（如组成、多样性）如何与生态系统的功能特征（如生产力、养分循环、污染物的降解与释放、富集与传递）相联系；⑤ 生态过程与生物多样性（包括物种多样性、遗传多样性、生态多样性）对环境变化（包括气候、海陆相互作用、人类干扰）的适应与响应；⑥ 确定对胁迫产生的生态学响应的类型和指标，发展预测、监控技术；⑦ 生物生产过程与调控机制，可持续发展的生态系统的维护等（徐恭昭，1989；焦念志，1994；王友绍 等，2004；孙松 等，2005；黄良民 等，2007；王友绍，2014；孙松，2015；Adams，1969；Botsford et al.，1997；Jan et al.，2001；Shen，2001；Yung et al.，2001；Evelia & Guillermo，2001；Huang et al.，2003；Sun et al.，2008；Dong et al.，2008，2010；Ling et al.，2013，2015；Malakoff，2003；Jenkins，2003；Jackson & Johnson，2001；Jiang et al.，2015；Adrianov，2004；Giller et al，2004；Wu & Wang，2007；Wang et al.，2006，2008，2011，2012；Wang et al.，2018；Wang et al.，2020；Wu et al.，2009ab，2010，2011ab，2012abcd，2015ab，2016，2017；Zhang et al.，2010，2015；Yue et al.，2018；Hafezi et al.，2020）。

与国际上的发展相比，我国海洋生态系统的研究尚处在认识和发展阶段。有关生物的生命活动、生产过程、生物与环境的相互作用及其动态机制等基础研究还相当薄弱。20世纪80年代后期，受国际有关研究计划的影响，我国的海洋生态学研究开始发生质的变化，除了直接参与有关的国际研究计划（如JGOFS、GLOBEC、LOICZ等）与国际研究接轨之外，我国还开展了沿海调查（如海岸带调查和海岛调查）、主要渔场调查（如闽南—台湾浅滩渔场上升流区生态学研究）、实验生态学和养殖生态学以及污染生态学（赤潮）的研究等。此外，我国还对新生产力、生物颗粒谱、碳循环、红树林、海草床和珊瑚礁等作了探索性和较为系统地研究（苏纪兰 等，2001，2006；徐继荣 等，2004；赵美霞 等，2009；孙松，2015；杨顶田，2017；王友绍，2013，2014，2019；Zhang et al.，2007；Huang & Wang，2009；Cheng et al.，2020；Liu et al.，2020；Inyang & Wang，2020；Zhang et al.，2010，2015，2021）。

海湾是海洋伸入陆地的部分，是海洋生态系统的子系统。海湾又是陆地所环抱的水域，与陆地生态系统密切相关，因而海湾是陆地、海洋和大气相互联系的结点，是相互作用强烈的区域，而且也是受人类干扰最严重的区域。海湾由于人类活动而形成了复杂的社会—经济—自然复合生态系统，成为了海洋生态学研究的国际前沿领域，但是我国海湾生态系统的长期监测与研究还任重道远（赵士洞，

2001，2004，2005；宁修仁 等，2004；秦德润，王松霈，2000；王友绍，2014；孙松，2015）。我国是一个具有约 32 000 多 km 海岸线，管辖海域面积约 300 万 km^2 的海洋大国，据统计大约有 350 多处海湾，我国科技工作者也进行了大量的环境、生态和生物资源等方面研究，如我国热带的三亚湾、亚热带的大亚湾和温带的胶州湾等（董金海 等，1995；焦念志，1994；徐恭昭，1989；董俊德 等，2002ab；吴玉霖 等，2004；王友绍 等，2004；孙松 等，2005；黄良民 等，2007；赵美霞 等，2009；王友绍，2014；孙松，2015；Huang et al.，2003；Yu et al.，2006；Sun et al.，2008；Liu et al.，2008；Dong et al.，2008，2010；Ling et al.，2013，2015；Zhang et al.，2010，2015；Shen，2001；Wang et al.，2018；Wang et al.，2020；Wu & Wang，2007；Wang et al，2006，2008，2011，2012；Wu et al.，2009ab，2010，2011ab，2012abcd，2015ab，2016，2017，2020；Yue et al.，2018）。

美国长期生态学研究网络（U. S. Long Term Ecological Research Network，简称 U. S. LTER Network）由美国国家科学基金会（NSF）资助，于 1980 年正式启动。V. S. LTER Network 是世界上第一个以长期生态学现象为主要对象的研究网络，现在已经成为世界上规模最大、研究水平最高的国家级长期生态学研究网络。美国长期生态学研究网络重视数据集的可比性以及方法和设备的标准化。数据集的可比性至少包括统计和实时记录。设备的标准化还包括测量、方法及计算机的标准化，其有关通讯、数据控制以及分析用软硬件的标准化在 1988 年就已选定。

世界各国均十分重视国家长期生态学研究，尤其是海洋国家的海湾长期生态学研究（赵士洞，2001，2004，2005；宁修仁和孙松，2005；金恒镳，2003；孙松 等，2005；孙松，2015；王友绍，2014；Shen，2001；Wang et al.，2006，2008），如美国的 Chesapeake 湾（Rasse et al.，2005；Walker et al.，2000；Hofmann et al.，2001；Murphy et al.，2019）、英国的 Sevastopol 湾（Gordina et al.，2001；Stelmakh et al.，2010）、日本的 Tokyo 湾（Kodama et al.，2002；Kubo et al.，2019）、俄罗斯的 Lake Imandra 和 Kola Peninsula 湾（Boris et al.，2003）、西班牙的 Biscay 湾（Luis et al.，1998；Borja et al.，2018）以及我国的胶州湾（孙松 等，2005；孙松，2015；Shen，2001；Yu et al.，2006；Wang et al.，2018；Wang et al.，2020）、大亚湾（徐恭昭，1989；王友绍 等，2004；王友绍，2013，2014；Wu & Wang，2007；Wang et al.，2006，2008，2011，2012；Wu et al.，2009ab，2010，2011，2012abc，2015a，2016，2017，2020；Yue et al.，2018）、三亚湾（黄良民 等，2007；Huang et al.，2003；Huang et al.，2003；Dong et al.，2008，2010；Ling et al.，2013，2015；Zhang et al.，2010，2015；Wu et al.，2012d，2015b）和我国台湾南湾（Jan et al.，2001）等。

自 20 世纪 50 年代开始，我国海湾生态学观测进行了一系列的现场工作，规模较大的观测研究有 1958—1960 年的全国海洋普查（王友绍，2014）；20 世纪 70 年代末和 80 年代初的胶州湾生态学与生物资源调查研究；20 世纪 80 年代多次的大亚湾生态学与生物资源调查研究；20 世纪 80 年代中期的三亚湾生态学与生物资源调查研究；20 世纪 80 年代的全国海岸带和海涂资源调查，长江口及其毗邻东海沉积动力学和底层海洋学研究；20 世纪 80 年代中期的长江口及其毗邻东海生态学和生物地球化学研究，胶州湾、象山港和东吾洋养殖生态与水产增殖研究，三峡工程对长江河口区生态与环境影响调查研究等；20 世纪 90 年代的中国海岸带环境与资源可持续发展关键技术研究，桑沟湾和胶州湾的贝、藻类养殖容量研究，大亚湾、象山港养殖生态与容量研究（金启增，1996；邹仁林，1996）；“十五”期间开展的典型海域有害赤潮生态学与海洋学研究，中国陆地和近海生态系统碳收支研究，中国近海、河口和海岸带陆海相互作用及其环境效应研究等；从 2004 年国家启动我国近海海洋综合调查与评价（国家“908”专项和沿海省份“908”专项）（王友绍，2013）。

大亚湾海洋生物综合实验站，成立于 1984 年，所属单位为中国科学院南海海洋研究所，1989 年加入中国生态系统研究网络（Chinese Ecosystem Research Network，CERN），1991 年和 1993 年被定为中国科学院开放站和中国生态系统研究网络重点站，2005年进入国家野外科学观测研究站，具有多年海湾生态监测与研究历史（潘金培 等，1996，1998，2001；徐恭召，1989；王友绍，2004，2013，2014；Wang et al.，2006，2008，2011，2012），在国内外海湾生态学研究方面享有较高的声誉与知名度，与胶州湾海洋生态实验站和三亚海南热带海洋生物实验站共同组成较为系统的国家野外观测与研究站。本数据集是大亚湾海洋生态系统国家野外科学观测研究站近10余年来对大亚湾生态系统综合观测的历史资料与长期研究成果；涵盖了物理海洋学、化学海洋学、生物海洋学、悬浮物与沉积物、气象等不同观测要素。同时，还包括大亚湾海域珊瑚礁、红树林和海草床等研究成果和历史数据。该数据集的出版，将为我国近海生态系统长期变化研究、近海海洋生态系统的健康评估、海洋生物资源保护、海洋经济可持续发展提供基础资料和决策依据。

第2章

大亚湾站介绍

海洋生态系统是地球上最大、最有价值且又是最为脆弱的生态系统之一。全球海洋面积约占地球表面积的70%，体积约占生物圈的95%，是地球上最大的资源库，又称之为“蓝色海洋宝库”。由于人类活动的影响，近海生态环境的演变与退化已成为全球性的问题，如近年来近海赤潮的频频发生、厄尔尼诺现象等。特别是自20世纪80年代中期以来，随着我国经济发展的重心推向沿海地区，中国海沿岸开始经历快速的工业化、城市化过程。我国沿岸海洋生态系统遭到严重破坏，尤其沿岸典型河口、海湾等均遭到不同程度的人类活动的胁迫。我国沿海地区以13%国土面积，承载了40%多的人口，创造了60%以上的GDP。近海生态系统已成为国家缓解资源环境压力的重要地带，然而经济和人口的增长对我国近海环境的胁迫作用也越来越大。在此背景下，中国科学院大亚湾海洋生物综合实验站（简称“大亚湾站”）应运而生。经过2年建设，1984年，位于深圳大鹏半岛东侧的大亚湾站正式建成。

2.1 大亚湾站简介

大亚湾位于广东省珠江口左侧、深圳市大鹏半岛的东部，113°29′42″—114°49′42″E，23°31′12″—24°50′00″N，处于粤港澳大湾区核心地带，面积约600 km²，平均水深11 m，最深处21 m，是南海北部一个较大的半封闭性海湾，湾内有大小岛屿50多个。年平均气压为1 010 hPa、年平均气温22 ℃、年降水量为1 500～2 000 mm；湾内生物资源丰富，生物类型众多，属亚热带海湾兼有热带特色，而红树林、海草床和珊瑚群落则使该亚热带海湾显示出热带生境的特色，是我国亚热带海域的重要海湾之一。在大亚湾北部—西部—南部沿岸生长着我国目前发育和保护较好的珊瑚礁生态系统，共有石珊瑚83种、覆盖率为21.7%；同时，大亚湾海域分布着11科14种红树植物，几乎包括了亚热带沿岸所有的红树植物物种，大亚湾海域分布海草主要是喜盐草（黄小平 等，2010）；湾口东部还设有国家级海龟自然保护区。半封闭的大亚湾包含许多岛礁，湾中夏季、秋季受粤东上升流和珠江冲淡水的影响（王友绍，2014）。

随着经济的发展，特别是改革开放初期，大亚湾与我国其他典型海湾一样均遭到不同程度的人类活动的影响（王友绍，2014）。大亚湾海域主要受城市化建设、大型沿岸工程、陆源物质排放、核电站和海水养殖活动等影响；自1991年以来，大亚湾有2座核电站同时运行，大亚湾沿岸集中了中海壳牌南海石化、广东LNG惠州电厂、中国海油惠州炼油、比亚迪以及华德石化原油库等公司，先后吸引了来自荷兰、美国、英国、日本、新加坡、德国等20多个国家和地区的客商前来投资，其中有世界500强企业20多家，如荷兰皇家壳牌集团、韩国SK集团等。大亚湾海域水产养殖从1988年的1 000多箱剧增至现在的近3万箱。据统计，2003年大亚湾海域就有1/3区域受海水养殖的影响。

中国科学院大亚湾海洋生物综合实验站于1984年建立，位于我国改革开放的窗口、美丽的滨海城市——深圳市大鹏新区东渔社区，隶属于中国科学院南海海洋研究所。大亚湾站1989年成为

CERN 首批 29 个站之一，1990 年被定为中国科学院开放站正式向国内外开放，1993 年大亚湾站成为 CERN 的重点站，2005 年进入国家生态系统观测研究网络（National Ecosystem Research Network of China，CNERN）重点野外科学观测研究站序列。大亚湾站具有 30 余年海湾观测与研究的历史，是我国亚热带海洋科学研究领域唯一的海洋综合研究与技术支撑平台，具有典型区域代表性和不可替代作用。早在 1983 年，大亚湾就被广东省人民政府划为水产资源保护区，1984 年广东省又将大亚湾列为重点经济开发区；大亚湾也是我国目前唯一有 2 座核电站同时运行的亚热带典型海湾，位于大亚湾的西岸，与大亚湾站隔海相望，大亚湾海域是受人类活动与自然影响驱动的复合生态系统（Wang et al.，2008；王友绍，2014）（图 2 - 1）。

图 2 - 1　大亚湾站大门

总体定位：以亚热带海湾生态环境与生物资源的可持续发展为目标，开展长期综合观测试验和海湾生态系统结构、功能及其演变过程研究，建成国际一流的亚热带海湾生态系统研究基地。其主要任务是为我国海湾生态系统的健康发展与评估，海湾生态系统理论的建立、完善、优化与综合管理提供示范，为国家海洋生态环境保护、生物资源可持续发展提供决策依据。

主要研究方向：大亚湾及附近海域生态系统的结构、功能及人类活动的影响；亚热带典型海湾生态系统的长期观测与数据积累；亚热带近海海洋生物资源可持续利用研究。

2.2　大亚湾站的学术价值

大亚湾站以亚热带海湾及其邻近海域生态环境与生物资源的可持续发展为研究目标，开展大亚湾及其邻近海域长期综合观测与数据积累，海湾生态系统的结构、功能及人类活动影响研究，以及海洋生物资源可持续利用研究，将大亚湾站建成具有国际一流水平的海洋生态学长期综合观测与研究平台以及生物资源可持续性研究创新基地，为我国海洋生态系统的健康发展与评估，海湾生态系统理论的建立、完善、优化与综合管理提供示范，为国家海洋生态环境保护、生物资源可持续发展提供决策依据。

建站 30 余年以来，大亚湾站面向国家海洋生态文明建设、共建“一带一路”倡议等国家重大需求及海洋生态学、恢复生态学、分子生态生物学等学科前沿，开展了系统的、长期的定位监测、试验研究及科普示范，取得了一系列重要成果，揭示了核电站温排水不会影响大亚湾生态系统的变化趋势，解决了国际上有关核电站温排水对生态系统影响与否的长期争论，推动交叉新学科“计量海洋生态学”的发展；阐明了南海区域海洋生物种群多样性与生产机制，推动了生物海洋学发展；揭示了台风、海啸等引发的突发性藻华过程的三维结构与生消规律，拓展了遥感技术在海洋生态学研究中的应用；揭示了红树林氧化酶系统、Ⅱ型金属硫蛋白和 *CBF*/*DREB*2 等基因抗逆境分子生态学机制，引领了国际红树林分子生态学研究。大亚湾站的建立，提高了我国海洋生态保护和生物资源利用技术的研究水平，推动了我国海洋生态保护与海洋生物高技术产业跨越发展；其研究成果奠定了我国热带、亚热带海域生态系统演变过程与规律的理论基础，在国内外产生了重要影响，为我国近海生态环境保护与生物资源可持续发展提供了重要的理论依据与技术支撑。

2.2.1 大亚湾站具体代表性成果

2.2.1.1 阐明了大亚湾生态系统对环境变化的响应与适应机制

依据大亚湾 30 余年的生态监测与研究，提出了海洋微表层快速交换新观点，阐明了大亚湾海域低营养盐和高生产力之谜（潘明祥 等，2000），提出了大亚湾生态环境动态变化模式：大亚湾海域由贫营养状态发展到中营养且局部已发现有富营养化的趋势，氮磷比（N/P）平均值由 20 世纪 80 年代的 1/1.5 上升到近年的>50，大亚湾营养盐限制因子已由 20 世纪 80 年代的 N 限制过渡到 90 年代后期的 P 限制，到近年来 Si 和 P 交替限制（王友绍，2004，2014；Wang et al.，2008），打破了近十几年来一直 P 限制的结论，生物资源趋于小型化，生物资源衰退，揭示了大亚湾海域主要是受人类活动驱动的复合生态系统（王友绍，2014；Wang et al.，2008）；通过大亚湾生态系统的物理—化学—生物耦合（王友绍，2014；Wang et al.，2006，2001，2012），揭示了核电站温排水对大亚湾核电站周围海域的生态环境存在一定影响，但不会影响大亚湾生态系统的变化趋势，无机氮磷比（TIN/P）是驱动大亚湾生态系统变化的关键驱动因子，解决了国际上有关核电站温排水对生态系统影响与否的长期争论（王友绍，2014；王友绍 等，2019；Wang et al.，2006，2008，2011，2012）；受中广核工程设计有限公司委托，开展岭澳核电厂三期工程核电厂与大鹏新区国家级海洋生态文明示范区相互影响研究，根据压力—状态—响应（PSR）模型计算分析，如增加 2 台机组的运行，对大亚湾海洋生态文明建设的影响仍处于 6 台机组运行时的水平，建立了核电项目对海洋生态文明影响的评价体系（王友绍 等，2019），为促进国家大型沿岸工业区域海洋生态文明建设提供了依据，减少了国家对核电站的双倍投入（图 2-2）。

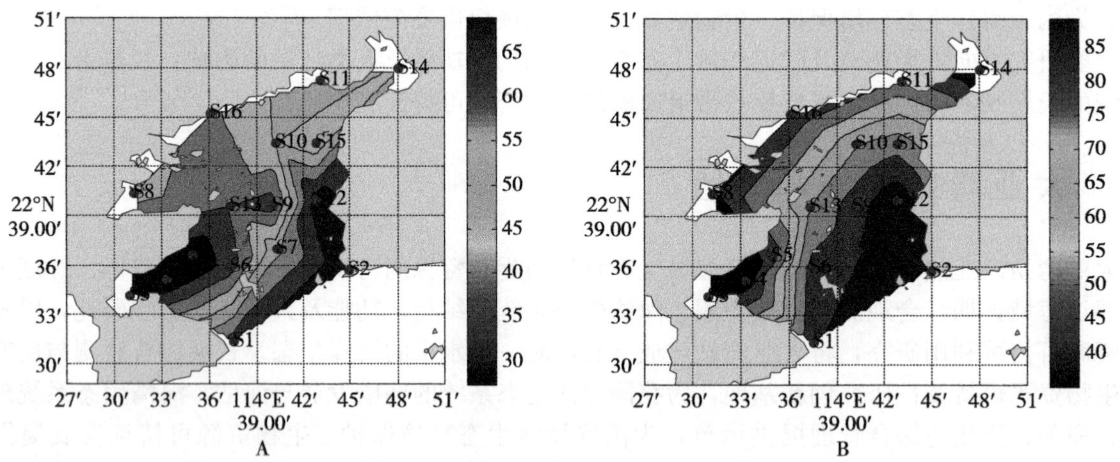

图 2-2 大亚湾核电项目对海洋生态文明影响的评价体系—生态健康综合指数（王友绍 等，2019）
A. 2000 年前 B. 现状

利用化学计量学的方法评估人类活动对大亚湾海域的影响，证实了人类活动增加打破了中国近岸水体营养盐平衡这一重要发现（Wu & Wang，2007），在识别人类活动与自然过程对近海生态环境变化的影响与贡献方面得到了国际上的肯定，该成果被 *Nature China* 作为亮点工作报道，先后多次获世界能源领域权威奖项埃尼奖（Eni Award）提名；发现了大亚湾北部养殖水体影响海域占大亚湾海域 1/3 以上的面积，而其他海域主要是受外海水影响，首次区分了人类活动与自然变化对大亚湾海域生态环境影响与贡献。所建立的计量海洋生态学的方法与技术（Wang et al.，2006，2001，2012；王友绍，2013；Wu et al.，2017）、生态模型（Wu & Wang，2007；Wu et al.，2017）已被国际上广泛采用（Basatnia，et al.，2018；De Carvalho et al.，2017），建立了计量海洋生态学的理论体系，出版了国际上首部《计量海洋生态学》专著，催生了计量海洋生态学交叉新学科（图2-3）。

natureCHINA

Full text access provided to by

Cart

Search go Advanced search

Home > Subject archive > Research Highlights

Homepage
Current content
Featured this month
Subject archive
Nature Video Lindau Collection
About the site
Meet the editors
Contact us
FAQs
Terms & Conditions
Journals@CALIS
natureasia.com

NPG Journals
by Subject Area
Chemistry: Chemistry, Drug discovery, Biotechnology, Materials, Methods & Protocols
Clinical Practice & Research: Cancer, Cardiovascular medicine, Dentistry, Endocrinology

Research Highlights

Subject Category: Earth & environment

Published online: 30 May 2007 | doi:10.1038/nchina.2007.91

Coastal waters: Daya in distress
Tim Reid

Increased human activities alter the balance of nutrients in Chinese coastal waters

Original article citation
Wu, M. L. & Wang, Y. S. Using chemometrics to evaluate anthropogenic effects in Daya Bay, China. *Estuar. Coast. Shelf Sci.* **72**, 732–742doi: 10.1016/j.ecss.2006.11.032(2007).

Economic growth and urban development on the coast of the South China Sea is having a detrimental effect on coastal waters. Meilin Wu and Youshao Wang[1] at the Chinese Academy of Sciences in Guangzhou have undertaken a complete study of the water quality in Daya Bay, one of the main aquaculture areas in Guangdong province. They found that the levels of essential nutrients have changed over the past 20 years owing to human influences, including nuclear-power plants.

© (2007) Meilin Wu & Elsevier

Daya Bay is a large semi-enclosed body of water with an average depth of around ten metres. The researchers monitored the physical and chemical characteristics of water at 12 sites in the bay and assessed the statistical significance of nearby pollution sources.

The bay has considerably higher concentrations of nitrogen compounds than the open sea, owing to domestic and industrial wastewater. In particular, nitrogen concentrations and water temperature were high in areas close to nuclear-power plants. The increase in the ratio of nitrogen to phosphorous in the bay over the past 20 years has reached the extent that

This is the international version of *Nature China*, if you are based in China we offer a Chinese mirror site.

Toolbox
Previous Next
Recommend a paper
Send to a friend
Export citation
Export references
Rights & permissions

ADVERTISEMENT
Cellular & Molecular Immunology
WEB FOCUS

图2-3 论文被 *Nature China* 评述（左）和《计量海洋生态学》专著（右）

2.2.1.2 揭示南海区域海洋生物种群多样性与生产机制

提出并验证了“珊瑚礁高效营养生态泵”概念（图2-4）（吴成业 等，2001），阐释了河口、海湾和陆架海区浮游生物功能群结构与生产过程（Huang et al.，2004）；证实了痕量金属在不同食物链传递过程的显著差异性（Xu & Wang，2004）；揭示了海洋无脊椎动物幼虫附着变态过程和调控机制（Qiu & Qian，1997）；开拓了柳珊瑚、笛鲷属分子辨识技术和马氏珠母贝遗传多样性研究，首次建立了3种海水鱼类的能量收支方程（Sun et al.，2006）；首次摸清了华南沿岸海草种类、地理分布及其环境状况（黄小平和黄良民，2004），建立了比较完善的海草生态系统管理体系，编制了《中国

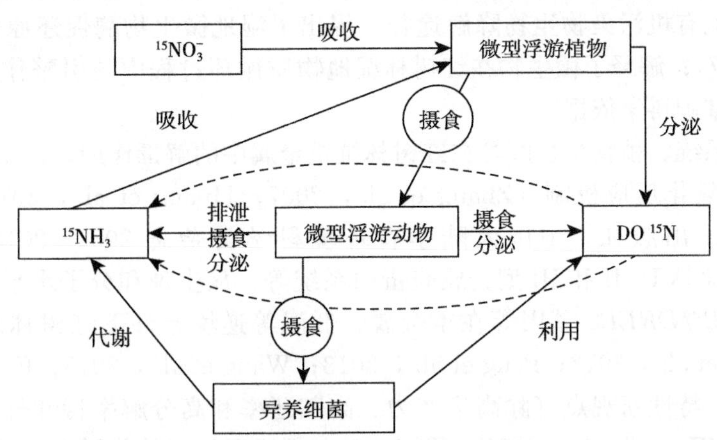

图2-4 “珊瑚礁高效营养生态泵”概念图（王友绍 等，2019）

海草保护行动计划》等。研究成果充实了海洋生态系统与生物多样性研究内涵，丰富了海洋生态学理论，推动了生物海洋学发展，为海洋生物多样性保护和生物资源可持续利用提供重要科学依据。

2.2.1.3 阐明了南海及临近海域藻华形成演变过程及其调控机制

首次提出了“南海西部强风—上升流—藻华”形成演变的动力理论与概念模型，揭示了季风与气候变化对藻华过程的调控机理，阐述了南海常态藻华格局及其演变特征（Zheng & Tang，2007）（图 2－5）。率先研究海啸等海洋灾害的生态效应，揭示了台风、海啸等引发的突发性藻华过程的三维结构与生消规律；揭示了东南亚季风变动对南海浮游植物、营养盐以及碳循环影响机制（Sun et al.，2007）。系统分析了南海有害藻华的时空分布特征与机理，提出了相应的灾害风险评估与应急管理体系（隋广军和唐丹玲，2015），在国际上出版首部有关台风研究专著 *Typhoon Impact and Crisis Management*（Tang & Sui，2014）。揭示了发生赤潮时的红色中缢虫与其体内隐藻（*Teleaulax amphioxeia*）的共生机制，提出了“红色中缢虫培育隐藻”的共生新模式，成果发表在《美国科学院院报》上（Qiu et al.，2016），被评为 2016 年中国海洋与湖沼十大科技进展（图 2－5）。

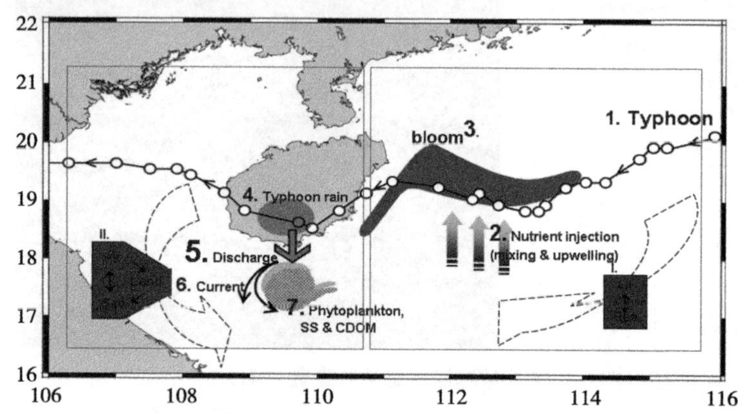

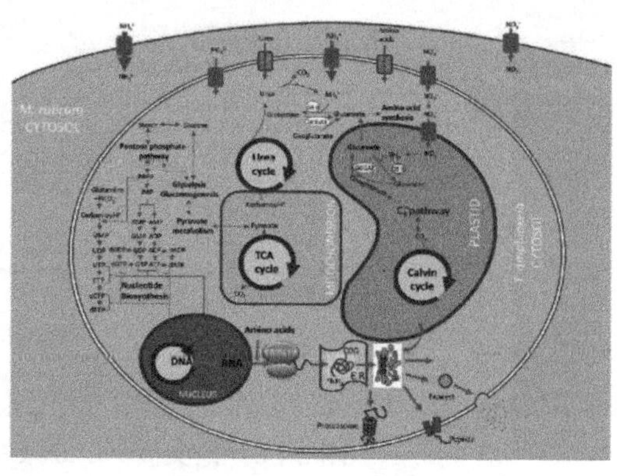

图 2－5 台风突发性藻华过程（左）和红色中缢虫与隐藻营养物质输送机制（右）
（Zheng & Tang，2007；Qiu et al.，2016）

2.2.1.4 揭示红树林逆境生理生化特征及其分子生态学机制

从红树林湿地中分离纯化得到多株高效降解菌株（Yin et al.，2006），其中 *A. caviae* WⅡ、*A. punctata* TⅡ能够高效降解萘、蒽和芘，*P. aeruginosa* Gs 降解 3－甲基吲哚，生化途径为：3－甲基吲哚→吲哚－3－羧酸→3－羟基吲哚→CO_2＋H_2O；首次阐明了 *Comamonas acidovorans* FY1 对邻苯二甲酸二酯的生物降解途径，阐明了厌氧和非厌氧条件下环境微生物参与降解特定有机污染物机理，提出了环境微生物对湿地有机污染物生物降解途径、提出了湿地微生物酶促还原铬（VI）脱毒反应机理等（Li & Gu，2007）；解释了微生物在红树林湿地物质循环过程中的引擎作用，为受损滨海湿地微生物生态修复提供基础科学依据。

阐明了抗氧化酶系统、植物螯合肽等在红树林抗重金属中的解毒作用，揭示了污染胁迫下红树植物抗氧化酶和脂质过氧化反应机制（Zhang et al.，2007；Huang et al.，2010），论文（Zhang et al.，2007）获 Elsevier 出版社“中国大陆学者环境科学类杂志 2005—2010 年度最高引用奖”（图 2－6）；发现了红树林 I、II 和 III 型金属硫蛋白系统等，从生理和分子水平上揭示了抗氧化酶系统、金属硫蛋白和 *CBF/DREB2* 基因等在重金属、低温等逆境条件下红树林调控机理（Huang & Wang，2009；Zhang et al.，2012；Peng et al.，2013；Wang et al.，2015；Fei et al.，2015），提出了红树林具有“四高”特性新观点（除高生产力、高归还率和高分解率特性外，发现还具有高抗逆性）（王友绍，2019；Wang & Gu，2021）（图 2－7）、促进了红树林分子生态学发展。解决了长期困扰海洋生态学家有关红树林抗逆机理的问题，为红树林湿地植物生态修复提供了基础理论依据。

ELSEVIER

Environmental Sciences Journals
Most Cited Articles by Chinese Mainland Authors
2005 – 2010

Awarded to:
Zhang F.-Q., Wang Y.-S., Lou Z.-P., Dong J.-D.

For the paper entitled:
"Effect of heavy metal stress on antioxidative enzymes and lipid peroxidation in leaves and roots of two mangrove plant seedlings (Kandelia candel and Bruguiera gymnorrhiza)"

This paper was published in:
Chemosphere, Volume 67, Issue 1(2007), Pages 44-50

Gert-Jan Gerseds
Executive Publisher · Environmental Science and Ecology 1
Elsevier, Amsterdam, The Netherlands

图 2－6　“中国大陆学者环境科学类杂志 2005—2010 年度最高引用奖”（左）和红树林分子生态学（右）

图 2－7　红树林对极端环境变化响应与适应机理（即具有“四高”特性模式）图
（王友绍，2019；Wang & Gu，2021）

2.2.1.5　肩负社会责任、推进科技资源共享，为周边地区、相关领域的科技创新、区域发展与生态保障等提供重要支撑

在区域发展方面，利用大亚湾站多年对核电站生态环境监测和对大亚湾生态系统影响研究成果（图 2－8），参与国内新建核电站（如福建漳州核电站等）生态监测提供服务、拟建核电站设计和选址（岭澳核电三期等）提供决策和咨询，提供了大量第一手资料和科技支撑。

在地方养殖业发展方面，在“海洋 863”项目“珍珠贝多倍体育种”等支持下，在国内最先开展了合浦珠母贝三倍体和四倍体育种研究（图 2－9），培育出三倍体群体苗 4 000 万个，其中三倍体最高可达 70%；培育出四倍体群体 2 000 多个，其中四倍体占 1.7%。1998—2000 年在大鹏澳海滩放流中间培育的紫海胆人工苗合计约 11 万粒，放流 1 年后壳径达到 4 cm 左右，2 年后壳径达到 5 cm 左右。我们在国内较早开展了华南东风螺（*Babylonia lutosa*）和方斑东风螺（*Babylonia areolata*）的人工育苗研究，已培育出 2.2 万个华南东风螺稚贝，0.8 万个方斑东风螺苗种投放市场。率先引进凡纳滨对虾（南美白对虾）到华南沿海（图 2－9），建立了规模化全人工繁育技术，创建了对虾集约化防病养殖模式及技术体系并在养殖生产中应用，创造社会经济效益 1 000 多亿元，养殖产量占全国对虾产量的 80%，占全世界产量的 40%，使我国成为全球最大的养殖对虾生产国。

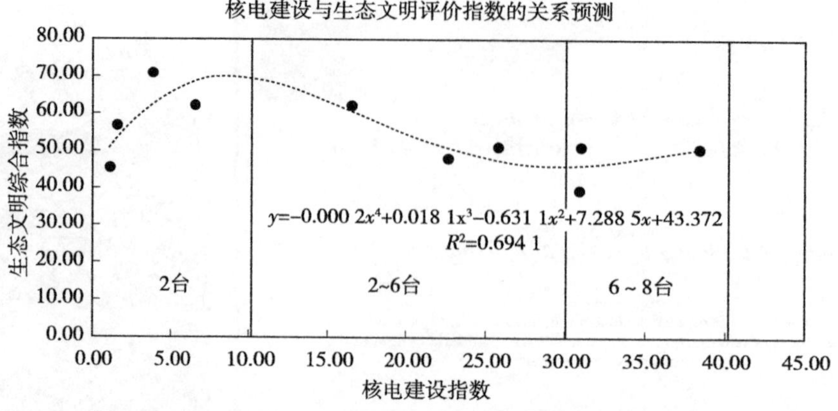

图 2-8 大亚湾核电项目对区域海洋生态文明的影响（王友绍 等，2019）

图 2-9 凡纳滨对虾（左）和珍珠贝多倍体（右）

“863”项目“军曹鱼人工繁殖及规模育苗技术研究”解决了国内军曹鱼生产性全人工繁殖与苗种培育的关键技术，从而结束了苗种完全依赖进口的历史，军曹鱼规模化养殖技术与示范已覆盖广东、广西和海南等地，直接经济效益已超过 100 亿元（图 2-10）。依托大亚湾站，先后选育出凡纳滨对虾“中科 1 号”和“正金阳 1 号”、马氏珠母贝新品“南科 1 号”、牡蛎“华南 1 号”等新品种（图 2-11），这些新品种推广应用将对我国海水养殖业的持续、稳定和健康发展起到极大的推动作用，丰富了海洋生物资源学和生态学理论，提高了我国海洋生物资源利用技术的研究水平，推动了我国海洋生物高技术产业跨越式发展。

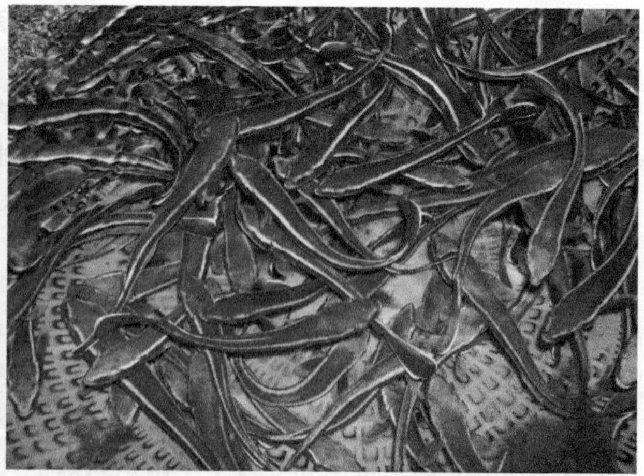

图 2-10 军曹鱼育苗与示范基地

图 2 - 11　牡蛎（上）、海参（中）和马蹄螺的人工繁殖及规模育苗（下）

在区域生态保护方面，提交了 8 部关于海洋生态环境与保护的国家报告，建立了红树林生态系统评价与修复技术（王友绍，2013），为近海生态修复奠定了理论基础和技术支持。在广东湛江和南沙、浙江温州等地建立了红树林生态修复技术试验示范区 16 000 多亩*，每年生态效益 7 亿多元（Costanza et al.，1997），依托大亚湾站，促成了与马来西亚理科大学、斯里兰卡卢胡纳大学和巴基斯坦拉斯贝拉大学等"一带一路"国家的科技合作，将生态修复技术推广至马来西亚牛拉河口、巴基斯坦玛里尔河口等（图 2 - 12），推动了"一带一路"沿岸国家海洋生态保护健康发展。

* 亩为非法定计量单位，1 亩＝0.066 67 公顷。——编者注

广东湛江先来

浙江温州霓屿

巴基斯坦玛里尔河口

马来西亚牛拉河口

图 2-12　红树林生态修复示范区

自 1984 年建站以来，大亚湾站始终坚持长期生态学监测、研究、示范与服务的宗旨，面向国家海洋生态文明建设、国家“一带一路”等国家重大需求及海洋科学学科前沿，取得了一系列重要成果，为我国近海生态环境保护与生物资源可持续发展提供了重要的理论与技术支撑。近年来以大亚湾站为研究平台，先后获得国家重点研发计划项目（即国家“973”项目）、国家自然基金重点项目（面上）、国家科技支撑计划项目（课题）、国家“863”项目（课题）和各类人才项目（课题）共 118 项。获国家自然科学奖二等奖、省部级一等奖 7 项；发表研究论文 370 篇，其中 SCI 收录论文 318 篇；授权专利（包括软件）75 项，出版专著（专刊）9 部，并培养了一批海洋生态学、海洋生物学和海洋环境科学等研究的优秀人才。

依托独特的区位优势、完善的科学研究设施、长期历史数据的积累和丰硕的成果产出，大亚湾站已成为国内外知名的海洋科学研究基地。坚信大亚湾站未来必将成为国际一流水平的海洋生态学长期综合观测与研究平台以及生物资源可持续性研究与创新示范基地，为我国海洋生态环境保护和海洋经济可持续发展做出更大贡献，助力国家海洋生态文明建设，推动“一带一路”重大倡议建设和发展。

2.2.2　人才培养与队伍建设

大亚湾站作为 CNERN 重点野外科学观测研究站、CERN 重点站和中国科学院开放站，经过 30 余年不断发展与壮大，形成了由国家杰出青年科学基金获得者、“百人计划”入选者、创新研究员、中国科学院青促会会员等组成的科研队伍与经验丰富的支撑和管理团队，包括国家重点研发计划（国家重点基础研发计划）项目首席科学家（2 人）、享受国务院政府特殊津贴专家（3 人）、国家杰出青年科学基金（或优秀青年科学基金）获得者（3 人）、引进国外杰出人才（中国科学院“百人计划”）（4 人）、优秀青年才俊等。研究内容涉及海洋生态学、海洋化学、海洋生物光学、海洋生物学等。近年来，培养博士研究生 45 人、硕士研究生 146 人，其中 3 人（次）获得中国科学院“百篇优秀博士学位论文奖”，10 余人（次）获得“中国科学院院长优秀奖”“中国科学院朱李月华优秀博士生奖”等各类奖项（图 2－13）。

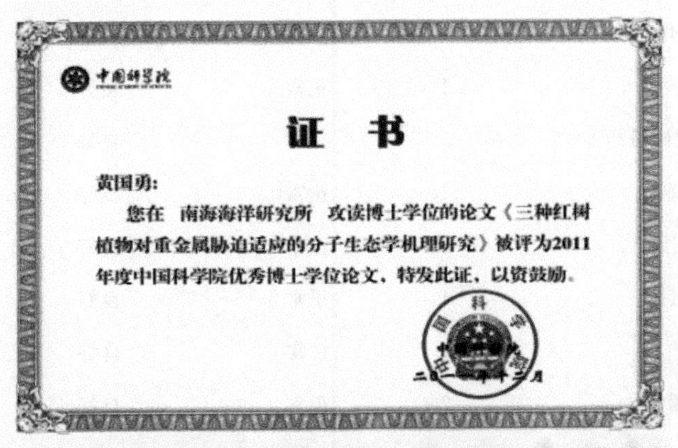
中国科学院

证 书

黄国勇：

您在 南海海洋研究所 攻读博士学位的论文《三种红树植物对重金属胁迫适应的分子生态学机理研究》被评为2011年度中国科学院优秀博士学位论文，特发此证，以资鼓励。

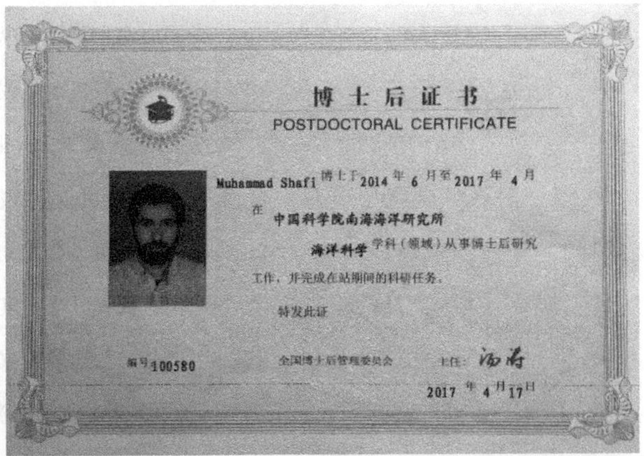
博士后证书

POSTDOCTORAL CERTIFICATE

Muhammad Shafi 博士于2014年6月至2017年4月在中国科学院南海海洋研究所海洋科学学科（领域）从事博士后研究工作，并完成在站期间的科研任务。

特发此证

编号100580 全国博士后管理委员会 主任：

2017年4月17日

图 2－13 大亚湾站人才培养

2.2.3 科研能力与技术平台

大亚湾站具有完善的科研、生活与服务设施，拥有生态网络监测与研究的仪器与设备 40 多台（套），如气质联用仪、原子吸收分光光度计、气相色谱、有机碳分析仪、元素分析仪、营养盐自动分析仪等，总价值超 1 000 万元。建有专家公寓（40 个标准间）、职工宿舍楼（20 个标准间）、食堂（可容纳 100～200 人就餐）、生态实验楼、鱼类实验楼、贝类实验楼、会议室等，共计约 4 200 m^2。大亚湾站园区有土地面积约 7.33 hm^2，大亚湾实验与观测海域面积约 650 km^2，设有 12 个永久海域观测站位、1 个永久气象与水分观测场地、2 个珊瑚礁永久调查区和 1 个红树林保护试验示范区，完全能满足野外观测与科研工作的实际需求（表 2－1、图 2－14～图 2－17）。

表 2－1 大亚湾站主要仪器设备及运行情况

序号	仪器型号	仪器名称	台数	运行情况	数据质量
1	AAⅢ	全自动水质分析仪	1	正常	良好
2	Z－5000	日立原子吸收分光光度计	1	正常	良好
3	PE－2400Ⅱ	元素分析仪	1	正常	良好
4	Skalar	流动分析仪	1	正常	良好

（续）

序号	仪器型号	仪器名称	台数	运行情况	数据质量
5	HP－5899	气相色谱仪	1	正常	良好
6	HP 1260	高压液相色谱仪	1	正常	良好
7	BUCHI	凯氏定氮仪	1	正常	良好
8	AS－P2	走航式海水-大气二氧化碳分析系统	1	正常	良好
9	TOC－LCPH	有机碳分析仪	1	正常	良好
10	UV2700	紫外可见分光光度计	1	正常	良好
11	RF－5301PC	荧光分光光度计	1	正常	良好
12	7890A	气质联用仪	1	正常	良好
13	YSI6600	多参数水质监测仪	2	正常	良好
14	WSH－600	多普勒测流系统	1	正常	良好
15	SBE 19 plus V 等	温盐深仪	2	正常	良好
16	MAWS301	气象梯度监测系统	1	正常	良好
17	M－520	自动气象站	1	正常	良好
18	E601	水面蒸发自动观测系统	1	正常	良好
19	bbe	水下荧光光度计	1	正常	良好
20	BX53	正置荧光显微镜	1	正常	良好
21	Olympus	多功能生物显微镜	1	正常	良好
22	Bio－Rad IQ5	Real－Time PCR 仪	1	正常	良好

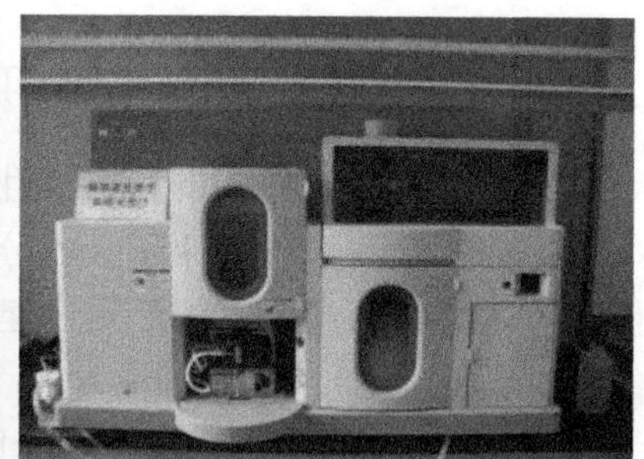
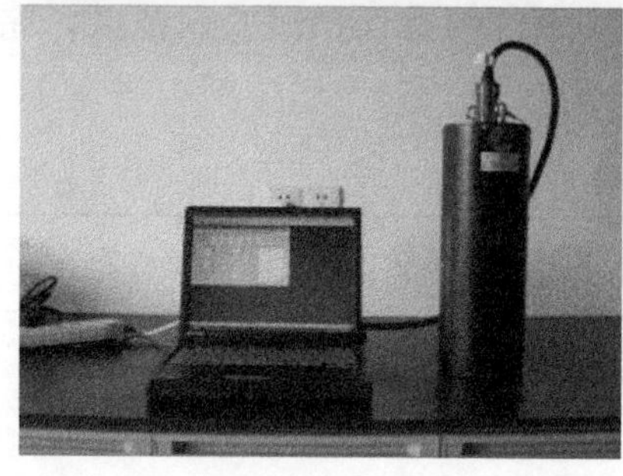

图 2－14　大亚湾站部分仪器与设备

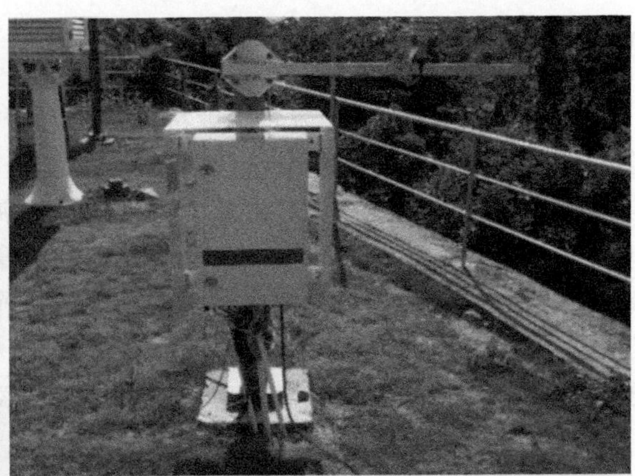

图 2－15　大亚湾站气象和水分观测站位

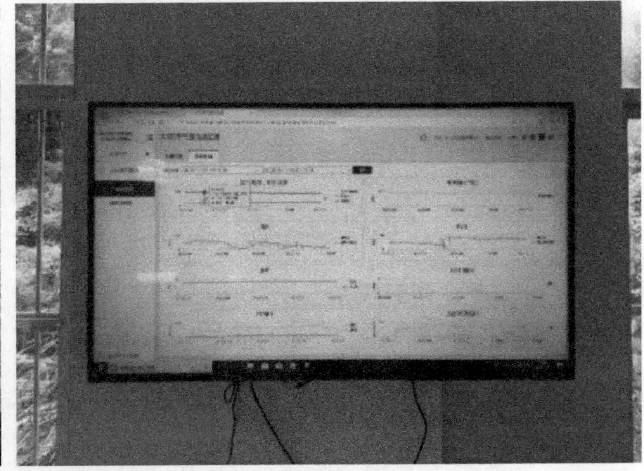

图 2－16　大亚湾站气象与水分自动观测无线传输与监测

图 2－17　大亚湾站红树林定点实验与观测场

2.2.4 开放与交流

自 1990 年中国科学院将大亚湾站定位为开放实验站以来，大亚湾站一直秉持“流动、开放、联合、竞争”的原则，提出共同关注的科学问题，积极开展“以我为主”的实质性、务实的国内外合作与交流。目前，大亚湾站已经成为国内外开展海湾生态系统合作研究的重要野外平台和学术交流基地，先后与美国、澳大利亚、法国、德国、加拿大、马来西亚、巴基斯坦、斯里兰卡和尼日利亚等国家的知名高校和科研机构建立了长期稳定的合作关系，尤其是“一带一路”中相关国家的交流与合作（王友绍 等，2019）；还吸引了大量国内研究机构的科研人员来站从事科研活动和学术交流，并成为国内多所高校的本科生、研究生实习基地及相关海洋科学人员的培训基地（图 2-18）。

图 2－18　大亚湾站国际合作与交流

2.2.5　发展目标

大亚湾站的发展和建设目标是：①建成具有国际一流水平的海洋生态学长期综合观测与研究平台；②具有区域特色的近海生态系统及生物资源可持续性研究创新基地；③成为先进的海洋科技成果转化与应用基地，为我国近海生态系统保护与生物资源可持续利用提供示范模式和配套技术；④为全球变化与国家海洋生态环境评估提供科学依据；⑤为我国海洋生态环境保护与海洋经济可持续发展提供宏观决策依据和服务（王友绍 等，2019）（图 2－19～图 2－23）。

图 2－19　院领导来站指导工作

图 2-20　CERN 第四次会议

图 2-21　中国工程院环境与轻纺工程学部院士专家团来访

图 2-22　承办第八届全国红树林学术研讨会

图 2-23　长期生态观测数据的整理、应用及开放共享培训与研讨会

第3章 主要样地与观测设施

大亚湾站主要处于南海北部亚热带海域，位于经济发达的珠江三角洲，地处深圳，濒临香港和广州，沿岸建有核电站为代表的大型工业，海洋环境变化复杂，是受人类活动和自然变化双重影响下南海北部的典型海湾。截至目前，大亚湾站共拥有分布大亚湾海域海上观测场12站位以及综合气象与水分观测场1个。大亚湾站综合气象与水分观测场安装有自动气象辐射观测系统、水面蒸发仪等野外观测设备，主要开展长期气象要素监测。

3.1 主要海上观测场介绍

3.1.1 大亚湾站海上观测场

大亚湾站海上观测场面积约650平方公里，经度为：105°27′22.1″E—105°27′21.3″E，纬度为31°16′17.1″N—31°16′17.9″N。自1991年后设12个观测站位，主要开展水文、水化学、底质、生物等方面的长期定位监测数据与研究（Wang et al.，2006，2008，2011，2012；王友绍，2004，2013，2014）（表3-1）。

表3-1 大亚湾站12个观测站位信息

场地名称	所在地点	纬度	经度	场地类型	建立日期
DYB01	广东省大亚湾海域	22.532 3°N	114.635 5°E	永久场点	1991-1-1
DYB02	广东省大亚湾海域	22.565 7°N	114.718°E	永久场点	1919-1-1
DYB03	广东省大亚湾海域	22.569 8°N	114.516 7°E	永久场点	1991-1-1
DYB04	广东省大亚湾海域	22.586°N	114.555 3°E	永久场点	1991-1-1
DYB05	广东省大亚湾海域	22.610 2°N	114.582 7°E	永久场点	1991-1-1
DYB06	广东省大亚湾海域	22.598 7°N	114.621 7°E	永久场点	1991-1-1
DYB07	广东省大亚湾海域	22.616 5°N	114.670 7°E	永久场点	1991-1-1
DYB08	广东省大亚湾海域	22.673 2°N	114.551 3°E	永久场点	1991-1-1
DYB09	广东省大亚湾海域	22.660 7°N	114.666 7°E	永久场点	1991-1-1
DYB10	广东省大亚湾海域	22.723 8°N	114.670 2°E	永久场点	1991-1-1
DYB11	广东省大亚湾海域	22.768 2°N	114.717 5°E	永久场点	1991-1-1
DYB12	广东省大亚湾海域	22.666 3°N	114.712 7°E	永久场点	1991-1-1

3.1.2 大亚湾站综合气象要素观测场（DYBQX01）

大亚湾站综合气象要素观测场面积为172.5 m^2（东西向15 m×南北向11.5 m），位于实验站区的北面北边的小山岳顶上，海拔高度为 37.3m，场地中心位置经纬度：114.521 3°E，22.554 5°N。场内地面平整，长满均匀的草层，周围底下环绕小灌木或小树丛。观测场内仪器设施的布置以北高南低的规则，高的仪器设施安置在北边，低的仪器设施安置在南边。场地和设施的布置和安装都符合《大气环境观测规范》。

大亚湾站综合气象要素观测场内安装了自动气象站（1998 年）和人工气象要素观测仪器，大亚湾站综合气象要素观测场 E601 蒸发皿（DYBQX01CZF _ 01）、大亚湾站综合气象要素观测场雨水采集器（DYBQX01CYS _ 01）等采样地及水分监测设施（图 3 - 1）。

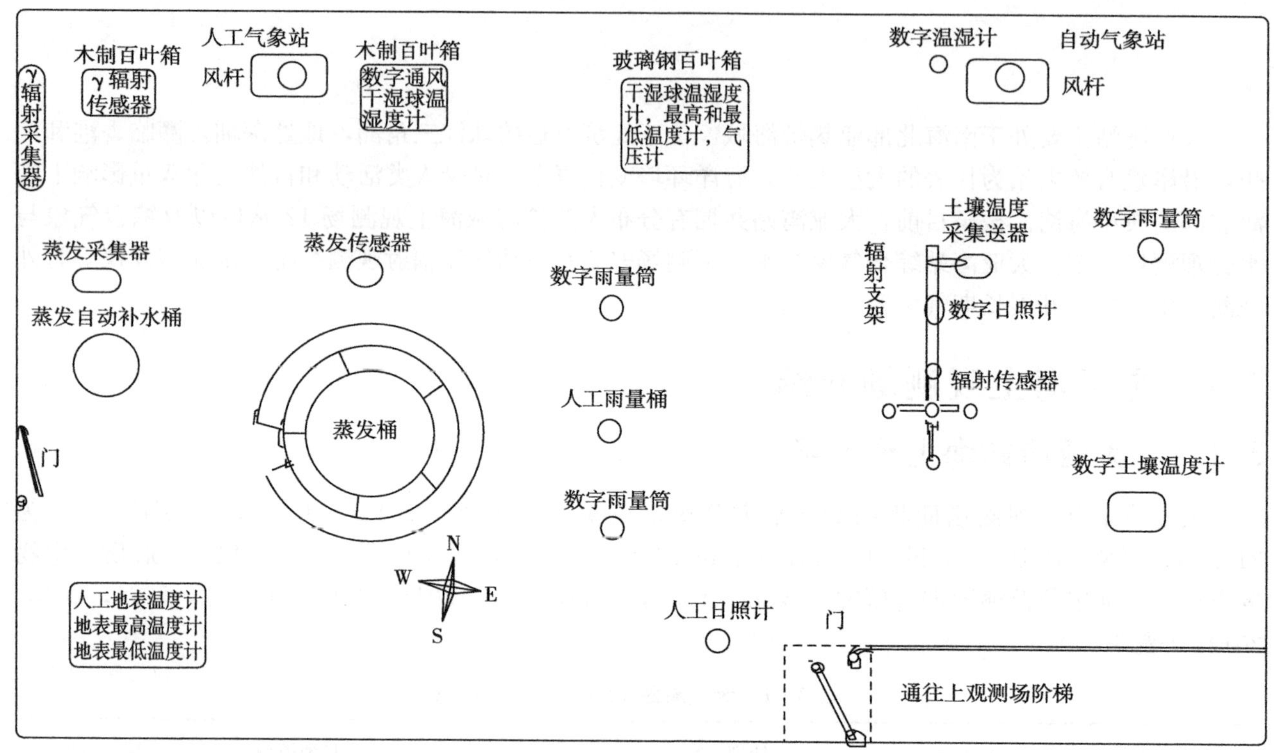

图 3 - 1 大亚湾站综合气象要素观测场平面示意图

观测场的主要监测项目如下所列。

人工观测项目：风速、风向、干球温度、湿球温度、气压、日照、地表温度、最高温度、最低温度、蒸发、降水。

自动气象站观测项目：风速、风向、干球温度、湿球温度、气压、日照、降水、总辐射、净辐射、紫外辐射、反射辐射、光合有效辐射、土壤热通量、土壤温度。

水分观测项目：蒸发。

3.2 主要观测设施介绍

3.2.1 大亚湾站综合气象要素观测场 E601 蒸发皿（DYBQX01CZF _ 01）

大亚湾站综合气象要素观测场 E601 蒸发皿位于大亚湾站综合气象要素观测场，面积 15 m×11.5 m，经度为：114.521 2°—114.521 4°E，纬度为 22.554 4°—22.554 6°N。1998 年建立自动监测蒸发量设施并试运行，2005 年正式开始观测自动监测蒸发量，同时进行人工观测蒸发。自动监测每小时记录 1 次数据，人工观测每天 1 次。数据可以相互补充并对照。

E601 蒸发皿为一套理想的无人值守全自动控制测量设备，基本观测项目是：蒸发量、降水量、水面温度。自动扣除降雨使水面上升对蒸发的影响，并记录上升的值作为降水参考。主要观测仪器及设备包括：FS-01 型数字式水面蒸发传感器、E601 型 Φ618mm 的蒸发桶、E601B 蒸发皿和 CR200 数据采集器，各部分配套协调使用监测水面蒸发量。蒸发桶、传感器监测与数据采集系统由北京天正通工贸有限公司提供。

蒸发量是气象观测的基本要素之一，是计算水量平衡不可缺少的指标，可为各项在该区域进行的科学研究提供基础数据；该设施为大亚湾站承担的科研任务提供了基础观测数据（潘金培 等，2001）。

第4章 联网长期观测数据

长时间序列的对大亚湾观测数据研究发现大亚湾海域水体污染严重、富营养化加剧，海洋酸化、低氧趋势变化明显，生物群落组成小型化和生物多样性降低等突出生态环境问题（Wang et al.，2006，2008，2011，2012；王友绍，2004，2013，2014）。自1991年联网长期观测以来，加强了综合获取数据能力，加深了对人类活动和自然变化对海湾生态环境演变过程影响的认知（潘金培 等，2001；Jiang & Wang，2020；Wang et al.，2006，2008，2011，2012；王友绍，2004，2013，2014；Wu & Wang，2007；Wu et al.，2016，2020）。

4.1 水文与水体物理要素

4.1.1 概述

本数据集为大亚湾站12个常规监测站位2007—2017年观测的水文与水体物理要素数据，包括水深（m）、水色（号）、透明度（m）。

大亚湾站自1984年建站以来，一直连续收集大亚湾的水文与水体物理要素。在大亚湾650 km^{2}的海域上布设了12个站位。12个常规监测站点分别为DYB01（大亚湾站1号观测站，22.532 3°N，114.635 5°E）、DYB02（大亚湾站2号观测站，22.565 7°N，114.718°E）、DYB03（大亚湾站3号观测站，22.569 8°N，114.516 7°E）、DYB04（大亚湾站4号观测站，22.586°N，114.555 3°E）、DYBS05（大亚湾站5号观测站，22.610 2°N，114.582 7°E）、DYB06（大亚湾站6号观测站，22.598 7°N，114.621 7°E）、DYB07（大亚湾站7号观测站，22.616 5°N，114.670 7°E）、DYB08（大亚湾站8号观测站，22.673 2°N，114.551 3°E）、DYB09（大亚湾站9号观测站，22.660 7°N，114.666 7°E）、DYB10（大亚湾站10号观测站，22.723 8°N，114.670 2°E）、DYB11（大亚湾站11号观测站，22.768 2°N，114.717 5°E）和DYB12（大亚湾站12号观测站，22.666 3°N，114.712 7°E）。

4.1.2 数据采集与处理

依据CERN观测规范和《海洋监测规范》（GB 17378.4—2007）采集水样，并对样品进行分析和检测（水深、水色和透明度采用直接测量法）（表4-1）。

表4-1 水文与水体物理要素项目与分析方法

序号	监测项目	分析方法	依据标准
01	水温	表层水温表法	GB 17378.4—2007
02	水色	比色法	GB 17378.4—2007
03	透明度	萨氏盘法	GB 17378.4—2007
04	盐度	盐度计法	GB 17378.4—2007

（续）

序号	监测项目	分析方法	依据标准
05	悬浮物	质量法	GB 17378.4—2007

4.1.3 数据质量控制与评估

对历年上报数据进行整理和质量控制，对异常数据进行核实。质控方法包括：阈值检查、完整性检查、一致性检查等。

原始的部分缺失数据或者异常数据进行插补或删除，采用平均值法进行缺失值的插补。

4.1.4 数据

具体数据见表 4－2。

表 4－2 水文与水体物理要素

年	月	观测站位	测站水深/m	透明度/m	水色（号）
2007	1	DYB01	18.0	3.0	5
2007	1	DYB02	18.0	4.0	4
2007	1	DYB03	7.0	4.0	9
2007	1	DYB04	11.0	4.5	8
2007	1	DYB05	10.0	5.0	6
2007	1	DYB06	13.0	5.5	5
2007	1	DYB07	13.0	4.0	6
2007	1	DYB08	5.5	5.0	10
2007	1	DYB09	10.0	6.5	6
2007	1	DYB10	9.0	5.0	8
2007	1	DYB11	8.0	5.0	8
2007	1	DYB12	10.0	5.0	7
2007	4	DYB01	19.0	2.5	4
2007	4	DYB02	20.0	3.0	4
2007	4	DYB03	6.0	3.0	5
2007	4	DYB04	11.5	3.5	4
2007	4	DYB05	12.0	3.0	4
2007	4	DYB06	15.0	3.5	4
2007	4	DYB07	15.0	2.5	4
2007	4	DYB08	6.0	1.3	5
2007	4	DYB09	11.0	2.5	5
2007	4	DYB10	9.0	2.5	5
2007	4	DYB11	8.0	2.5	5
2007	4	DYB12	10.5	2.5	5
2007	8	DYB01	19.0	2.5	6
2007	8	DYB02	18.0	1.8	6

（续）

年	月	观测站位	测站水深/m	透明度/m	水色（号）
2007	8	DYB03	7.0	2.5	6
2007	8	DYB04	11.0	1.7	6
2007	8	DYB05	11.0	2.0	6
2007	8	DYB06	13.0	2.0	7
2007	8	DYB07	13.0	1.9	8
2007	8	DYB08	6.0	2.3	7
2007	8	DYB09	11.0	2.1	8
2007	8	DYB10	10.0	2.5	8
2007	8	DYB11	9.0	2.6	9
2007	8	DYB12	12.0	2.0	8
2007	10	DYB01	20.0	3.5	9
2007	10	DYB02	19.0	3.0	9
2007	10	DYB03	6.0	1.5	9
2007	10	DYB04	12.0	3.0	9
2007	10	DYB05	12.0	3.5	8
2007	10	DYB06	14.0	2.0	6
2007	10	DYB07	15.0	2.0	8
2007	10	DYB08	7.0	1.5	9
2007	10	DYB09	11.0	2.0	8
2007	10	DYB10	10.0	1.6	8
2007	10	DYB11	7.0	2.0	8
2007	10	DYB12	11.0	2.0	8
2008	1	DYB01	18.0	2.3	8
2008	1	DYB02	20.0	1.6	8
2008	1	DYB03	5.0	3.0	6
2008	1	DYB04	9.0	2.5	7
2008	1	DYB05	12.0	2.5	7
2008	1	DYB06	13.0	2.5	7
2008	1	DYB07	12.0	1.9	8
2008	1	DYB08	6.5	1.5	8
2008	1	DYB09	10.0	1.6	8
2008	1	DYB10	8.0	1.4	9
2008	1	DYB11	8.0	4.5	7
2008	1	DYB12	10.0	2.7	8
2008	4	DYB01	19.0	4.5	5
2008	4	DYB02	19.0	2.2	7
2008	4	DYB03	3.0	1.3	6
2008	4	DYB04	9.0	5.2	6

（续）

年	月	观测站位	测站水深/m	透明度/m	水色（号）
2008	4	DYB05	11.0	5.1	7
2008	4	DYB06	12.5	6.0	8
2008	4	DYB07	13.0	4.5	7
2008	4	DYB08	8.0	1.0	9
2008	4	DYB09	11.5	4.0	7
2008	4	DYB10	9.0	1.5	7
2008	4	DYB11	8.0	2.6	7
2008	4	DYB12	10.0	2.2	7
2008	8	DYB01	18.0	3.5	9
2008	8	DYB02	19.0	3.5	9
2008	8	DYB03	6.5	2.5	7
2008	8	DYB04	11.5	2.5	7
2008	8	DYB05	12.0	2.8	7
2008	8	DYB06	13.5	2.5	7
2008	8	DYB07	14.0	3.0	7
2008	8	DYB08	6.5	2.5	8
2008	8	DYB09	12.0	3.0	8
2008	8	DYB10	11.0	2.5	8
2008	8	DYB11	10.0	2.5	8
2008	8	DYB12	11.0	2.5	8
2008	10	DYB01	22.0	2.5	5
2008	10	DYB02	21.0	3.0	5
2008	10	DYB03	7.0	1.0	6
2008	10	DYB04	8.0	2.0	5
2008	10	DYB05	10.5	3.5	5
2008	10	DYB06	12.0	2.0	5
2008	10	DYB07	15.0	2.5	4
2008	10	DYB08	7.5	2.5	4
2008	10	DYB09	10.0	3.2	4
2008	10	DYB10	9.0	3.0	4
2008	10	DYB11	9.0	3.5	4
2008	10	DYB12	10.0	4.0	4
2009	1	DYB01	19.3	1.8	8
2009	1	DYB02	16.9	2.0	8
2009	1	DYB03	6.2	2.0	7
2009	1	DYB04	9.6	2.1	7
2009	1	DYB05	12.0	2.3	7
2009	1	DYB06	13.0	1.9	7

（续）

年	月	观测站位	测站水深/m	透明度/m	水色（号）
2009	1	DYB07	14.2	2.0	8
2009	1	DYB08	5.0	2.8	8
2009	1	DYB09	11.8	2.1	8
2009	1	DYB10	9.0	2.1	9
2009	1	DYB11	7.5	2.3	7
2009	1	DYB12	10.6	2.4	8
2009	4	DYB01	19.3	4.2	7
2009	4	DYB02	15.1	2.2	7
2009	4	DYB03	5.5	2.2	7
2009	4	DYB04	9.5	3.5	7
2009	4	DYB05	11.5	3.5	7
2009	4	DYB06	12.6	2.5	8
2009	4	DYB07	13.3	2.2	7
2009	4	DYB08	6.2	1.8	8
2009	4	DYB09	12.1	4.0	8
2009	4	DYB10	9.2	2.5	7
2009	4	DYB11	8.7	3.5	7
2009	4	DYB12	12.4	3.2	7
2009	8	DYB01	20.0	2.6	5
2009	8	DYB02	18.0	2.3	4
2009	8	DYB03	6.0	2.0	17
2009	8	DYB04	9.0	2.2	5
2009	8	DYB05	9.0	3.0	4
2009	8	DYB06	11.0	2.2	4
2009	8	DYB07	14.5	3.0	5
2009	8	DYB08	5.0	1.8	7
2009	8	DYB09	12.8	2.2	4
2009	8	DYB10	11.0	2.0	4
2009	8	DYB11	9.8	1.5	5
2009	8	DYB12	12.0	2.4	4
2009	10	DYB01	18.0	2.8	7
2009	10	DYB02	16.5	2.6	6
2009	10	DYB03	6..3	2.0	7
2009	10	DYB04	9.2	2.2	7
2009	10	DYB05	11.9	2.8	7
2009	10	DYB06	13.5	2.5	7
2009	10	DYB07	14.1	3.0	7
2009	10	DYB08	5.7	1.5	11

（续）

年	月	观测站位	测站水深/m	透明度/m	水色（号）
2009	10	DYB09	10.1	3.0	6
2009	10	DYB10	9.4	2.5	8
2009	10	DYB11	7.6	2.5	8
2009	10	DYB12	10.5	2.8	8
2010	2	DYB01	18.0	2.3	5
2010	2	DYB02	18.0	2.5	5
2010	2	DYB03	9.0	2.3	5
2010	2	DYB04	11.0	3.0	5
2010	2	DYB05	12.0	3.4	3
2010	2	DYB06	14.0	3.3	4
2010	2	DYB07	14.0	2.5	7
2010	2	DYB08	8.0	1.0	7
2010	2	DYB09	11.0	2.3	6
2010	2	DYB10	8.0	2.5	5
2010	2	DYB11	5.0	2.8	6
2010	2	DYB12	10.0	2.8	5
2010	4	DYB01	16.0	1.8	6
2010	4	DYB02	16.0	1.7	5
2010	4	DYB03	7.0	2.1	3
2010	4	DYB04	11.0	1.5	4
2010	4	DYB05	12.0	1.1	4
2010	4	DYB06	14.0	2.0	3
2010	4	DYB07	14.0	1.5	3
2010	4	DYB08	8.0	1.5	3
2010	4	DYB09	11.0	1.5	4
2010	4	DYB10	6.0	1.5	4
2010	4	DYB11	4.0	1.2	4
2010	4	DYB12	10.0	1.5	5
2010	8	DYB01	19.0	3.5	2
2010	8	DYB02	19.0	37.0	2
2010	8	DYB03	8.0	2.5	5
2010	8	DYB04	12.0	3.5	3
2010	8	DYB05	13.0	3.5	3
2010	8	DYB06	14.0	3.0	5
2010	8	DYB07	15.0	2.3	2
2010	8	DYB08	9.0	3.0	4
2010	8	DYB09	12.0	2.3	3
2010	8	DYB10	7.0	2.0	6

（续）

年	月	观测站位	测站水深/m	透明度/m	水色（号）
2010	8	DYB11	6.0	1.0	9
2010	8	DYB12	10.0	2.5	6
2010	11	DYB01	18.0	1.8	6
2010	11	DYB02	19.0	1.7	5
2010	11	DYB03	9.0	2.1	3
2010	11	DYB04	11.0	1.5	4
2010	11	DYB05	11.0	1.1	4
2010	11	DYB06	14.0	2.0	3
2010	11	DYB07	14.0	1.5	3
2010	11	DYB08	9.0	1.5	3
2010	11	DYB09	11.0	1.5	4
2010	11	DYB10	7.0	1.5	4
2010	11	DYB11	4.0	1.2	4
2010	11	DYB12	9.0	1.5	5
2011	1	DYB01	18.0	2.1	5
2011	1	DYB02	18.0	2.5	5
2011	1	DYB03	7.0	2.3	5
2011	1	DYB04	8.0	2.8	4
2011	1	DYB05	12.0	3.2	3
2011	1	DYB06	14.0	3.3	4
2011	1	DYB07	14.0	2.5	6
2011	1	DYB08	8.0	1.8	6
2011	1	DYB09	11.0	2.3	6
2011	1	DYB10	8.0	2.5	5
2011	1	DYB11	9.0	1.8	5
2011	1	DYB12	10.0	2.8	5
2011	4	DYB01	16.0	1.8	6
2011	4	DYB02	16.0	1.7	4
2011	4	DYB03	7.0	2.1	3
2011	4	DYB04	9.0	1.5	4
2011	4	DYB05	12.0	2.1	4
2011	4	DYB06	14.0	2.0	3
2011	4	DYB07	13.0	1.7	3
2011	4	DYB08	8.0	1.9	3
2011	4	DYB09	11.0	1.5	4
2011	4	DYB10	10.0	1.5	4
2011	4	DYB11	8.0	1.6	5
2011	4	DYB12	10.0	1.5	5

（续）

年	月	观测站位	测站水深/m	透明度/m	水色（号）
2011	9	DYB01	19.0	3.5	2
2011	9	DYB02	18.0	3.3	3
2011	9	DYB03	8.0	2.5	5
2011	9	DYB04	9.0	3.0	3
2011	9	DYB05	13.0	2.3	3
2011	9	DYB06	14.0	3.0	5
2011	9	DYB07	15.0	2.3	3
2011	9	DYB08	9.0	3.0	4
2011	9	DYB09	12.0	2.3	3
2011	9	DYB10	9.0	2.0	6
2011	9	DYB11	9.0	1.2	9
2011	9	DYB12	10.0	2.5	6
2011	11	DYB01	19.0	1.8	6
2011	11	DYB02	17.0	1.7	5
2011	11	DYB03	5.0	2.1	4
2011	11	DYB04	9.0	1.5	4
2011	11	DYB05	11.0	1.8	4
2011	11	DYB06	12.5	2.0	3
2011	11	DYB07	13.0	1.5	3
2011	11	DYB08	8.0	1.5	5
2011	11	DYB09	11.5	1.5	4
2011	11	DYB10	9.0	1.5	4
2011	11	DYB11	10.0	1.4	4
2011	11	DYB12	10.0	1.5	5
2012	1	DYB01	19.0	3.1	5
2012	1	DYB02	18.0	2.8	4
2012	1	DYB03	8.0	2.3	5
2012	1	DYB04	8.0	2.8	4
2012	1	DYB05	13.0	2.2	3
2012	1	DYB06	14.0	2.3	4
2012	1	DYB07	12.5	2.5	5
2012	1	DYB08	8.0	1.8	5
2012	1	DYB09	10.0	2.3	5
2012	1	DYB10	9.0	2.1	5
2012	1	DYB11	9.5	1.8	4
2012	1	DYB12	10.0	2.3	5
2012	4	DYB01	17.0	2.8	5
2012	4	DYB02	17.0	2.7	4

（续）

年	月	观测站位	测站水深/m	透明度/m	水色（号）
2012	4	DYB03	8.5	2.1	3
2012	4	DYB04	9.0	1.5	4
2012	4	DYB05	12.0	2.1	4
2012	4	DYB06	13.0	2.7	3
2012	4	DYB07	13.0	2.7	3
2012	4	DYB08	9.5	1.9	3
2012	4	DYB09	10.0	2.5	4
2012	4	DYB10	11.0	1.5	4
2012	4	DYB11	8.5	1.6	5
2012	4	DYB12	10.0	2.5	5
2012	7	DYB01	19.0	3.5	4
2012	7	DYB02	20.0	3.3	3
2012	7	DYB03	8.0	2.5	5
2012	7	DYB04	10.0	2.3	3
2012	7	DYB05	12.0	2.3	3
2012	7	DYB06	14.0	3.1	4
2012	7	DYB07	15.0	2.3	3
2012	7	DYB08	11.0	3.1	4
2012	7	DYB09	12.0	2.3	3
2012	7	DYB10	10.5	2.2	6
2012	7	DYB11	10.0	1.2	7
2012	7	DYB12	11.0	2.5	6
2012	11	DYB01	19.0	2.8	6
2012	11	DYB02	17.5	2.7	5
2012	11	DYB03	6.5	2.1	4
2012	11	DYB04	9.0	1.5	5
2012	11	DYB05	11.0	1.8	4
2012	11	DYB06	12.5	2.2	3
2012	11	DYB07	13.0	1.5	4
2012	11	DYB08	9.0	2.1	5
2012	11	DYB09	11.5	1.5	4
2012	11	DYB10	9.0	1.3	5
2012	11	DYB11	12.0	1.3	4
2012	11	DYB12	11.5	1.5	5
2013	1	DYB01	19.0	3.0	9
2013	1	DYB02	18.0	2.6	9
2013	1	DYB03	9.0	1.7	10
2013	1	DYB04	7.0	1.6	10

（续）

年	月	观测站位	测站水深/m	透明度/m	水色（号）
2013	1	DYB05	12.0	2.0	10
2013	1	DYB06	13.0	2.0	9
2013	1	DYB07	13.0	1.5	8
2013	1	DYB08	9.0	1.8	5
2013	1	DYB09	10.0	1.3	8
2013	1	DYB10	9.0	1.1	6
2013	1	DYB11	10.0	1.8	6
2013	1	DYB12	11.0	1.3	8
2013	4	DYB01	17.0	2.6	5
2013	4	DYB02	17.0	2.5	5
2013	4	DYB03	8.5	2.4	5
2013	4	DYB04	9.5	2.5	4
2013	4	DYB05	12.0	2.1	4
2013	4	DYB06	13.0	2.3	6
2013	4	DYB07	13.0	2.7	5
2013	4	DYB08	10.0	1.8	6
2013	4	DYB09	10.5	2.5	5
2013	4	DYB10	11.0	2.2	4
2013	4	DYB11	9.0	2.6	5
2013	4	DYB12	11.0	2.5	4
2013	7	DYB01	19.0	3.2	4
2013	7	DYB02	19.0	3.3	5
2013	7	DYB03	8.0	2.4	5
2013	7	DYB04	10.0	2.3	4
2013	7	DYB05	12.0	2.6	4
2013	7	DYB06	14.0	3.2	4
2013	7	DYB07	15.0	2.3	3
2013	7	DYB08	12.0	3.2	4
2013	7	DYB09	12.0	2.1	3
2013	7	DYB10	10.5	2.6	6
2013	7	DYB11	10.0	2.2	7
2013	7	DYB12	11.0	2.5	6
2013	10	DYB01	118.0	2.8	6
2013	10	DYB02	17.5	2.7	5
2013	10	DYB03	9.0	2.1	6
2013	10	DYB04	9.0	2.5	5
2013	10	DYB05	11.0	1.9	4
2013	10	DYB06	12.5	2.2	5

（续）

年	月	观测站位	测站水深/m	透明度/m	水色（号）
2013	10	DYB07	13.0	1.8	4
2013	10	DYB08	9.0	2.3	6
2013	10	DYB09	12.0	2.2	5
2013	10	DYB10	9.0	1.6	5
2013	10	DYB11	11.5	1.8	4
2013	10	DYB12	12.0	1.5	5
2014	1	DYB01	19.0	3.0	7
2014	1	DYB02	19.0	2.3	9
2014	1	DYB03	11.0	1.7	10
2014	1	DYB04	8.0	1.8	10
2014	1	DYB05	12.0	2.5	9
2014	1	DYB06	12.0	2.2	9
2014	1	DYB07	13.0	1.5	8
2014	1	DYB08	10.0	1.8	7
2014	1	DYB09	9.0	1.3	8
2014	1	DYB10	9.0	1.7	7
2014	1	DYB11	10.0	1.5	6
2014	1	DYB12	11.0	1.5	8
2014	4	DYB01	18.0	2.6	5
2014	4	DYB02	17.0	2.5	5
2014	4	DYB03	9.0	2.4	5
2014	4	DYB04	10.0	2.5	5
2014	4	DYB05	12.0	2.2	4
2014	4	DYB06	13.0	2.3	5
2014	4	DYB07	13.0	2.7	5
2014	4	DYB08	10.0	1.8	6
2014	4	DYB09	11.0	2.5	5
2014	4	DYB10	11.0	2.2	4
2014	4	DYB11	10.0	2.6	4
2014	4	DYB12	11.0	2.5	5
2014	7	DYB01	19.0	2.3	4
2014	7	DYB02	18.0	2.5	5
2014	7	DYB03	8.0	1.8	5
2014	7	DYB04	10.0	2.3	4
2014	7	DYB05	12.0	2.1	4
2014	7	DYB06	14.0	2.3	4
2014	7	DYB07	15.0	2.3	4
2014	7	DYB08	13.0	2.8	4

（续）

年	月	观测站位	测站水深/m	透明度/m	水色（号）
2014	7	DYB09	12.0	2.7	3
2014	7	DYB10	10.5	2.1	6
2014	7	DYB11	10.0	1.8	6
2014	7	DYB12	11.0	2.1	6
2014	10	DYB01	18.0	2.7	6
2014	10	DYB02	17.5	2.7	5
2014	10	DYB03	9.0	2.1	6
2014	10	DYB04	10.0	2.5	5
2014	10	DYB05	12.0	1.9	7
2014	10	DYB06	12.5	2.2	5
2014	10	DYB07	13.0	2.5	4
2014	10	DYB08	9.0	2.3	6
2014	10	DYB09	12.0	2.2	5
2014	10	DYB10	10.0	1.9	5
2014	10	DYB11	11.5	1.8	6
2014	10	DYB12	12.0	2.3	5
2015	1	DYB01	19.0	2.6	8
2015	1	DYB02	19.0	2.3	9
2015	1	DYB03	7.0	1.9	8
2015	1	DYB04	9.0	2.3	8
2015	1	DYB05	12.0	2.5	9
2015	1	DYB06	12.0	2.4	9
2015	1	DYB07	13.0	2.0	8
2015	1	DYB08	7.0	1.3	9
2015	1	DYB09	9.0	1.8	8
2015	1	DYB10	9.0	1.9	8
2015	1	DYB11	8.0	1.8	6
2015	1	DYB12	11.0	2.0	8
2015	4	DYB01	18.0	2.2	7
2015	4	DYB02	18.0	2.1	7
2015	4	DYB03	7.0	2.0	6
2015	4	DYB04	10.0	1.6	5
2015	4	DYB05	12.0	1.6	6
2015	4	DYB06	13.0	2.1	5
2015	4	DYB07	13.0	2.1	6
2015	4	DYB08	8.0	1.5	6
2015	4	DYB09	11.0	2.0	5
2015	4	DYB10	11.0	1.5	7

（续）

年	月	观测站位	测站水深/m	透明度/m	水色（号）
2015	4	DYB11	7.0	1.6	7
2015	4	DYB12	11.0	2.0	5
2015	7	DYB01	18.0	2.9	5
2015	7	DYB02	18.0	3.0	5
2015	7	DYB03	6.0	2.1	5
2015	7	DYB04	10.0	2.5	6
2015	7	DYB05	12.0	2.4	6
2015	7	DYB06	14.0	2.6	6
2015	7	DYB07	15.0	2.1	6
2015	7	DYB08	7.0	2.8	6
2015	7	DYB09	12.0	2.2	3
2015	7	DYB10	11.0	1.9	7
2015	7	DYB11	8.0	1.1	6
2015	7	DYB12	11.0	2.2	6
2015	10	DYB01	18.0	2.2	6
2015	10	DYB02	18.0	2.2	5
2015	10	DYB03	8.0	1.9	6
2015	10	DYB04	10.0	1.6	5
2015	10	DYB05	12.0	1.4	6
2015	10	DYB06	13.0	1.9	5
2015	10	DYB07	13.0	1.6	4
2015	10	DYB08	8.0	1.8	6
2015	10	DYB09	12.0	1.5	5
2015	10	DYB10	10.0	1.4	5
2015	10	DYB11	9.0	1.2	6
2015	10	DYB12	12.0	1.6	5
2016	1	DYB01	18.0	2.2	6
2016	1	DYB02	19.0	2.4	6
2016	1	DYB03	8.0	1.9	8
2016	1	DYB04	9.0	2.0	6
2016	1	DYB05	13.0	1.6	6
2016	1	DYB06	12.0	1.6	6
2016	1	DYB07	13.0	2.1	6
2016	1	DYB08	6.0	2.1	3
2016	1	DYB09	9.0	1.5	7
2016	1	DYB10	8.0	1.9	6
2016	1	DYB11	8.0	1.8	6
2016	1	DYB12	11.0	2.0	6

（续）

年	月	观测站位	测站水深/m	透明度/m	水色（号）
2016	4	DYB01	18.0	1.6	5
2016	4	DYB02	18.0	1.3	7
2016	4	DYB03	8.0	1.9	6
2016	4	DYB04	9.0	1.3	6
2016	4	DYB05	12.0	1.5	5
2016	4	DYB06	12.0	1.4	6
2016	4	DYB07	13.0	2.0	5
2016	4	DYB08	9.0	1.5	6
2016	4	DYB09	12.0	2.0	6
2016	4	DYB10	11.0	1.5	6
2016	4	DYB11	7.0	1.6	5
2016	4	DYB12	11.0	2.0	7
2016	8	DYB01	18.0	1.7	6
2016	8	DYB02	17.0	1.6	6
2016	8	DYB03	6.0	2.1	5
2016	8	DYB04	10.0	2.1	6
2016	8	DYB05	12.0	2.2	6
2016	8	DYB06	13.0	1.9	6
2016	8	DYB07	15.0	1.1	6
2016	8	DYB08	7.0	2.2	6
2016	8	DYB09	12.0	2.2	3
2016	8	DYB10	11.0	1.9	7
2016	8	DYB11	8.0	1.1	6
2016	8	DYB12	11.0	2.2	6
2016	10	DYB01	19.0	2.2	6
2016	10	DYB02	20.0	2.2	5
2016	10	DYB03	8.0	1.9	6
2016	10	DYB04	10.0	2.2	5
2016	10	DYB05	12.0	1.9	6
2016	10	DYB06	13.0	1.1	5
2016	10	DYB07	14.0	2.2	4
2016	10	DYB08	8.0	1.8	6
2016	10	DYB09	12.0	1.5	5
2016	10	DYB10	10.0	1.4	5
2016	10	DYB11	9.0	1.2	6
2016	10	DYB12	13.0	1.6	5
2017	1	DYB01	17.0	2.1	6
2017	1	DYB02	19.0	2.3	7

（续）

年	月	观测站位	测站水深/m	透明度/m	水色（号）
2017	1	DYB03	9.0	1.6	5
2017	1	DYB04	9.0	1.2	6
2017	1	DYB05	12.0	1.8	6
2017	1	DYB06	13.0	1.2	5
2017	1	DYB07	11.0	1.4	7
2017	1	DYB08	7.0	1.3	6
2017	1	DYB09	9.0	1.9	6
2017	1	DYB10	6.0	1.4	5
2017	1	DYB11	8.0	2.1	6
2017	1	DYB12	11.0	1.6	6
2017	4	DYB01	18.0	2.6	8
2017	4	DYB02	17.0	2.5	5
2017	4	DYB03	8.0	1.8	6
2017	4	DYB04	8.0	1.7	6
2017	4	DYB05	13.0	2.2	6
2017	4	DYB06	11.0	2.2	5
2017	4	DYB07	13.0	2.3	7
2017	4	DYB08	8.0	2.0	6
2017	4	DYB09	13.0	1.2	6
2017	4	DYB10	11.0	2.3	5
2017	4	DYB11	8.0	2.3	6
2017	4	DYB12	12.0	2.1	6
2017	8	DYB01	18.0	2.3	6
2017	8	DYB02	17.0	2.3	6
2017	8	DYB03	6.0	1.8	3
2017	8	DYB04	9.0	1.9	6
2017	8	DYB05	12.0	1.5	5
2017	8	DYB06	12.0	1.5	6
2017	8	DYB07	12.0	2.0	5
2017	8	DYB08	7.0	2.0	4
2017	8	DYB09	11.0	1.4	7
2017	8	DYB10	11.0	1.8	6
2017	8	DYB11	8.0	1.7	6
2017	8	DYB12	12.0	1.9	6
2017	10	DYB01	20.0	2.4	5
2017	10	DYB02	20.0	2.3	6
2017	10	DYB03	9.0	2.0	6
2017	10	DYB04	11.0	2.2	6

（续）

年	月	观测站位	测站水深/m	透明度/m	水色（号）
2017	10	DYB05	12.0	2.0	3
2017	10	DYB06	12.0	2.2	7
2017	10	DYB07	14.0	2.3	6
2017	10	DYB08	9.0	1.9	6
2017	10	DYB09	11.0	1.6	6
2017	10	DYB10	12.0	1.5	5
2017	10	DYB11	9.0	1.9	6
2017	10	DYB12	12.0	2.0	5

4.2 水体化学要素

4.2.1 概述

大亚湾水体化学观测数据集为 12 个常规监测站位 2007—2017 年观测的季度尺度数据，包括总磷、总氮、活性磷酸盐、硝酸盐氮、亚硝酸盐氮生化需氧量等指标。

4.2.2 数据采集与处理

依据 CERN 观测规范和《海洋监测规范》（GB 17378.4—2007）采集水样，并对样品进行分析和检测（表 4-3）。

表 4-3　水体化学观测项目与分析方法

序号	监测项目	分析方法	依据标准
01	pH	pH 计法	GB 17378.4—2007
02	溶解氧	碘量法	GB 17378.4—2007
03	化学需氧量	碱性高锰酸钾法	GB 17378.4—2007
04	活性磷酸盐	磷钼蓝分光光度法	GB 17378.4—2007
05	亚硝酸盐氮	萘乙二胺分光光度法	GB 17378.4—2007
06	硝酸盐氮	锌镉还原法	GB 17378.4—2007
07	氨氮	次溴酸盐氧化法	GB 17378.4—2007
08	总氮	过硫酸钾氧化法	GB 17378.4—2007
09	总磷	过硫酸钾氧化法	GB 17378.4—2007

4.2.3 数据质量控制与评估

对历年上报数据进行整理和质量控制，对异常数据进行核实。质控方法包括：阈值检查、完整性检查、一致性检查等。

原始的部分缺失数据或者异常数据进行插补或删除，采用平均值法进行缺失值的插补。

4.2.4 数据

具体数据见表 4-4。

图 4-4 2007—2017 年水体化学要素

年	月	观测站位	pH	化学需氧量/(mg/L)	总碱度/(mg/L)	活性硅酸盐/(mg/L)	活性磷酸盐/(mg/L)	硝酸盐氮/(mg/L)	亚硝酸盐氮/(mg/L)	氨及部分氨基酸/(mg/L)	生化需氧量/(mg/L)	总磷/(mg/L)	总氮/(mg/L)
2007	1	DYB01	7.91	0.27		0.686 4	0.006 5	0.086 9	0.009 1	0.021 2	1.07	0.021 3	0.284 6
2007	1	DYB02	8.00	0.52		0.495 6	0.003 7	0.036 1	0.003 7	0.019 5	2.32	0.020 4	0.276 9
2007	1	DYB03	8.09	0.25		0.406 4	0.005 2	0.010 6	0.000 3	0.007 2	2.14	0.013 8	0.156 0
2007	1	DYB04	8.09	0.38		0.402 2	0.003 0	0.017 3	0.000 3	0.017 7	2.07	0.020 1	0.159 0
2007	1	DYB05	8.06	0.26		0.644 0	0.000 2	0.025 3	0.003 7	0.017 0	2.06	0.020 4	0.226 7
2007	1	DYB06	8.05	0.26		0.567 7	0.001 2	0.014 2	0.002 1	0.014 8	2.13	0.020 1	0.176 5
2007	1	DYB07	8.05	0.46		0.334 3	0.003 0	0.013 3	0.000 9	0.016 9	2.48	0.012 9	0.159 0
2007	1	DYB08	8.07	0.31		0.410 7	0.000 5	0.010 4	0.000 3	0.005 8	2.54	0.023 8	0.143 8
2007	1	DYB09	8.04	0.33		0.330 1	0.000 2	0.016 4	0.000 4	0.017 2	3.02	0.013 8	0.137 0
2007	1	DYB10	8.07	0.35		0.385 2	0.000 5	0.008 4	0.000 1	0.013 0	2.05	0.035 0	0.173 5
2007	1	DYB11	8.03	0.39		0.177 3	0.000 5	0.007 8	0.000 5	0.020 9	2.66	0.019 5	0.148 4
2007	1	DYB12	8.03	0.27		0.228 3	0.005 9	0.006 9	0.001 0	0.022 5	2.42	0.016 1	0.130 1
2007	4	DYB01	8.20	0.50	2.30	0.321 6	0.008 4	0.019 2	0.003 5	0.049 9	1.09	0.016 6	0.189 2
2007	4	DYB02	8.18	0.44	2.39	0.236 8	0.008 7	0.012 9	0.002 1	0.056 2	0.68	0.017 8	0.156 6
2007	4	DYB03	8.09	0.19	2.33	0.423 4	0.033 8	0.049 0	0.007 1	0.189 6	0.59	0.044 7	0.257 9
2007	4	DYB04	8.14	0.30	2.36	0.228 3	0.011 2	0.033 9	0.003 1	0.044 3	0.67	0.024 1	0.186 4
2007	4	DYB05	8.19	0.42	2.39	0.249 5	0.006 2	0.006 0	0.001 2	0.013 8	0.89	0.018 1	0.136 2
2007	4	DYB06	8.23	0.40	2.39	0.253 7	0.006 8	0.007 3	0.001 5	0.017 8	0.81	0.014 6	0.136 2
2007	4	DYB07	8.20	0.50	2.38	0.207 1	0.005 9	0.004 3	0.001 5	0.022 6	0.96	0.014 4	0.075 3
2007	4	DYB08	8.16	0.19	2.37	0.376 7	0.020 3	0.025 9	0.005 0	0.129 4	0.97	0.034 4	0.300 5
2007	4	DYB09	8.09	0.24	2.36	0.241 0	0.008 4	0.014 9	0.002 4	0.040 5	0.50	0.024 4	0.222 5
2007	4	DYB10	8.18	0.34	2.37	0.245 3	0.007 8	0.010 5	0.001 9	0.042 6	0.67	0.020 4	0.161 3
2007	4	DYB11	8.17	0.43	2.31	0.253 7	0.007 5	0.017 7	0.002 9	0.048 9	0.52	0.019 2	0.133 9
2007	4	DYB12	8.17	0.41	2.34	0.236 7	0.012 8	0.011 7	0.002 9	0.079 8	0.77	0.021 5	0.170 4
2007	8	DYB01	8.13	0.17	2.19	0.135 8	0.006 4	0.012 4	0.004 1	0.011 7	1.94	0.016 5	0.138 0
2007	8	DYB02	8.04	0.63	2.12	0.093 8	0.002 9	0.013 5	0.002 7	0.041 7	1.20	0.016 0	0.134 7

（续）

年	月	观测站位	pH	化学需氧量/（mg/L）	总碱度/（mg/L）	活性硅酸盐/（mg/L）	活性磷酸盐/（mg/L）	硝酸盐氮/（mg/L）	亚硝酸盐氮/（mg/L）	氨及部分氨基酸/（mg/L）	生化需氧量/（mg/L）	总磷/（mg/L）	总氮/（mg/L）
2007	8	DYB03	7.99	0.38	2.16	0.534 8	0.019 6	0.033 4	0.008 7	0.137 3	1.55	0.036 3	0.256 9
2007	8	DYB04	8.12	0.51	2.19	0.261 8	0.007 6	0.023 8	0.009 7	0.031 8	1.91	0.024 2	0.203 6
2007	8	DYB05	8.12	0.33	2.19	0.226 8	0.007 9	0.017 2	0.010 6	0.022 8	2.44	0.025 3	0.118 0
2007	8	DYB06	8.10	0.42	2.18	0.219 8	0.008 1	0.028 0	0.009 4	0.013 8	1.94	0.025 0	0.149 1
2007	8	DYB07	8.13	0.31	2.13	0.030 8	0.006 4	0.039 8	0.010 9	0.023 4	1.78	0.027 5	0.174 7
2007	8	DYB08	8.11	0.87	2.08	0.142 8	0.003 9	0.038 7	0.002 2	0.081 9	2.83	0.034 1	0.286 9
2007	8	DYB09	8.12	0.34	2.15	0.142 8	0.006 9	0.033 2	0.009 5	0.070 7	1.35	0.021 2	0.142 5
2007	8	DYB10	8.10	0.26	2.15	0.233 8	0.003 9	0.042 8	0.008 5	0.057 4	2.01	0.028 1	0.208 0
2007	8	DYB11	8.12	0.35	2.10	0.198 8	0.004 4	0.043 6	0.004 9	0.029 9	2.02	0.026 4	0.156 9
2007	8	DYB12	8.09	0.12	2.19	0.268 8	0.005 9	0.026 7	0.008 8	0.043 7	1.17	0.028 6	0.170 3
2007	10	DYB01	8.11	0.55	2.17	0.436 8	0.002 9	0.055 1	0.024 6	0.021 9	1.47	0.010 8	0.268 0
2007	10	DYB02	8.12	0.51	1.95	0.390 3	0.004 4	0.017 6	0.004 1	0.020 3	1.07	0.014 2	0.363 5
2007	10	DYB03	8.01	1.43	2.04	0.387 8	0.015 1	0.033 5	0.003 8	0.086 6	1.40	0.028 1	0.306 9
2007	10	DYB04	8.11	0.75	2.09	0.317 8	0.004 9	0.015 7	0.001 6	0.005 0	1.40	0.020 1	0.228 0
2007	10	DYB05	8.19	0.45	2.14	0.359 8	0.003 1	0.025 4	0.006 1	0.019 9	1.76	0.017 1	0.273 6
2007	10	DYB06	8.11	1.33	2.15	0.387 8	0.000 1	0.042 4	0.016 8	0.041 5	2.28	0.017 6	0.301 3
2007	10	DYB07	8.15	0.52	2.13	0.352 8	0.000 9	0.045 1	0.008 5	0.026 7	0.98	0.016 5	0.298 0
2007	10	DYB08	8.14	3.08	2.03	0.436 8	0.001 9	0.012 9	0.005 7	0.020 5	2.61	0.043 4	0.350 3
2007	10	DYB09	8.12	0.54	2.13	0.352 8	0.001 9	0.022 9	0.013 1	0.012 3	1.66	0.016 8	0.250 2
2007	10	DYB10	8.10	0.33	2.05	0.527 8	0.003 1	0.035 4	0.018 4	0.019 0	1.16	0.019 8	0.300 2
2007	10	DYB11	8.08	0.60	2.03	0.709 8	0.001 4	0.034 0	0.011 5	0.032 7	1.57	0.026 7	0.249 1
2007	10	DYB12	8.10	1.54	2.08	0.520 8	0.004 6	0.033 9	0.027 2	0.013 3	1.50	0.016 0	0.291 4
2008	1	DYB01	8.30	0.76	2.14	0.349 3	0.004 5	0.046 5	0.009 2	0.005 2	0.41	0.024 5	0.341 5
2008	1	DYB02	8.29	0.41	2.08	0.436 2	0.004 2	0.050 6	0.010 7	0.003 6	0.25	0.040 4	0.238 7
2008	1	DYB03	8.25	1.11	2.09	0.481 7	0.012 3	0.065 1	0.009 0	0.044 1	0.39	0.036 5	0.183 3

（续）

年	月	观测站位	pH	化学需氧量/（mg/L）	总碱度/（mg/L）	活性硅酸盐/（mg/L）	活性磷酸盐/（mg/L）	硝酸盐氮/（mg/L）	亚硝酸盐氮/（mg/L）	氨及部分氨基酸/（mg/L）	生化需氧量/（mg/L）	总磷/（mg/L）	总氮/（mg/L）
2008	1	DYB04	8.32	1.05	2.08	0.398 9	0.006 2	0.042 4	0.006 9	0.006 9	0.25	0.016 5	0.229 7
2008	1	DYB05	8.33	1.11	2.08	0.324 4	0.005 7	0.035 1	0.007 9	0.005 8	0.29	0.014 7	0.232 0
2008	1	DYB06	8.31	0.94	1.94	0.353 4	0.003 7	0.037 0	0.007 9	0.012 2	0.26	0.022 2	0.331 0
2008	1	DYB07	8.29	0.83	2.10	0.382 4	0.004 0	0.037 3	0.007 5	0.011 7	0.30	0.023 4	0.254 5
2008	1	DYB08	8.30	1.08	1.80	0.324 4	0.002 3	0.045 8	0.005 6	0.007 9	0.34	0.028 7	0.289 0
2008	1	DYB09	8.29	0.72	2.06	0.365 8	0.003 6	0.042 4	0.007 5	0.008 9	0.27	0.025 0	0.311 5
2008	1	DYB10	8.29	0.72	2.10	0.378 2	0.004 4	0.040 9	0.007 9	0.006 5	0.31	0.019 7	0.236 5
2008	1	DYB11	8.29	1.80	2.02	0.241 6	0.002 1	0.019 4	0.003 1	0.004 6	0.44	0.019 5	0.360 2
2008	1	DYB12	8.29	1.44	2.02	0.373 2	0.002 6	0.038 3	0.006 4	0.004 3	0.32	0.020 9	0.390 2
2008	4	DYB01	8.19	0.94	2.11	0.419 6	0.002 9	0.032 9	0.001 3	0.052 0	0.74	0.012 1	0.208 8
2008	4	DYB02	8.20	1.16	2.11	0.506 6	0.000 6	0.020 2	0.001 9	0.037 6	0.84	0.014 8	0.272 5
2008	4	DYB03	7.89	1.09	2.21	0.659 8	0.007 5	0.048 5	0.006 7	0.177 4	1.03	0.036 6	0.288 2
2008	4	DYB04	7.89	1.11	2.23	0.150 5	0.000 6	0.023 1	0.001 0	0.030 5	1.56	0.011 1	0.201 3
2008	4	DYB05	7.90	1.07	2.28	0.249 9	0.000 6	0.019 4	0.000 7	0.037 3	1.57	0.010 3	0.172 8
2008	4	DYB06	7.90	0.97	2.28	0.237 5	0.000 6	0.022 3	0.000 6	0.011 3	1.16	0.008 8	0.117 3
2008	4	DYB07	8.23	1.13	2.12	0.419 6	0.002 7	0.020 2	0.001 6	0.027 5	1.43	0.016 3	0.067 8
2008	4	DYB08	8.35	2.00	2.19	0.568 7	0.001 1	0.072 6	0.006 3	0.037 4	2.03	0.026 8	0.346 0
2008	4	DYB09	8.25	1.12	2.16	0.411 4	0.000 9	0.022 3	0.001 1	0.038 3	1.10	0.014 1	0.257 5
2008	4	DYB10	8.30	1.28	2.21	0.519 0	0.000 9	0.028 4	0.003 5	0.040 2	2.00	0.023 8	0.263 5
2008	4	DYB11	8.18	1.22	2.13	0.850 2	0.001 8	0.079 3	0.008 4	0.059 3	1.32	0.014 3	0.274 0
2008	4	DYB12	8.21	1.18	2.15	0.663 9	0.001 3	0.066 0	0.006 4	0.050 8	1.17	0.012 6	0.330 2
2008	8	DYB01	8.14	1.01	2.71	0.266 5	0.000 7	0.074 5	0.002 8	0.032 7	1.01	0.010 3	0.524 0
2008	8	DYB02	8.15	1.13	2.71	0.183 7	0.000 3	0.060 4	0.004 5	0.019 3	1.13	0.012 1	0.564 5
2008	8	DYB03	8.25	0.95	2.71	0.167 1	0.000 5	0.007 1	0.000 5	0.012 1	0.95	0.019 8	0.690 1
2008	8	DYB04	8.29	0.84	2.71	0.156 7	0.000 5	0.008 1	0.000 1	0.019 4	0.84	0.012 0	0.686 3

（续）

年	月	观测站位	pH	化学需氧量/(mg/L)	总碱度/(mg/L)	活性硅酸盐/(mg/L)	活性磷酸盐/(mg/L)	硝酸盐氮/(mg/L)	亚硝酸盐氮/(mg/L)	氨及部分氨基酸/(mg/L)	生化需氧量/(mg/L)	总磷/(mg/L)	总氮/(mg/L)
2008	8	DYB05	8.28	0.82	2.72	0.142 3	0.000 0		0.000 2	0.010 9	0.82	0.012 0	0.587 4
2008	8	DYB06	8.25	0.66	2.72	0.146 4		0.009 3	0.000 8	0.008 1	0.66	0.018 3	0.493 7
2008	8	DYB07	8.08	1.06	2.71	0.150 5		0.005 2	0.000 8	0.017 8	1.06	0.012 1	0.897 3
2008	8	DYB08	8.15	1.09	2.70	0.119 5	0.003 8	0.003 6	0.000 6	0.010 9	1.09	0.017 6	0.299 1
2008	8	DYB09	8.10	1.06	2.71	0.154 7		0.008 0	0.000 6	0.023 0	1.06	0.012 5	0.772 9
2008	8	DYB10	8.17	0.99	2.70	0.125 7	0.001 2	0.003 7	0.000 6	0.012 9	0.99	0.014 2	0.546 5
2008	8	DYB11	8.16	0.93	2.70	0.117 4	0.002 5	0.007 7	0.000 7	0.022 6	0.93	0.013 8	0.338 0
2008	8	DYB12	8.10	1.10	2.71	0.142 3	0.000 3	0.008 2	0.000 6	0.017 2	1.10	0.013 7	0.318 5
2008	10	DYB01	8.12	0.99	2.10	0.258 2	0.000 7	0.023 5	0.006 4	0.008 9	0.38	0.020 8	0.819 4
2008	10	DYB02	8.11	0.95	2.13	0.299 6	0.000 3	0.008 5	0.004 5	0.034 4	0.41	0.017 1	0.654 4
2008	10	DYB03	8.21	1.82	2.35	0.324 4	0.000 3	0.015 8	0.002 4	0.029 6	0.60	0.025 3	0.820 9
2008	10	DYB04	8.22	2.56	2.40	0.291 3	0.000 3	0.072 5	0.002 0	0.004 7	1.62	0.020 3	0.838 9
2008	10	DYB05	8.23	1.23	2.41	0.249 9	0.000 7	0.042 4	0.002 7	0.005 3	0.46	0.012 8	0.536 0
2008	10	DYB06	8.22	0.64	2.42	0.233 3		0.035 4	0.001 5	0.011 5	0.85	0.012 1	0.606 4
2008	10	DYB07	8.14	0.84	2.26	0.278 9	0.000 5	0.029 6	0.000 9	0.073 7	0.30	0.011 1	0.601 9
2008	10	DYB08	8.20	1.60	2.22	0.233 3		0.018 2	0.000 4	0.020 3	2.73	0.020 3	1.093 8
2008	10	DYB09	8.15	0.89	2.31	0.324 4		0.003 7	0.000 7	0.025 3	0.42	0.009 3	1.039 8
2008	10	DYB10	8.18	0.85	2.30	0.220 9		0.005 9	0.000 9	0.013 8	0.36	0.015 6	0.688 9
2008	10	DYB11	8.15	1.01	2.29	0.382 4	0.000 3	0.012 5	0.004 7	0.037 1	1.01	0.016 1	0.826 9
2008	10	DYB12	8.16	0.75	2.35	0.336 8	0.000 3	0.007 2	0.000 8	0.015 9	0.27	0.011 8	0.793 9
2009	1	DYB01	8.05	0.35		0.685 0	0.011 0	0.098 5	0.011 0	0.010 5	0.55	0.026 5	0.183 0
2009	1	DYB02	8.04	0.48		0.690 0	0.008 0	0.108 0	0.013 0	0.005 0	0.50	0.022 5	0.319 5
2009	1	DYB03	8.08	0.65		0.675 0	0.013 5	0.092 0	0.008 5	0.014 0	0.68	0.028 0	0.257 0
2009	1	DYB04	8.05	0.61		0.759 0	0.014 0	0.080 5	0.010 5	0.012 0	0.58	0.032 0	0.241 5
2009	1	DYB05	8.06	1.05		0.700 0	0.012 0	0.080 5	0.011 5	0.010 0	0.62	0.025 0	0.221 0

（续）

年	月	观测站位	pH	化学需氧量/（mg/L）	总碱度/（mg/L）	活性硅酸盐/（mg/L）	活性磷酸盐/（mg/L）	硝酸盐氮/（mg/L）	亚硝酸盐氮/（mg/L）	氨及部分氨基酸/（mg/L）	生化需氧量/（mg/L）	总磷/（mg/L）	总氮/（mg/L）
2009	1	DYB06	8.07	0.34		0.675 0	0.011 5	0.072 0	0.012 5	0.010 0	0.83	0.024 5	0.222 0
2009	1	DYB07	8.06	0.31		0.655 5	0.002 5	0.020 0	0.009 5	0.007 5	0.52	0.022 0	0.172 5
2009	1	DYB08	8.09	0.44		0.561 5	0.011 0	0.074 5	0.008 5	0.023 0	0.50	0.030 0	0.274 5
2009	1	DYB09	8.04	0.32		0.655 5	0.004 5	0.079 0	0.014 5	0.010 5	0.47	0.017 5	0.197 5
2009	1	DYB10	8.07	0.16		0.655 0	0.014 5	0.071 0	0.012 0	0.019 0	0.52	0.030 5	0.185 5
2009	1	DYB11	8.06	0.37		0.591 0	0.009 0	0.045 0	0.005 5	0.017 5	0.87	0.029 0	0.266 0
2009	1	DYB12	8.07	0.51		0.536 5	0.006 5	0.061 0	0.013 0	0.013 0	0.65	0.020 5	0.183 0
2009	4	DYB01	8.07	0.31	2.36	0.156 0	0.003 3	0.030 5	0.001 0	0.013 5	0.32	0.008 0	0.232 5
2009	4	DYB02	8.07	0.44	2.27	0.181 0	0.006 8	0.027 5	0.001 0	0.027 0	0.65	0.014 0	0.127 0
2009	4	DYB03	8.00	0.25	2.30	0.374 0	0.006 5	0.054 5	0.006 0	0.123 5	0.41	0.019 5	0.222 0
2009	4	DYB04	8.10	0.20	2.22	0.245 0	0.003 8	0.043 0	0.000 6	0.028 0	0.53	0.011 5	0.095 0
2009	4	DYB05	8.10	0.40	2.21	0.235 0	0.004 3	0.031 0	0.000 1	0.051 0	0.76	0.017 0	0.193 5
2009	4	DYB06	8.09	0.37	2.35	0.131 0	0.003 3	0.053 5	0.001 0	0.023 0	0.25	0.009 0	0.093 5
2009	4	DYB07	8.08	0.46	2.34	0.155 5	0.003 3	0.022 5	0.001 0	0.024 0	0.42	0.010 0	0.082 0
2009	4	DYB08	8.04	0.37	2.18	0.374 0	0.015 3	0.039 0	0.003 0	0.065 0	0.78	0.031 0	0.192 0
2009	4	DYB09	8.01	0.54	2.19	0.289 5	0.001 3	0.025 5	0.000 1	0.062 5	0.42	0.011 0	0.109 0
2009	4	DYB10	8.06	0.47	2.21	0.363 5	0.003 3	0.028 0	0.002 5	0.021 5	0.65	0.021 0	0.166 5
2009	4	DYB11	8.02	0.27	2.18	0.369 0	0.006 3	0.041 5	0.002 5	0.045 5	0.20	0.017 5	0.158 5
2009	4	DYB12	8.04	0.31	2.16	0.369 0	0.003 8	0.028 5	0.001 0	0.032 5	0.40	0.013 0	0.087 0
2009	8	DYB01	7.97	0.83	1.97	0.185 1	0.002 6	0.029 5	0.001 4	0.018 1	0.40	0.007 0	0.196 5
2009	8	DYB02	8.02	0.81	1.94	0.161 7	0.002 1	0.008 0	0.002 0	0.026 9	1.16	0.010 0	0.217 0
2009	8	DYB03	8.05	1.03	1.93	0.133 2	0.003 1	0.015 0	0.007 4	0.033 5	0.68	0.007 5	0.327 0
2009	8	DYB04	8.07	0.85	1.86	0.120 2	0.003 3	0.028 8	0.001 6	0.012 8	0.98	0.005 5	0.201 5
2009	8	DYB05	8.06	0.70	1.95	0.129 3	0.002 9	0.026 1	0.002 8	0.013 2	0.33	0.007 0	0.214 5
2009	8	DYB06	8.01	0.64	1.89	0.161 7	0.004 0	0.015 6	0.003 7	0.020 7	0.64	0.018 0	0.218 0

（续）

年	月	观测站位	pH	化学需氧量/(mg/L)	总碱度/(mg/L)	活性硅酸盐/(mg/L)	活性磷酸盐/(mg/L)	硝酸盐氮/(mg/L)	亚硝酸盐氮/(mg/L)	氨及部分氨基酸/(mg/L)	生化需氧量/(mg/L)	总磷/(mg/L)	总氮/(mg/L)
2009	8	DYB07	8.02	0.73	2.04	0.161 8	0.003 4	0.012 6	0.004 6	0.022 7	0.80	0.012 5	0.266 5
2009	8	DYB08	8.16	2.08	2.04	0.083 9	0.001 9	0.011 2	0.000 8	0.014 8	3.18	0.029 5	0.314 5
2009	8	DYB09	8.07	0.96	2.00	0.117 6	0.002 6	0.016 0	0.002 6	0.043 0	0.82	0.024 5	0.266 0
2009	8	DYB10	8.09	0.52	1.93	0.139 7	0.002 7	0.009 6	0.002 2	0.070 4	0.52	0.014 0	0.282 5
2009	8	DYB11	8.10	0.75	2.04	0.198 1	0.004 0	0.009 5	0.000 3	0.020 7	1.41	0.016 0	0.264 0
2009	8	DYB12	8.06	0.72	1.96	0.157 9	0.004 8	0.006 8	0.001 6	0.053 1	0.34	0.014 5	0.229 5
2009	10	DYB01	8.06	1.00	1.17	0.154 0	0.002 4	0.071 6	0.005 9	0.025 7	0.69	0.008 5	0.238 5
2009	10	DYB02	8.08	0.72	2.09	0.224 1	0.003 6	0.095 1	0.009 7	0.031 3	0.43	0.010 0	0.257 0
2009	10	DYB03	8.00	1.73	1.99	0.128 0	0.002 6	0.019 5	0.001 7	0.010 9	1.23	0.008 5	0.180 0
2009	10	DYB04	8.00	0.75	2.05	0.065 7	0.001 8	0.014 2	0.000 2	0.008 0	0.85	0.004 5	0.207 5
2009	10	DYB05	7.97	1.26	1.82	0.086 5	0.001 4	0.021 4	0.000 2	0.012 2	0.63	0.003 0	0.183 0
2009	10	DYB06	7.96	0.70	1.82	0.117 6	0.001 9	0.014 2	0.000 3	0.007 4	0.46	0.003 0	0.248 0
2009	10	DYB07	8.12	0.73	2.06	0.187 7	0.003 2	0.031 2	0.007 3	0.043 0	0.34	0.004 0	0.274 0
2009	10	DYB08	8.11	2.31	2.01	0.038 4	0.001 4	0.026 7	0.003 9	0.063 9	1.56	0.015 0	0.343 0
2009	10	DYB09	8.07	0.81	2.06	0.143 6	0.001 1	0.024 6	0.002 1	0.049 7	0.52	0.004 0	0.194 0
2009	10	DYB10	8.09	0.87	2.01	0.135 8	0.000 8	0.011 9	0.001 6	0.027 0	0.59	0.006 0	0.210 0
2009	10	DYB11	8.03	0.88	1.88	0.164 3	0.001 1	0.012 6	0.002 8	0.031 4	0.47	0.008 5	0.209 5
2009	10	DYB12	8.08	0.95	2.02	0.077 4	0.000 8	0.019 2	0.000 3	0.027 4	0.36	0.003 0	0.249 0
2010	2	DYB01	8.58	0.61	2.20	0.509 6	0.003 8	0.083 2	0.009 6	0.022 2	0.78	0.025 8	0.198 2
2010	2	DYB02	8.33	0.54	2.19	0.075 6	0.001 1	0.053 5	0.008 4	0.017 7	0.87	0.018 5	0.201 3
2010	2	DYB03	8.59	0.85	2.24	0.297 3	0.002 5	0.014 1	0.001 4	0.017 4	0.83	0.007 7	0.184 6
2010	2	DYB04	8.47	0.81	2.48	0.290 3	0.002 1	0.007 3	0.000 7	0.015 5	0.71	0.013 8	0.131 7
2010	2	DYB05	8.39	0.72	2.23	0.068 6	0.002 2	0.006 6	0.000 7	0.014 1	0.51	0.020 4	0.308 9
2010	2	DYB06	8.58	0.87	2.28	0.143 3	0.000 5	0.002 9	0.000 8	0.005 6	0.27	0.018 8	0.194 7
2010	2	DYB07	8.37	0.64	2.48	0.308 9	0.002 6	0.008 4	0.000 2	0.006 7	1.15	0.016 8	0.150 5

（续）

年	月	观测站位	pH	化学需氧量/(mg/L)	总碱度/(mg/L)	活性硅酸盐/(mg/L)	活性磷酸盐/(mg/L)	硝酸盐氮/(mg/L)	亚硝酸盐氮/(mg/L)	氨及部分氨基酸/(mg/L)	生化需氧量/(mg/L)	总磷/(mg/L)	总氮/(mg/L)
2010	2	DYB08	8.72	0.77	2.29	0.236 6	0.007 2	0.015 7	0.003 4	0.054 0	0.31	0.021 2	0.219 2
2010	2	DYB09	8.56	1.18	2.38	0.472 3	0.002 1	0.004 7	0.000 3	0.008 9	1.59	0.021 8	0.162 8
2010	2	DYB10	8.60	0.84	2.24	0.285 6	0.000 5	0.016 5	0.000 2	0.016 2	1.71	0.020 6	0.154 9
2010	2	DYB11	8.42	0.71	2.23	0.304 3	0.006 4	0.019 5	0.001 9	0.008 5	0.93	0.014 4	0.167 6
2010	2	DYB12	8.49	0.92	2.44	0.493 3	0.000 9	0.014 6	0.001 1	0.009 9	1.84	0.018 1	0.185 1
2010	4	DYB01	7.95	0.44	2.37	0.183 2	0.003 2	0.012 0	0.022 9	0.028 1	1.30	0.081 3	0.147 8
2010	4	DYB02	8.48	0.29	2.26	0.121 5	0.008 3	0.014 5	0.027 7	0.004 1	0.58	0.154 6	0.197 5
2010	4	DYB03	8.60	0.31	2.22	0.140 5	0.005 7	0.024 7	0.012 7	0.029 9	0.70	0.058 6	0.161 4
2010	4	DYB04	8.57	0.20	2.16	0.161 8	0.004 3	0.044 5	0.022 3	0.006 2	1.05	0.108 6	0.133 9
2010	4	DYB05	8.36	0.29	2.20	0.138 1	0.001 7	0.009 7	0.025 6	0.010 4	0.24	0.059 7	0.171 9
2010	4	DYB06	8.61	0.26	2.25	0.370 6	0.006 3	0.010 9	0.026 5	0.003 8	0.63	0.053 1	0.253 6
2010	4	DYB07	8.37	0.30	2.32	0.112 0	0.005 2	0.009 5	0.022 5	0.008 2	0.28	0.064 2	0.244 6
2010	4	DYB08	8.72	0.41	2.23	0.123 9	0.007 0	0.014 6	0.015 6	0.037 6	0.51	0.059 2	0.197 2
2010	4	DYB09	8.42	0.34	2.22	0.071 7	0.003 5	0.009 1	0.017 7	0.022 3	0.92	0.060 8	0.130 7
2010	4	DYB10	8.60	0.25	2.31	0.047 9	0.004 6	0.005 8	0.013 6	0.038 5	1.37	0.069 0	0.195 8
2010	4	DYB11	8.45	0.45	2.13	0.192 7	0.006 5	0.009 6	0.011 1	0.014 9	0.45	0.062 9	0.146 3
2010	4	DYB12	8.49	0.38	2.22	0.128 6	0.007 4	0.007 4	0.014 9	0.024 5	1.05	0.058 9	0.166 8
2010	8	DYB01	8.15	0.62	2.81	0.036 1	0.003 9	0.051 4	0.004 9	0.005 0	3.45	0.058 6	0.191 6
2010	8	DYB02	8.48	0.44	2.73	0.081 2	0.005 6	0.126 6	0.003 4	0.014 0	1.50	0.051 9	0.199 9
2010	8	DYB03	8.62	1.17	2.62	0.083 5	0.003 9	0.063 6	0.007 5	0.005 2	3.40	0.109 6	0.186 4
2010	8	DYB04	8.73	1.29	2.79	0.036 1	0.006 8	0.054 6	0.009 1	0.002 9	1.74	0.030 7	0.407 8
2010	8	DYB05	8.38	0.69	3.06	0.012 3	0.005 6	0.046 9	0.002 2	0.028 6	1.09	0.028 1	0.180 3
2010	8	DYB06	8.60	0.69	3.04	0.045 6	0.008 4	0.128 4	0.006 1	0.016 3	2.13	0.032 7	0.199 1
2010	8	DYB07	8.61	0.75	3.06	0.230 6	0.007 4	0.104 3	0.008 5	0.005 1	1.12	0.026 1	0.250 3
2010	8	DYB08	8.56	1.26	3.05	0.131 0	0.011 4	0.040 4	0.002 5	0.005 8	2.94	0.053 8	0.548 6

（续）

年	月	观测站位	pH	化学需氧量/(mg/L)	总碱度/(mg/L)	活性硅酸盐/(mg/L)	活性磷酸盐/(mg/L)	硝酸盐氮/(mg/L)	亚硝酸盐氮/(mg/L)	氨及部分氨基酸/(mg/L)	生化需氧量/(mg/L)	总磷/(mg/L)	总氮/(mg/L)
2010	8	DYB09	8.38	0.90	2.75	0.230 6	0.004 9	0.045 0	0.002 0	0.009 7	1.86	0.024 5	0.623 0
2010	8	DYB10	8.67	0.79	2.80	0.059 8	0.004 4	0.046 8	0.003 7	0.004 5	2.60	0.050 4	0.288 3
2010	8	DYB11	8.52	1.04	2.70	0.050 3	0.007 1	0.038 0	0.002 4	0.010 1	2.64	0.050 0	0.245 0
2010	8	DYB12	8.54	0.79	2.71	0.081 2	0.006 8	0.070 2	0.003 1	0.014 4	1.93	0.064 1	0.353 9
2010	11	DYB01	7.85	0.58	2.26	0.565 6	0.004 0	0.022 7	0.003 4	0.043 3	0.72	0.033 5	0.289 6
2010	11	DYB02	7.44	1.02	2.22	0.602 0	0.002 1	0.025 2	0.000 9	0.081 8	1.68	0.048 8	0.507 9
2010	11	DYB03	7.49	0.53	2.20	0.512 4	0.003 7	0.018 2	0.003 0	0.067 4	1.14	0.040 3	0.393 3
2010	11	DYB04	8.12	0.45	2.21	0.537 6	0.002 6	0.019 2	0.006 2	0.036 7	1.36	0.035 2	0.163 2
2010	11	DYB05	8.40	0.81	2.20	0.557 2	0.007 5	0.011 5	0.000 6	0.036 2	1.21	0.025 3	0.257 3
2010	11	DYB06	8.60	1.25	2.23	0.565 6	0.003 0	0.014 1	0.000 7	0.013 1	0.43	0.010 0	0.155 8
2010	11	DYB07	7.46	0.45	2.18	0.571 2	0.005 4	0.009 9	0.001 6	0.013 0	0.93	0.010 5	0.281 4
2010	11	DYB08	7.60	0.87	2.22	0.361 2	0.004 3	0.030 8	0.005 9	0.075 7	1.17	0.016 2	0.217 1
2010	11	DYB09	7.45	0.65	2.20	0.672 0	0.005 7	0.021 7	0.004 6	0.036 0	1.79	0.020 7	0.351 8
2010	11	DYB10	7.56	0.72	2.23	0.176 4	0.004 8	0.010 6	0.005 4	0.069 6	0.16	0.024 0	0.292 3
2010	11	DYB11	7.58	0.46	2.23	0.708 4	0.001 6	0.063 5	0.009 2	0.042 9	0.78	0.041 1	0.483 0
2010	11	DYB12	7.52	0.92	2.23	0.305 2	0.002 3	0.033 1	0.003 2	0.114 0	0.67	0.033 2	0.348 3
2011	1	DYB01	8.15	0.35	2.20	0.691 6	0.002 3	0.022 7	0.002 8	0.026 6	0.15	0.018 2	0.198 2
2011	1	DYB02	8.14	0.37	2.19	0.824 2	0.005 7	0.025 2	0.003 0	0.022 1	0.13	0.028 1	0.201 3
2011	1	DYB03	8.16	0.42	2.24	0.585 2	0.002 8	0.018 2	0.001 2	0.016 9	0.51	0.019 8	0.184 6
2011	1	DYB04	8.14	0.35	2.46	0.554 4	0.002 2	0.019 2	0.003 9	0.015 1	0.39	0.023 1	0.131 7
2011	1	DYB05	8.09	0.39	2.23	0.509 6	0.006 9	0.011 5	0.003 8	0.013 6	0.28	0.025 1	0.308 9
2011	1	DYB06	8.20	0.15	2.28	0.546 0	0.002 9	0.014 1	0.003 6	0.010 1	0.18	0.017 0	0.194 7
2011	1	DYB07	8.12	0.33	2.28	0.630 0	0.002 2	0.009 9	0.002 9	0.006 2	0.14	0.016 5	0.150 5
2011	1	DYB08	8.14	0.53	2.29	0.865 2	0.003 0	0.030 8	0.001 9	0.053 1	0.16	0.034 0	0.219 2
2011	1	DYB09	8.14	0.54	2.38	0.579 6	0.001 6	0.021 7	0.003 3	0.013 4	0.13	0.014 4	0.162 8

（续）

年	月	观测站位	pH	化学需氧量/(mg/L)	总碱度/(mg/L)	活性硅酸盐/(mg/L)	活性磷酸盐/(mg/L)	硝酸盐氮/(mg/L)	亚硝酸盐氮/(mg/L)	氨及部分氨基酸/(mg/L)	生化需氧量/(mg/L)	总磷/(mg/L)	总氮/(mg/L)
2011	1	DYB10	8.15	0.38	2.23	0.588 0	0.006 9	0.010 6	0.003 3	0.015 7	0.15	0.020 7	0.154 9
2011	1	DYB11	8.17	0.64	2.23	0.792 4	0.002 3	0.063 5	0.000 6	0.009 0	0.12	0.010 6	0.167 6
2011	1	DYB12	8.17	0.38	2.34	0.691 6	0.005 9	0.033 1	0.002 6	0.014 3	0.38	0.019 9	0.185 1
2011	4	DYB01	8.09	0.43	3.28	0.280 0	0.001 0	0.000 6	0.001 3	0.020 9	0.66	0.077 1	0.163 4
2011	4	DYB02	8.14	0.65	3.25	0.384 0	0.001 5	0.001 0	0.000 9	0.008 1	0.54	0.153 4	0.213 1
2011	4	DYB03	8.16	0.41	2.85	0.417 0	0.003 5	0.001 2	0.000 7	0.009 3	1.30	0.056 8	0.176 8
2011	4	DYB04	8.16	0.40	2.90	0.301 0	0.002 8	0.001 0	0.000 9	0.002 9	0.39	0.107 3	0.142 5
2011	4	DYB05	8.12	0.88	2.90	0.290 0	0.001 8	0.001 8	0.001 1	0.006 2	1.46	0.055 4	0.193 6
2011	4	DYB06	8.22	0.49	2.77	0.363 0	0.001 1	0.001 4	0.000 4	0.009 6	0.31	0.056 1	0.268 7
2011	4	DYB07	8.14	0.90	2.74	0.383 0	0.001 1	0.001 4	0.000 4	0.006 0	0.68	0.066 8	0.257 6
2011	4	DYB08	8.21	0.86	2.62	0.379 0	0.001 2	0.002 0	0.003 9	0.010 1	1.63	0.057 9	0.212 0
2011	4	DYB09	8.16	1.51	2.81	0.267 0	0.001 6	0.001 3	0.001 3	0.006 7	1.32	0.058 0	0.142 7
2011	4	DYB10	8.16	0.33	2.82	0.251 0	0.001 6	0.003 9	0.001 8	0.006 2	0.66	0.068 6	0.207 4
2011	4	DYB11	8.18	0.51	2.80	0.244 0	0.001 5	0.001 5	0.000 9	0.007 0	1.08	0.061 6	0.158 3
2011	4	DYB12	8.18	0.89	2.90	0.297 0	0.001 2	0.002 3	0.001 5	0.003 8	1.03	0.057 7	0.178 8
2011	9	DYB01	8.57	0.58	3.01	0.210 0	0.011 3	0.003 0	0.006 5	0.063 3	1.02	0.055 9	0.204 6
2011	9	DYB02	8.19	0.40	3.02	0.180 0	0.001 4	0.004 9	0.006 4	0.021 1	0.48	0.023 3	0.212 9
2011	9	DYB03	8.31	0.62	2.80	0.197 5	0.003 8	0.001 4	0.004 4	0.091 4	1.22	0.096 8	0.199 4
2011	9	DYB04	8.56	0.50	2.97	0.164 2	0.003 0	0.002 7	0.004 9	0.044 8	0.21	0.025 7	0.320 8
2011	9	DYB05	8.63	0.66	2.99	0.180 0	0.005 5	0.001 4	0.004 0	0.061 8	0.24	0.023 1	0.193 3
2011	9	DYB06	8.47	0.69	2.99	0.204 2	0.007 0	0.003 0	0.003 6	0.028 0	0.48	0.032 7	0.242 1
2011	9	DYB07	8.25	0.56	2.99	0.158 3	0.005 8	0.001 6	0.001 2	0.034 1	1.11	0.022 1	0.263 3
2011	9	DYB08	8.30	1.08	2.87	0.197 5	0.009 6	0.002 7	0.002 4	0.071 7	0.77	0.048 8	0.461 6
2011	9	DYB09	8.08	0.46	3.04	0.195 0	0.007 0	0.002 6	0.009 1	0.087 6	1.33	0.021 5	0.636 0
2011	9	DYB10	8.23	0.56	2.99	0.192 5	0.009 0	0.010 6	0.007 0	0.030 9	0.74	0.045 4	0.301 3

（续）

年	月	观测站位	pH	化学需氧量/(mg/L)	总碱度/(mg/L)	活性硅酸盐/(mg/L)	活性磷酸盐/(mg/L)	硝酸盐氮/(mg/L)	亚硝酸盐氮/(mg/L)	氨及部分氨基酸/(mg/L)	生化需氧量/(mg/L)	总磷/(mg/L)	总氮/(mg/L)
2011	9	DYB11	8.28	0.55	2.82	0.264 2	0.006 3	0.001 1	0.005 2	0.041 5	1.35	0.040 0	0.308 0
2011	9	DYB12	8.13	0.43	3.02	0.180 0	0.003 5	0.005 7	0.007 4	0.040 5	0.35	0.059 1	0.366 9
2011	11	DYB01	8.04	0.40	2.95	0.208 3	0.008 5	0.009 3	0.033 1	0.020 6	0.98	0.055 3	0.300 6
2011	11	DYB02	8.10	0.64	2.91	0.154 2	0.003 3	0.005 1	0.041 7	0.010 1	0.07	0.078 4	0.383 9
2011	11	DYB03	8.07	0.84	2.77	0.245 0	0.009 0	0.006 5	0.018 7	0.081 8	1.04	0.033 3	0.354 3
2011	11	DYB04	8.13	0.68	2.95	0.215 8	0.004 2	0.004 9	0.032 1	0.010 8	0.81	0.028 2	0.174 2
2011	11	DYB05	8.09	0.54	2.96	0.230 8	0.005 3	0.005 9	0.032 9	0.015 4	1.10	0.028 3	0.318 3
2011	11	DYB06	8.09	0.50	2.93	0.262 5	0.005 3	0.005 2	0.036 0	0.012 5	1.22	0.013 6	0.166 8
2011	11	DYB07	8.12	0.56	2.91	0.207 5	0.003 7	0.005 4	0.035 6	0.020 4	0.96	0.015 0	0.291 3
2011	11	DYB08	8.15	0.88	2.77	0.132 5	0.001 5	0.003 4	0.012 5	0.055 2	2.19	0.010 3	0.226 3
2011	11	DYB09	8.11	0.66	2.87	0.144 2	0.002 0	0.001 0	0.000 5	0.009 2	0.76	0.013 7	0.362 8
2011	11	DYB10	8.04	0.84	2.98	0.125 0	0.002 5	0.001 1	0.001 3	0.010 1	1.89	0.027 0	0.303 3
2011	11	DYB11	8.13	0.64	2.65	0.185 0	0.003 0	0.004 3	0.008 2	0.035 3	0.50	0.034 1	0.394 0
2011	11	DYB12	8.13	0.78	2.82	0.151 7	0.006 3	0.001 3	0.002 1	0.011 7	0.57	0.026 2	0.359 3
2012	1	DYB01	8.14	0.47	2.60	0.248 3	0.002 0	0.004 7	0.034 4	0.015 3	0.84	0.027 0	0.318 8
2012	1	DYB02	8.15	0.22	2.67	0.185 3	0.003 7	0.005 0	0.029 3	0.040 0	0.78	0.026 4	0.258 3
2012	1	DYB03	8.14	0.38	2.61	0.169 5	0.002 2	0.002 3	0.007 8	0.038 7	1.29	0.041 2	0.178 5
2012	1	DYB04	8.16	0.26	2.59	0.148 2	0.002 2	0.001 2	0.000 9	0.011 4	1.29	0.071 4	0.349 2
2012	1	DYB05	8.18	0.32	2.62	0.731 4	0.003 0	0.023 9	0.002 0	0.012 5	0.50	0.043 5	0.292 9
2012	1	DYB06	8.21	0.18	2.57	0.515 3	0.002 5	0.022 5	0.002 3	0.016 2	0.41	0.013 3	0.154 3
2012	1	DYB07	8.16	0.20	2.60	0.520 6	0.004 2	0.006 5	0.003 6	0.014 3	0.88	0.053 8	0.151 9
2012	1	DYB08	8.17	0.48	2.62	0.496 7	0.005 4	0.015 4	0.003 5	0.010 3	0.93	0.049 8	0.153 0
2012	1	DYB09	8.20	0.34	2.56	0.374 5	0.005 4	0.007 9	0.017 6	0.026 6	0.64	0.050 9	0.090 8
2012	1	DYB10	8.19	0.28	2.55	0.192 7	0.006 8	0.010 0	0.041 4	0.013 5	0.51	0.061 4	0.154 2
2012	1	DYB11	8.25	0.62	2.48	0.243 7	0.007 4	0.005 8	0.036 6	0.047 2	0.54	0.048 6	0.120 5

（续）

年	月	观测站位	pH	化学需氧量/(mg/L)	总碱度/(mg/L)	活性硅酸盐/(mg/L)	活性磷酸盐/(mg/L)	硝酸盐氮/(mg/L)	亚硝酸盐氮/(mg/L)	氨及部分氨基酸/(mg/L)	生化需氧量/(mg/L)	总磷/(mg/L)	总氮/(mg/L)
2012	1	DYB12	8.21	0.72	2.50	0.238 1	0.006 5	0.006 3	0.027 7	0.050 1	1.15	0.029 2	0.296 7
2012	4	DYB01	8.22	0.74	2.44	0.596 4	0.003 7	0.016 2	0.003 7	0.016 5	0.78	0.025 7	0.788 4
2012	4	DYB02	8.05	0.60	2.48	0.814 4	0.005 8	0.043 0	0.002 0	0.014 4	0.69	0.032 5	0.406 1
2012	4	DYB03	8.04	0.84	2.45	0.781 1	0.003 9	0.048 2	0.001 8	0.012 4	1.23	0.032 4	0.372 1
2012	4	DYB04	8.03	0.74	2.39	0.496 9	0.004 3	0.021 2	0.002 5	0.026 3	1.42	0.015 7	0.253 1
2012	4	DYB05	8.00	0.58	2.44	0.404 1	0.003 3	0.001 2	0.000 7	0.009 0	0.37	0.047 2	0.312 7
2012	4	DYB06	8.03	0.54	2.32	0.291 7	0.002 7	0.000 9	0.000 9	0.002 8	0.28	0.035 2	0.304 9
2012	4	DYB07	8.07	0.54	2.42	0.281 0	0.001 7	0.001 7	0.001 0	0.006 0	0.51	0.022 2	0.249 8
2012	4	DYB08	8.11	1.00	2.34	0.398 3	0.001 2	0.001 6	0.003 1	0.008 9	1.96	0.029 4	0.324 2
2012	4	DYB09	8.12	0.74	2.43	0.300 4	0.001 6	0.001 1	0.001 7	0.007 7	2.02	0.041 3	0.492 5
2012	4	DYB10	8.12	0.94	2.53	0.282 9	0.001 1	0.002 2	0.001 5	0.006 1	1.06	0.032 4	0.453 4
2012	4	DYB11	8.13	1.10	2.44	0.261 6	0.002 0	0.003 5	0.001 8	0.004 7	0.87	0.040 7	0.384 0
2012	4	DYB12	8.14	1.22	2.53	0.203 5	0.010 9	0.002 9	0.006 3	0.061 3	1.06	0.025 6	0.265 0
2012	7	DYB01	8.10	0.55	2.60	0.174 4	0.001 4	0.004 7	0.006 2	0.020 5	1.17	0.022 8	0.376 9
2012	7	DYB02	8.38	0.50	2.63	0.191 4	0.003 7	0.001 4	0.004 3	0.088 5	1.09	0.017 5	0.303 8
2012	7	DYB03	8.32	1.47	2.65	0.169 6	0.006 4	0.003 0	0.002 1	0.037 3	1.72	0.021 4	0.457 4
2012	7	DYB04	8.38	0.79	2.42	0.199 5	0.008 4	0.001 5	0.002 7	0.009 6	0.85	0.026 2	0.366 1
2012	7	DYB05	8.33	0.65	2.57	0.165 5	0.007 7	0.003 3	0.005 0	0.120 9	1.40	0.024 9	0.226 4
2012	7	DYB06	8.34	1.05	2.56	0.217 5	0.009 9	0.002 4	0.007 7	0.055 0	1.33	0.046 2	0.298 3
2012	7	DYB07	8.40	0.87	2.57	0.251 1	0.007 3	0.011 3	0.006 8	0.037 6	1.50	0.060 6	0.462 1
2012	7	DYB08	8.48	1.68	2.44	0.242 7	0.007 0	0.001 0	0.006 6	0.044 2	1.43	0.027 0	0.363 7
2012	7	DYB09	8.49	1.13	2.62	0.178 2	0.003 6	0.007 9	0.007 6	0.028 0	1.65	0.040 5	0.196 4
2012	7	DYB10	8.28	1.51	2.55	0.165 5	0.006 0	0.001 2	0.003 8	0.067 7	1.91	0.017 0	0.159 7
2012	7	DYB11	8.26	1.03	2.40	0.183 3	0.004 4	0.001 4	0.004 0	0.042 9	1.66	0.094 1	0.195 5
2012	7	DYB12	8.47	1.13	2.61	0.351 7	0.001 1	0.001 3	0.000 4	0.009 3	1.44	0.029 8	0.344 2

（续）

年	月	观测站位	pH	化学需氧量/(mg/L)	总碱度/(mg/L)	活性硅酸盐/(mg/L)	活性磷酸盐/(mg/L)	硝酸盐氮/(mg/L)	亚硝酸盐氮/(mg/L)	氨及部分氨基酸/(mg/L)	生化需氧量/(mg/L)	总磷/(mg/L)	总氮/(mg/L)
2012	11	DYB13	8.24	0.59	2.59	0.504 3	0.001 6	0.005 1	0.001 6	0.006 6	0.37	0.033 5	0.147 4
2012	11	DYB02	8.39	0.12	2.56	0.793 2	0.003 7	0.024 1	0.002 5	0.028 7	0.58	0.099 3	0.140 6
2012	11	DYB03	8.35	0.45	2.59	0.793 2	0.001 8	0.026 9	0.002 8	0.037 0	0.53	0.040 7	0.199 2
2012	11	DYB04	8.32	0.21	2.56	0.348 8	0.001 1	0.000 3	0.000 7	0.007 2	1.16	0.022 3	0.316 1
2012	11	DYB05	8.36	0.60	2.55	0.277 1	0.001 3	0.001 5	0.000 8	0.006 0	0.23	0.010 6	0.123 2
2012	11	DYB06	8.43	0.10	2.54	0.257 8	0.001 3	0.002 0	0.001 0	0.006 7	0.39	0.056 0	0.136 4
2012	11	DYB07	8.43	0.10	2.56	0.178 8	0.002 8	0.003 2	0.005 4	0.026 1	0.43	0.038 0	0.157 8
2012	11	DYB08	8.12	0.60	2.51	0.170 5	0.007 2	0.002 9	0.005 6	0.027 4	1.51	0.156 4	0.217 7
2012	11	DYB09	8.15	0.12	2.62	0.210 3	0.004 6	0.003 3	0.019 3	0.010 0	0.27	0.063 4	0.234 2
2012	11	DYB10	8.23	0.50	2.43	0.256 6	0.005 9	0.006 6	0.036 6	0.017 1	0.36	0.058 9	0.235 6
2012	11	DYB11	8.30	0.42	2.40	0.541 6	0.005 9	0.014 2	0.023 6	0.013 9	0.30	0.018 4	0.199 2
2012	11	DYB12	8.27	0.34	2.61	0.613 6	0.004 5	0.022 9	0.003 0	0.034 2	0.44	0.029 6	0.256 2
2013	1	DYB01	8.22	0.11	2.44	0.235 0	0.003 9	0.280 0	0.009 5	0.020 3	0.84	0.016 7	0.639 0
2013	1	DYB02	8.15	0.18	2.43	0.268 0	0.002 6	0.093 3	0.007 0	0.018 1	0.40	0.011 6	0.637 1
2013	1	DYB03	8.18	0.40	2.47	0.144 9	0.002 8	0.105 0	0.006 5	0.005 3	0.84	0.004 2	0.629 1
2013	1	DYB04	8.22	0.14	2.49	0.253 3	0.001 5	0.214 7	0.012 5	0.025 0	0.56	0.018 4	0.616 7
2013	1	DYB05	8.11	0.20	2.44	0.230 4	0.001 8	0.304 0	0.010 0	0.027 2	0.71	0.019 6	0.629 1
2013	1	DYB06	8.21	0.12	2.47	0.206 6	0.002 8	0.177 3	0.010 0	0.030 7	0.72	0.013 9	0.562 8
2013	1	DYB07	8.23	0.06	2.44	0.200 0	0.001 3	0.140 0	0.007 0	0.014 5	0.69	0.005 3	0.573 6
2013	1	DYB08	8.20	0.78	2.48	0.038 3	0.002 1	0.261 4	0.001 0	0.010 0	1.28	0.065 6	0.516 3
2013	1	DYB09	8.26	0.27	2.43	0.179 8	0.001 7	0.249 7	0.004 5	0.011 9	0.69	0.005 4	0.588 3
2013	1	DYB10	8.28	0.17	2.47	0.011 9	0.001 7	0.056 0	0.002 5	0.003 8	0.71	0.006 4	0.506 0
2013	1	DYB11	8.15	0.38	2.36	0.033 5	0.002 0	0.081 7	0.003 5	0.005 9	0.94	0.010 0	0.504 1
2013	1	DYB12	8.37	0.36	2.44	0.033 7	0.002 4	0.193 7	0.003 0	0.008 6	0.49	0.009 1	0.462 7
2013	4	DYB01	8.32	0.33	2.45	0.178 2	0.001 7	0.098 3	0.008 0	0.016 2	1.14	0.014 4	0.566 0

（续）

年	月	观测站位	pH	化学需氧量/(mg/L)	总碱度/(mg/L)	活性硅酸盐/(mg/L)	活性磷酸盐/(mg/L)	硝酸盐氮/(mg/L)	亚硝酸盐氮/(mg/L)	氨及部分氨基酸/(mg/L)	生化需氧量/(mg/L)	总磷/(mg/L)	总氮/(mg/L)
2013	4	DYB02	8.33	0.67	2.36	0.178 1	0.002 1	0.066 5	0.008 8	0.018 5	1.29	0.009 6	0.658 3
2013	4	DYB03	8.27	0.85	2.48	0.137 5	0.001 9	0.079 7	0.004 4	0.009 5	1.26	0.018 2	0.615 3
2013	4	DYB04	8.32	0.97	2.45	0.138 9	0.001 5	0.086 0	0.010 4	0.014 9	1.56	0.012 7	0.623 0
2013	4	DYB05	8.30	0.57	2.49	0.144 6	0.001 7	0.197 9	0.005 5	0.016 8	0.86	0.013 3	0.741 7
2013	4	DYB06	8.31	0.69	2.08	0.131 0	0.001 7	0.096 2	0.008 4	0.022 5	1.03	0.019 4	0.658 5
2013	4	DYB07	8.29	0.79	2.36	0.130 1	0.001 7	0.082 9	0.007 7	0.017 2	0.96	0.016 4	0.523 3
2013	4	DYB08	8.07	0.73	2.46	0.051 2	0.002 3	0.089 9	0.002 6	0.010 9	0.78	0.058 8	0.943 2
2013	4	DYB09	8.28	0.74	2.43	0.157 3	0.002 1	0.157 3	0.007 8	0.016 1	0.96	0.005 4	0.689 9
2013	4	DYB10	8.25	0.91	2.44	0.088 8	0.001 3	0.045 5	0.003 3	0.007 9	1.37	0.018 3	0.756 0
2013	4	DYB11	8.19	0.65	2.44	0.091 6	0.001 5	0.038 4	0.003 2	0.010 8	0.77	0.040 7	0.824 6
2013	4	DYB12	8.26	0.64	2.42	0.092 2	0.001 6	0.080 2	0.006 8	0.014 8	0.73	0.010 0	0.617 1
2013	7	DYB01	8.60	0.68	2.20	0.103 6	0.001 0	0.039 0	0.001 0	0.006 9	2.20	0.004 6	0.570 6
2013	7	DYB02	8.62	0.26	2.13	0.087 4	0.001 7	0.033 5	0.003 5	0.006 6	1.90	0.005 4	0.651 6
2013	7	DYB03	8.75	1.78	2.10	0.205 7	0.002 1	0.090 5	0.004 0	0.006 9	4.50	0.009 3	0.598 3
2013	7	DYB04	8.63	0.96	2.21	0.107 2	0.002 5	0.020 0	0.002 0	0.005 7	3.16	0.008 6	0.634 9
2013	7	DYB05	8.61	1.19	2.17	0.130 8	0.002 2	0.028 0	0.003 0	0.005 0	3.60	0.004 3	0.833 5
2013	7	DYB06	8.62	0.98	2.18	0.133 0	0.001 9	0.096 5	0.004 0	0.005 5	2.95	0.004 5	0.797 4
2013	7	DYB07	8.68	0.86	2.23	0.072 7	0.001 9	0.009 5	0.002 5	0.008 3	2.10	0.005 8	0.738 2
2013	7	DYB08	8.26	1.78	2.03	0.099 4	0.005 3	0.023 5	0.005 0	0.006 2	4.35	0.046 6	0.704 0
2013	7	DYB09	8.62	0.70	1.97	0.095 5	0.001 5	0.046 0	0.005 5	0.007 1	2.16	0.006 9	0.687 6
2013	7	DYB10	8.77	0.90	2.17	0.082 0	0.001 6	0.027 5	0.003 0	0.003 6	3.07	0.012 0	0.645 2
2013	7	DYB11	8.62	1.49	2.13	0.132 7	0.002 1	0.019 0	0.002 5	0.006 6	4.70	0.007 4	0.716 9
2013	7	DYB12	8.60	0.82	2.26	0.074 9	0.001 7	0.049 0	0.003 5	0.006 9	2.21	0.009 1	0.676 6
2013	10	DYB01	8.31	0.34	2.42	0.191 6	0.000 7	0.006 5	0.012 0	0.020 2	1.48	0.010 4	0.754 8
2013	10	DYB02	8.27	0.39	2.44	0.178 8	0.002 0	0.071 0	0.014 0	0.027 8	0.84	0.007 2	0.778 3

（续）

年	月	观测站位	pH	化学需氧量/(mg/L)	总碱度/(mg/L)	活性硅酸盐/(mg/L)	活性磷酸盐/(mg/L)	硝酸盐氮/(mg/L)	亚硝酸盐氮/(mg/L)	氨及部分氨基酸/(mg/L)	生化需氧量/(mg/L)	总磷/(mg/L)	总氮/(mg/L)
2013	10	DYB03	8.41	0.45	2.47	0.080 8	0.001 1	0.052 5	0.003 0	0.014 5	1.57	0.006 2	0.824 5
2013	10	DYB04	8.35	0.40	2.47	0.076 8	0.000 8	0.039 0	0.015 0	0.014 3	1.27	0.012 2	0.776 9
2013	10	DYB05	8.31	0.45	2.46	0.090 7	0.001 3	0.055 5	0.004 0	0.017 9	1.40	0.011 1	0.682 3
2013	10	DYB06	8.28	0.29	2.41	0.072 8	0.000 9	0.035 0	0.010 5	0.029 1	1.20	0.010 9	0.769 1
2013	10	DYB07	8.28	0.32	2.42	0.120 6	0.001 8	0.095 0	0.012 0	0.026 0	1.25	0.016 1	0.770 0
2013	10	DYB08	8.20	1.13	2.47	0.024 7	0.000 4	0.011 0	0.002 0	0.015 0	2.21	0.006 4	0.786 1
2013	10	DYB09	8.28	0.19	2.46	0.186 7	0.003 0	0.171 5	0.012 0	0.026 0	1.22	0.011 1	0.746 2
2013	10	DYB10	8.26	0.60	2.25	0.151 5	0.000 8	0.051 0	0.004 0	0.014 1	1.15	0.004 3	0.696 0
2013	10	DYB11	8.19	0.55	2.23	0.104 2	0.000 7	0.020 5	0.003 5	0.017 8	1.68	0.010 3	0.685 4
2013	10	DYB12	8.25	0.34	2.34	0.149 0	0.000 6	0.018 5	0.012 0	0.025 3	0.75	0.006 3	0.653 3
2014	1	DYB01	8.22	0.44	2.86	0.427 2	0.003 8	0.142 3	0.009 6	0.021 7	1.55	0.023 4	0.366 6
2014	1	DYB02	8.24	0.46	3.08	0.133 3	0.001 5	0.065 4	0.008 0	0.017 8	1.10	0.018 8	0.349 1
2014	1	DYB03	8.21	0.64	3.11	0.251 6	0.002 6	0.041 4	0.002 9	0.013 8	1.74	0.016 7	0.316 1
2014	1	DYB04	8.27	0.30	3.23	0.279 2	0.001 9	0.069 5	0.004 2	0.018 4	0.67	0.032 5	0.342 4
2014	1	DYB05	8.21	0.39	3.27	0.117 1	0.002 1	0.095 8	0.003 5	0.018 0	1.01	0.027 1	0.400 2
2014	1	DYB06	8.14	0.46	3.15	0.162 3	0.001 2	0.055 3	0.003 5	0.013 1	1.65	0.015 7	0.293 0
2014	1	DYB07	8.17	0.59	3.15	0.276 3	0.002 2	0.047 9	0.002 2	0.009 0	1.95	0.024 5	0.277 8
2014	1	DYB08	8.21	0.77	3.15	0.177 1	0.005 7	0.089 4	0.002 7	0.040 8	2.59	0.043 1	0.288 5
2014	1	DYB09	8.14	0.53	3.16	0.384 5	0.002 0	0.078 2	0.001 6	0.009 8	1.49	0.025 6	0.268 8
2014	1	DYB10	8.28	0.91	3.03	0.203 5	0.000 8	0.028 4	0.000 9	0.012 5	1.46	0.028 6	0.260 0
2014	1	DYB11	8.27	0.46	3.02	0.223 0	0.005 0	0.038 1	0.002 4	0.007 7	1.49	0.023 4	0.254 4
2014	1	DYB12	8.27	0.57	3.03	0.355 4	0.001 3	0.068 3	0.001 7	0.009 5	1.14	0.018 7	0.301 8
2014	4	DYB01	8.22	0.34	2.74	0.181 7	0.002 7	0.037 9	0.018 4	0.024 5	1.20	0.039 3	0.271 2
2014	4	DYB02	8.22	0.47	2.65	0.138 5	0.006 4	0.030 1	0.022 0	0.008 5	1.25	0.071 5	0.362 5
2014	4	DYB03	8.28	0.66	2.65	0.139 6	0.004 6	0.041 2	0.010 2	0.023 8	0.99	0.035 6	0.315 8

（续）

年	月	观测站位	pH	化学需氧量/(mg/L)	总碱度/(mg/L)	活性硅酸盐/(mg/L)	活性磷酸盐/(mg/L)	硝酸盐氮/(mg/L)	亚硝酸盐氮/(mg/L)	氨及部分氨基酸/(mg/L)	生化需氧量/(mg/L)	总磷/(mg/L)	总氮/(mg/L)
2014	4	DYB04	8.25	0.52	2.68	0.154 9	0.003 4	0.056 9	0.018 7	0.008 8	1.70	0.051 1	0.283 8
2014	4	DYB05	8.19	0.43	2.66	0.140 1	0.001 7	0.066 2	0.019 6	0.012 4	0.51	0.035 6	0.527 8
2014	4	DYB06	8.13	0.55	2.72	0.298 8	0.004 9	0.036 5	0.021 1	0.009 4	0.94	0.036 8	0.420 8
2014	4	DYB07	8.23	0.61	2.72	0.117 4	0.004 1	0.031 5	0.018 1	0.010 9	0.39	0.040 3	0.366 5
2014	4	DYB08	8.26	1.66	2.58	0.102 1	0.005 6	0.037 2	0.011 7	0.029 6	0.37	0.046 1	0.437 8
2014	4	DYB09	8.27	0.54	2.70	0.097 3	0.003 1	0.053 6	0.014 7	0.020 4	0.37	0.040 1	0.353 0
2014	4	DYB10	8.16	1.86	2.62	0.060 2	0.003 6	0.017 7	0.010 5	0.029 3	1.12	0.043 6	0.396 6
2014	4	DYB11	8.20	1.27	2.49	0.162 3	0.005 0	0.018 2	0.008 7	0.013 7	0.91	0.044 1	0.380 8
2014	4	DYB12	8.43	1.74	2.66	0.117 7	0.005 6	0.029 3	0.012 5	0.021 6	0.51	0.035 4	0.349 1
2014	7	DYB01	8.41	0.96	2.67	0.056 3	0.003 0	0.047 7	0.003 7	0.005 6	2.36	0.037 2	0.395 6
2014	7	DYB02	8.42	1.37	2.69	0.083 0	0.004 4	0.098 7	0.003 4	0.011 8	1.96	0.032 1	0.411 5
2014	7	DYB03	8.40	1.76	2.70	0.120 2	0.003 4	0.071 7	0.006 4	0.005 7	1.64	0.058 8	0.369 2
2014	7	DYB04	8.16	0.76	2.66	0.057 4	0.005 5	0.044 2	0.007 0	0.003 7	1.91	0.022 5	0.433 1
2014	7	DYB05	8.22	1.06	2.67	0.047 9	0.004 6	0.041 2	0.002 5	0.021 5	1.31	0.020 4	0.378 2
2014	7	DYB06	8.22	0.69	2.70	0.071 8	0.006 4	0.118 8	0.005 5	0.013 1	2.65	0.020 2	0.377 5
2014	7	DYB07	8.28	0.96	2.66	0.183 3	0.005 7	0.075 8	0.006 7	0.006 0	1.59	0.020 1	0.369 8
2014	7	DYB08	8.34	1.49	2.73	0.121 5	0.009 6	0.035 3	0.003 3	0.005 9	0.98	0.038 7	0.479 2
2014	7	DYB09	8.27	1.04	2.69	0.190 1	0.003 9	0.045 3	0.003 1	0.008 9	1.56	0.018 7	0.568 5
2014	7	DYB10	8.24	0.86	2.72	0.066 5	0.003 5	0.041 0	0.003 5	0.004 2	0.72	0.029 0	0.400 0
2014	7	DYB11	8.25	0.80	2.70	0.075 0	0.005 6	0.032 3	0.002 4	0.009 1	1.21	0.028 7	0.450 3
2014	7	DYB12	8.22	0.85	2.69	0.079 3	0.005 3	0.063 8	0.003 2	0.012 2	0.50	0.036 2	0.454 4
2014	10	DYB01	8.29	0.32	2.66	0.453 4	0.003 0	0.017 8	0.006 0	0.036 4	1.44	0.024 0	0.410 2
2014	10	DYB02	8.40	0.36	2.59	0.475 0	0.002 0	0.039 0	0.004 8	0.065 6	1.20	0.035 5	0.526 2
2014	10	DYB03	8.42	0.40	2.85	0.382 9	0.002 9	0.028 5	0.003 0	0.051 6	0.27	0.036 1	0.543 3
2014	10	DYB04	8.55	0.33	2.77	0.399 4	0.002 1	0.025 1	0.008 8	0.030 0	0.75	0.025 9	0.407 5

（续）

年	月	观测站位	pH	化学需氧量/(mg/L)	总碱度/(mg/L)	活性硅酸盐/(mg/L)	活性磷酸盐/(mg/L)	硝酸盐氮/(mg/L)	亚硝酸盐氮/(mg/L)	氨及部分氨基酸/(mg/L)	生化需氧量/(mg/L)	总磷/(mg/L)	总氮/(mg/L)
2014	10	DYB05	8.43	0.58	2.75	0.417 3	0.005 6	0.024 7	0.001 6	0.030 7	0.54	0.025 6	0.366 5
2014	10	DYB06	8.41	0.32	2.62	0.417 8	0.002 4	0.020 3	0.003 6	0.017 9	0.86	0.012 4	0.340 9
2014	10	DYB07	8.42	0.36	2.49	0.436 0	0.004 4	0.035 4	0.004 7	0.016 9	0.98	0.037 2	0.402 2
2014	10	DYB08	8.48	0.79	2.58	0.260 2	0.003 1	0.024 9	0.004 7	0.057 5	1.44	0.017 3	0.426 0
2014	10	DYB09	8.21	0.30	2.59	0.526 4	0.004 9	0.066 6	0.006 8	0.033 0	0.58	0.017 7	0.421 5
2014	10	DYB10	8.42	0.54	3.02	0.168 9	0.003 6	0.022 7	0.005 0	0.053 0	0.27	0.013 6	0.396 4
2014	10	DYB11	8.42	0.61	2.89	0.527 1	0.001 4	0.050 6	0.007 5	0.035 4	0.60	0.028 4	0.458 0
2014	10	DYB12	8.42	0.62	3.02	0.258 3	0.001 8	0.028 7	0.005 8	0.087 4	0.28	0.020 2	0.394 6
2015	1	DYB01	8.22	0.47	2.44	0.492 3	0.004 0	0.113 1	0.009 5	0.021 6	0.60	0.013 5	0.277 0
2015	1	DYB02	8.14	0.54	2.53	0.130 1	0.001 5	0.062 8	0.008 1	0.017 5	0.49	0.010 5	0.230 0
2015	1	DYB03	8.21	0.61	2.52	0.300 8	0.002 8	0.031 1	0.002 1	0.015 5	0.36	0.013 5	0.216 0
2015	1	DYB04	8.20	0.48	2.61	0.309 5	0.002 2	0.040 1	0.002 3	0.016 6	0.52	0.019 0	0.299 0
2015	1	DYB05	8.16	0.99	2.55	0.119 1	0.002 4	0.051 6	0.002 1	0.015 7	0.28	0.012 0	0.283 0
2015	1	DYB06	8.21	0.47	2.51	0.178 9	0.001 1	0.031 4	0.002 1	0.009 0	1.12	0.012 0	0.186 0
2015	1	DYB07	8.13	0.55	2.58	0.318 0	0.002 7	0.031 0	0.001 2	0.007 6	0.67	0.013 5	0.109 0
2015	1	DYB08	8.27	1.39	2.53	0.235 1	0.006 7	0.053 5	0.003 1	0.047 1	2.42	0.141 0	0.345 5
2015	1	DYB09	8.20	0.43	2.54	0.453 3	0.002 3	0.042 7	0.001 0	0.009 2	1.04	0.013 5	0.157 0
2015	1	DYB10	8.25	0.90	2.45	0.272 9	0.000 9	0.026 5	0.000 6	0.014 2	0.47	0.018 5	0.165 0
2015	1	DYB11	8.21	1.04	2.42	0.291 6	0.005 9	0.032 5	0.002 2	0.008 0	0.64	0.016 5	0.132 0
2015	1	DYB12	8.22	1.05	2.50	0.451 4	0.001 4	0.043 5	0.001 4	0.009 6	0.52	0.013 5	0.112 5
2015	4	DYB01	8.13	0.57	2.55	0.208 9	0.003 2	0.028 4	0.020 6	0.026 0	0.84	0.014 0	0.221 0
2015	4	DYB02	8.25	1.23	2.50	0.156 7	0.007 6	0.026 2	0.024 7	0.006 1	0.57	0.013 0	0.218 0
2015	4	DYB03	8.30	1.23	2.47	0.167 3	0.005 4	0.036 6	0.011 4	0.026 6	1.16	0.012 0	0.216 0
2015	4	DYB04	8.28	1.12	2.44	0.185 5	0.004 1	0.054 2	0.020 3	0.007 3	0.65	0.013 5	0.247 5
2015	4	DYB05	8.18	0.58	2.47	0.166 2	0.002 0	0.039 9	0.022 5	0.011 2	0.28	0.023 5	0.196 0

（续）

年	月	观测站位	pH	化学需氧量/(mg/L)	总碱度/(mg/L)	活性硅酸盐/(mg/L)	活性磷酸盐/(mg/L)	硝酸盐氮/(mg/L)	亚硝酸盐氮/(mg/L)	氨及部分氨基酸/(mg/L)	生化需氧量/(mg/L)	总磷/(mg/L)	总氮/(mg/L)
2015	4	DYB06	8.26	0.57	2.46	0.360 9	0.005 8	0.027 2	0.023 6	0.006 3	1.07	0.019 5	0.210 0
2015	4	DYB07	8.22	0.72	2.52	0.142 2	0.004 9	0.024 2	0.020 2	0.009 4	0.98	0.032 0	0.324 5
2015	4	DYB08	8.36	0.85	2.42	0.141 6	0.006 5	0.029 5	0.013 6	0.033 4	0.74	0.053 0	0.348 5
2015	4	DYB09	8.27	0.35	2.48	0.111 8	0.003 6	0.033 9	0.016 1	0.040 4	0.44	0.016 5	0.195 0
2015	4	DYB10	8.29	0.98	2.52	0.082 5	0.004 4	0.016 0	0.012 0	0.014 4	1.57	0.017 5	0.241 0
2015	4	DYB11	8.26	0.49	2.39	0.205 2	0.006 0	0.018 3	0.009 9	0.014 1	1.17	0.015 0	0.146 5
2015	4	DYB12	8.35	0.58	2.50	0.151 1	0.006 7	0.022 1	0.013 6	0.022 8	1.46	0.015 0	0.159 5
2015	7	DYB01	8.12	0.54	2.53	0.074 5	0.003 8	0.053 7	0.004 4	0.005 2	0.58	0.010 5	0.151 0
2015	7	DYB02	8.33	0.53	2.52	0.110 4	0.005 3	0.116 5	0.003 4	0.012 8	0.68	0.011 0	0.203 5
2015	7	DYB03	8.35	0.96	2.50	0.128 4	0.003 9	0.071 0	0.007 0	0.005 3	0.71	0.009 0	0.195 0
2015	7	DYB04	8.32	0.73	2.46	0.075 0	0.006 4	0.053 8	0.008 1	0.003 2	0.81	0.019 5	0.247 0
2015	7	DYB05	8.21	0.61	2.61	0.058 1	0.005 4	0.048 4	0.002 4	0.024 9	1.06	0.013 5	0.208 5
2015	7	DYB06	8.28	1.12	2.61	0.086 5	0.007 6	0.126 5	0.005 8	0.014 6	0.73	0.015 0	0.229 0
2015	7	DYB07	8.33	1.26	2.60	0.234 7	0.006 8	0.094 4	0.007 6	0.005 5	0.37	0.019 0	0.271 5
2015	7	DYB08	8.36	2.25	2.58	0.154 1	0.010 6	0.042 3	0.002 9	0.005 8	1.65	0.151 5	0.387 0
2015	7	DYB09	8.28	1.15	2.53	0.237 8	0.004 7	0.049 2	0.002 6	0.009 2	0.30	0.012 0	0.164 0
2015	7	DYB10	8.29	0.93	2.53	0.091 6	0.004 2	0.048 2	0.003 7	0.004 3	1.63	0.015 0	0.203 5
2015	7	DYB11	8.25	1.68	2.45	0.090 4	0.006 6	0.039 6	0.002 5	0.009 5	1.32	0.011 5	0.243 0
2015	7	DYB12	8.31	1.45	2.51	0.108 7	0.006 3	0.070 9	0.003 2	0.013 2	0.80	0.012 0	0.186 5
2015	10	DYB01	8.13	0.15	2.36	0.533 8	0.003 8	0.025 1	0.004 6	0.039 5	0.52	0.010 0	0.287 5
2015	10	DYB02	8.08	0.32	2.31	0.562 8	0.002 3	0.035 9	0.002 7	0.051 5	0.78	0.009 0	0.275 5
2015	10	DYB03	8.09	0.28	2.40	0.473 9	0.003 6	0.027 4	0.003 0	0.059 1	1.06	0.009 0	0.287 0
2015	10	DYB04	8.33	0.36	2.37	0.494 6	0.002 6	0.026 5	0.007 4	0.042 4	1.46	0.012 0	0.322 5
2015	10	DYB05	8.40	0.50	2.36	0.513 1	0.006 8	0.022 2	0.001 1	0.054 3	1.33	0.019 0	0.295 5
2015	10	DYB06	8.48	0.78	2.32	0.517 8	0.003 0	0.021 6	0.002 1	0.015 1	0.65	0.008 0	0.262 5

（续）

年	月	观测站位	pH	化学需氧量/(mg/L)	总碱度/(mg/L)	活性硅酸盐/(mg/L)	活性磷酸盐/(mg/L)	硝酸盐氮/(mg/L)	亚硝酸盐氮/(mg/L)	氨及部分氨基酸/(mg/L)	生化需氧量/(mg/L)	总磷/(mg/L)	总氮/(mg/L)
2015	10	DYB07	8.10	0.32	2.26	0.528 9	0.005 1	0.026 2	0.003 1	0.019 6	0.54	0.033 0	0.382 5
2015	10	DYB08	8.20	0.86	2.29	0.338 5	0.004 0	0.032 5	0.005 3	0.066 2	1.56	0.072 0	0.414 5
2015	10	DYB09	8.16	0.19	2.33	0.623 0	0.005 5	0.046 5	0.005 6	0.071 9	0.70	0.007 0	0.219 0
2015	10	DYB10	8.07	0.43	2.41	0.199 5	0.004 5	0.020 9	0.005 2	0.060 9	1.21	0.013 0	0.286 0
2015	10	DYB11	8.10	0.37	2.36	0.642 7	0.001 8	0.061 4	0.008 3	0.044 5	0.67	0.011 0	0.167 0
2015	10	DYB12	8.17	0.38	2.47	0.308 0	0.002 4	0.035 4	0.004 4	0.077 7	0.79	0.006 5	0.180 0
2016	1	DYB01	8.01	0.50	2.57	0.365 7	0.005 6	0.108 1	0.126 5	0.083 9	0.66	0.108 0	0.476 0
2016	1	DYB02	7.92	0.63	2.48	0.201 0	0.003 9	0.162 8	0.100 5	0.062 1	1.48	0.112 5	0.451 6
2016	1	DYB03	8.00	0.59	2.45	0.224 8	0.004 5	0.303 0	0.071 4	0.061 3	1.67	0.087 6	0.540 6
2016	1	DYB04	8.08	0.59	2.54	0.283 4	0.003 5	0.296 5	0.049 7	0.050 7	0.98	0.061 5	0.475 8
2016	1	DYB05	8.07	0.58	2.59	0.176 7	0.003 7	0.239 0	0.054 4	0.066 8	0.98	0.057 9	0.474 1
2016	1	DYB06	8.09	0.52	2.55	0.194 8	0.003 8	0.169 3	0.010 8	0.039 8	1.89	0.027 9	0.392 4
2016	1	DYB07	8.15	0.65	2.58	0.261 0	0.003 6	0.320 8	0.012 4	0.034 4	0.76	0.034 4	0.459 3
2016	1	DYB08	8.09	0.56	2.54	0.138 7	0.005 7	0.233 5	0.028 8	0.054 6	1.43	0.048 0	0.548 9
2016	1	DYB09	8.14	0.63	2.57	0.318 6	0.003 6	0.170 5	0.022 9	0.042 8	1.60	0.021 7	0.390 7
2016	1	DYB10	8.03	0.59	2.51	0.144 4	0.003 0	0.139 0	0.027 0	0.043 4	1.02	0.136 5	0.353 5
2016	1	DYB11	8.12	0.72	2.48	0.164 6	0.005 3	0.153 0	0.028 4	0.080 8	1.28	0.020 4	0.336 0
2016	1	DYB12	7.81	0.80	2.51	0.244 6	0.003 6	0.172 5	0.072 8	0.047 0	2.13	0.089 6	0.305 6
2016	4	DYB01	7.90	0.74	2.48	0.195 6	0.004 0	0.140 0	0.101 5	0.067 4	0.57	0.105 5	0.411 5
2016	4	DYB02	7.99	0.73	2.50	0.170 9	0.006 0	0.363 5	0.071 9	0.049 7	0.45	0.083 9	0.551 2
2016	4	DYB03	8.06	0.70	2.61	0.157 4	0.005 0	0.109 5	0.042 5	0.053 7	1.25	0.061 9	0.433 7
2016	4	DYB04	8.05	0.80	2.59	0.167 2	0.004 2	0.301 5	0.039 1	0.050 9	2.67	0.053 1	0.603 2
2016	4	DYB05	8.12	0.80	2.54	0.160 4	0.003 5	0.263 0	0.029 2	0.051 8	4.07	0.028 9	0.486 9
2016	4	DYB06	8.01	0.91	2.49	0.250 9	0.005 1	0.241 0	0.013 8	0.050 0	4.34	0.029 2	0.452 3
2016	4	DYB07	8.05	0.85	2.44	0.141 1	0.004 7	0.147 5	0.031 2	0.047 6	1.16	0.045 0	0.441 9

（续）

年	月	观测站位	pH	化学需氧量/(mg/L)	总碱度/(mg/L)	活性硅酸盐/(mg/L)	活性磷酸盐/(mg/L)	硝酸盐氮/(mg/L)	亚硝酸盐氮/(mg/L)	氨及部分氨基酸/(mg/L)	生化需氧量/(mg/L)	总磷/(mg/L)	总氮/(mg/L)
2016	4	DYB08	8.05	0.85	2.46	0.101 4	0.005 7	0.175 5	0.018 6	0.033 1	0.27	0.020 8	0.663 9
2016	4	DYB09	7.92	0.82	2.46	0.139 5	0.004 4	0.136 2	0.013 9	0.039 1	0.85	0.133 5	0.460 5
2016	4	DYB10	8.06	0.74	2.42	0.090 6	0.004 3	0.157 5	0.018 4	0.065 6	1.46	0.021 4	0.516 5
2016	4	DYB11	7.94	0.87	2.55	0.158 4	0.005 0	0.177 0	0.084 5	0.057 3	1.37	0.094 3	0.503 5
2016	4	DYB12	7.95	0.94	2.56	0.136 7	0.005 4	0.143 5	0.087 9	0.058 6	0.70	0.098 9	0.406 3
2016	7	DYB01	8.02	0.58	2.51	0.104 0	0.003 8	0.399 0	0.073 3	0.047 5	1.67	0.082 7	0.828 8
2016	7	DYB02	8.06	0.43	2.50	0.113 9	0.004 9	0.138 0	0.045 5	0.054 3	1.07	0.055 5	0.445 5
2016	7	DYB03	8.03	0.85	2.48	0.182 0	0.004 6	0.301 5	0.050 2	0.045 5	2.11	0.053 8	0.414 6
2016	7	DYB04	8.07	0.59	2.44	0.106 1	0.005 8	0.277 5	0.020 8	0.042 5	1.97	0.025 1	0.459 0
2016	7	DYB05	8.07	0.54	2.58	0.109 4	0.005 2	0.235 0	0.013 6	0.039 3	1.33	0.029 9	0.539 0
2016	7	DYB06	8.02	0.64	2.58	0.124 7	0.006 0	0.118 0	0.029 7	0.036 3	1.74	0.045 6	0.531 2
2016	7	DYB07	8.10	0.70	2.57	0.167 7	0.005 6	0.136 3	0.018 6	0.022 8	1.81	0.020 0	0.522 9
2016	7	DYB08	7.87	1.08	2.55	0.139 8	0.009 2	0.121 1	0.099 3	0.038 9	1.97	0.124 5	0.563 5
2016	7	DYB09	8.17	0.72	2.50	0.179 6	0.004 5	0.135 5	0.037 6	0.044 5	1.90	0.019 8	0.443 8
2016	7	DYB10	7.98	0.75	2.50	0.099 8	0.004 4	0.161 0	0.082 6	0.047 5	2.20	0.093 0	0.442 3
2016	7	DYB11	7.92	0.69	2.42	0.124 6	0.005 6	0.120 5	0.082 3	0.061 4	1.75	0.102 0	0.497 9
2016	7	DYB12	7.97	0.63	2.40	0.104 8	0.005 3	0.349 0	0.076 7	0.044 4	1.45	0.077 3	0.649 6
2016	10	DYB01	7.88	0.71	2.28	0.375 7	0.003 7	0.075 6	0.043 7	0.065 8	2.92	0.053 2	0.539 1
2016	10	DYB02	7.99	0.91	2.31	0.383 8	0.003 8	0.305 0	0.022 2	0.064 3	3.20	0.053 2	0.544 9
2016	10	DYB03	8.05	0.74	2.35	0.269 3	0.003 8	0.289 0	0.008 3	0.041 4	3.46	0.024 5	0.573 8
2016	10	DYB04	8.04	0.80	2.41	0.277 7	0.003 2	0.235 0	0.004 4	0.077 5	2.70	0.031 5	0.567 7
2016	10	DYB05	8.10	0.92	2.30	0.293 9	0.005 3	0.120 5	0.032 1	0.040 6	2.64	0.045 2	0.506 9
2016	10	DYB06	8.09	1.10	2.40	0.287 3	0.003 4	0.136 0	0.018 5	0.039 6	3.41	0.020 3	0.533 8
2016	10	DYB07	8.09	0.54	2.40	0.315 8	0.004 9	0.122 7	0.108 0	0.036 1	2.12	0.131 0	0.594 2
2016	10	DYB08	8.12	2.65	2.37	0.173 6	0.003 5	0.130 0	0.039 2	0.045 3	2.38	0.021 4	0.618 3

（续）

年	月	观测站位	pH	化学需氧量/(mg/L)	总碱度/(mg/L)	活性硅酸盐/(mg/L)	活性磷酸盐/(mg/L)	硝酸盐氮/(mg/L)	亚硝酸盐氮/(mg/L)	氨及部分氨基酸/(mg/L)	生化需氧量/(mg/L)	总磷/(mg/L)	总氮/(mg/L)
2016	10	DYB09	8.16	0.61	2.36	0.396 9	0.005 7	0.162 0	0.022 4	0.032 3	2.13	0.040 5	0.500 6
2016	10	DYB10	8.07	1.00	2.43	0.167 5	0.004 0	0.126 5	0.015 4	0.047 9	3.31	0.029 5	0.509 0
2016	10	DYB11	8.10	0.90	2.38	0.365 4	0.002 8	0.365 0	0.013 4	0.056 4	1.95	0.021 1	0.444 2
2016	10	DYB12	8.17	0.74	2.49	0.220 5	0.003 0	0.096 9	0.006 6	0.055 0	2.75	0.027 4	0.434 6
2017	1	DYB01	7.91	0.62	2.46	0.314 3	0.002 9	0.071 7	0.002 9	0.041 5	1.55	0.109 9	0.493 9
2017	1	DYB02	8.04	0.54	2.49	0.515 4	0.005 4	0.097 2	0.004 7	0.035 4	2.64	0.048 0	0.469 6
2017	1	DYB03	8.07	0.59	2.45	0.535 5	0.003 0	0.067 3	0.003 9	0.045 6	1.96	0.027 0	0.460 1
2017	1	DYB04	8.06	0.44	2.54	0.414 1	0.003 7	0.071 9	0.002 4	0.060 3	1.74	0.059 5	0.478 5
2017	1	DYB05	8.08	0.51	2.45	0.534 9	0.005 6	0.080 8	0.004 3	0.052 1	1.65	0.032 3	0.445 6
2017	1	DYB06	8.08	0.54	2.42	0.334 3	0.004 4	0.074 4	0.003 9	0.034 6	1.58	0.114 4	0.472 6
2017	1	DYB07	8.14	0.52	2.51	0.340 7	0.004 4	0.102 0	0.004 7	0.035 7	2.03	0.089 7	0.550 1
2017	1	DYB08	8.02	1.17	2.51	0.537 0	0.006 0	0.135 3	0.007 0	0.072 0	2.31	0.095 6	0.384 0
2017	1	DYB09	8.11	0.79	2.54	0.344 4	0.005 2	0.094 9	0.003 8	0.041 7	2.13	0.072 5	0.327 8
2017	1	DYB10	8.10	0.81	2.48	0.391 8	0.005 0	0.103 6	0.004 8	0.055 9	1.20	0.066 2	0.290 5
2017	1	DYB11	7.96	0.83	2.46	0.376 8	0.005 1	0.105 0	0.003 7	0.096 2	0.68	0.101 5	0.340 2
2017	1	DYB12	8.10	0.73	2.45	0.573 2	0.005 1	0.101 3	0.006 0	0.052 5	2.56	0.100 6	0.417 3
2017	4	DYB01	7.90	0.76	2.43	0.217 1	0.002 2	0.025 2	0.001 4	0.044 5	1.04	0.082 3	0.447 7
2017	4	DYB02	8.06	0.88	2.50	0.313 7	0.003 5	0.025 1	0.001 9	0.033 0	1.50	0.061 6	0.352 5
2017	4	DYB03	7.99	0.75	2.59	0.313 3	0.002 4	0.021 3	0.002 4	0.040 0	1.76	0.047 1	0.470 9
2017	4	DYB04	8.03	0.68	2.45	0.397 8	0.003 0	0.029 7	0.000 8	0.080 5	1.77	0.031 9	0.380 2
2017	4	DYB05	8.08	0.79	2.39	0.401 5	0.004 0	0.024 9	0.002 9	0.032 5	1.85	0.052 6	0.323 3
2017	4	DYB06	8.04	0.72	2.38	0.186 9	0.001 7	0.018 9	0.003 1	0.023 5	2.76	0.063 9	0.493 8
2017	4	DYB07	8.09	0.66	2.46	0.282 2	0.002 1	0.021 0	0.003 8	0.038 0	1.14	0.057 7	0.419 8
2017	4	DYB08	7.86	1.14	2.35	0.471 0	0.006 8	0.042 8	0.006 2	0.067 0	1.76	0.044 5	0.372 0
2017	4	DYB09	8.05	0.72	2.33	0.212 0	0.002 5	0.019 7	0.001 0	0.023 0	1.29	0.038 7	0.404 6
2017	4	DYB10	7.93	0.95	2.44	0.197 1	0.004 6	0.032 6	0.001 8	0.042 5	2.16	0.018 9	0.384 8

（续）

年	月	观测站位	pH	化学需氧量/(mg/L)	总碱度/(mg/L)	活性硅酸盐/(mg/L)	活性磷酸盐/(mg/L)	硝酸盐氮/(mg/L)	亚硝酸盐氮/(mg/L)	氨及部分氨基酸/(mg/L)	生化需氧量/(mg/L)	总磷/(mg/L)	总氮/(mg/L)
2017	4	DYB11	8.01	0.98	2.45	0.241 4	0.004 4	0.053 3	0.002 0	0.132 5	2.04	0.046 8	0.445 2
2017	4	DYB12	8.09	1.06	2.40	0.322 8	0.001 0	0.033 9	0.003 5	0.032 5	1.46	0.020 1	0.457 4
2017	8	DYB01	8.08	1.14	2.51	0.272 0	0.000 6	0.016 7	0.001 7	0.038 0	1.18	0.030 1	0.408 8
2017	8	DYB02	8.13	0.91	2.56	0.725 8	0.002 2	0.020 5	0.003 7	0.025 3	0.86	0.029 3	0.551 9
2017	8	DYB03	7.91	1.25	2.52	0.860 1	0.002 5	0.024 0	0.003 3	0.054 7	2.89	0.139 8	0.374 8
2017	8	DYB04	7.91	1.16	2.55	0.435 5	0.003 7	0.019 1	0.001 6	0.055 3	4.39	0.029 9	0.423 6
2017	8	DYB05	8.00	1.78	2.50	0.713 5	0.004 2	0.023 1	0.002 1	0.079 9	5.38	0.112 5	0.457 3
2017	8	DYB06	8.06	1.15	2.45	0.339 7	0.005 0	0.017 2	0.001 1	0.031 8	3.68	0.056 3	0.433 8
2017	8	DYB07	8.06	0.79	2.31	0.207 0	0.000 9	0.017 9	0.001 3	0.023 0	1.58	0.050 8	0.385 4
2017	8	DYB08	8.04	1.08	2.33	0.566 1	0.002 0	0.113 2	0.006 6	0.053 5	1.70	0.093 3	0.402 6
2017	8	DYB09	8.16	0.77	2.49	0.329 0	0.004 0	0.021 4	0.002 3	0.058 7	2.22	0.078 6	0.431 0
2017	8	DYB10	7.97	0.84	2.61	0.412 4	0.001 2	0.016 1	0.003 2	0.027 8	1.52	0.066 7	0.590 1
2017	8	DYB11	7.91	1.21	2.60	0.283 0	0.001 1	0.017 5	0.001 2	0.026 5	2.38	0.036 2	0.440 3
2017	8	DYB12	7.96	0.82	2.58	0.888 5	0.005 0	0.025 9	0.003 1	0.081 5	1.60	0.105 2	0.358 8
2017	10	DYB01	7.89	0.77	2.53	0.303 9	0.003 0	0.023 3	0.002 6	0.012 0	0.76	0.097 6	0.533 8
2017	10	DYB02	8.00	0.62	2.53	0.356 7	0.007 4	0.096 2	0.005 5	0.018 0	0.38	0.054 2	0.528 5
2017	10	DYB03	8.06	2.47	2.45	0.283 0	0.001 0	0.006 5	0.003 1	0.012 0	1.06	0.037 7	0.426 4
2017	10	DYB04	8.05	0.99	2.57	0.259 0	0.001 6	0.016 9	0.002 0	0.015 0	0.39	0.026 9	0.433 7
2017	10	DYB05	8.11	0.52	2.53	0.339 6	0.005 7	0.044 6	0.005 1	0.014 0	0.08	0.016 3	0.487 8
2017	10	DYB06	8.08	0.69	2.48	0.326 4	0.003 5	0.037 3	0.004 5	0.018 5	0.36	0.023 2	0.482 5
2017	10	DYB07	8.08	0.60	2.43	0.383 0	0.007 2	0.117 1	0.006 2	0.016 0	0.28	0.036 7	0.430 1
2017	10	DYB08	8.12	0.88	2.43	0.423 9	0.006 2	0.100 0	0.005 1	0.065 5	0.46	0.035 4	0.429 0
2017	10	DYB09	8.15	0.54	2.36	0.342 2	0.006 3	0.093 5	0.005 1	0.013 5	0.14	0.023 3	0.362 6
2017	10	DYB10	8.06	0.74	2.31	0.416 0	0.006 3	0.112 3	0.006 3	0.067 5	0.51	0.016 9	0.441 8
2017	10	DYB11	8.09	1.15	2.45	0.456 1	0.006 8	0.094 3	0.005 1	0.099 5	0.50	0.080 7	0.435 2
2017	10	DYB12	8.16	0.74	2.57	0.358 4	0.006 5	0.094 0	0.008 4	0.013 5	0.17	0.062 4	0.597 6

4.3 沉积要素

4.3.1 概述

大亚湾沉积要素观测数据集为 12 个常规监测站位 2007—2017 年观测的年度尺度数据，包括粉砂土百分比（%）、砾石百分比（%）、砂土百分比（%）、黏土百分比（%）等指标。

4.3.2 数据采集与处理

按照 CERN 观测规范，在每个调查站点用采泥器抓取 3 斗沉积物样品，置于干净的不锈钢大盆中混合均匀，用干净的勺从盆中取约 200g 沉积物样品放入一次性聚丙烯袋中，封紧袋口，供测定用。

按照《海洋调查规范》(GB 17378.4—2007)，利用 Mastersizer 2000 型激光粒度分析仪分析沉积物样品，获得样品的粒组百分含量并命名。

4.3.3 数据质量控制与评估

对历年上报数据进行整理和质量控制，对异常数据进行核实。质控方法包括：阈值检查、完整性检查、一致性检查等。

对原始的缺失数据或者异常数据进行插补，采用平均值法进行缺失值的插补。

4.3.4 数据价值/数据使用方法和建议

海湾沉积物是底栖生物重要的栖息环境，对沉积物物理要素的长期监测有助于了解海湾沉积特征的长期演变。

4.3.5 数据

具体数据见表 4-5。

表 4-5 2007—2017 年大亚湾沉积要素观测数据

年份	观测站位	砂土百分比/%	粉砂土百分比/%	黏土百分比/%	底质名称	砾石百分比/%	平均粒径 (Mz) /μm	中值粒径 (Md) /μm
2007	DYB01	7.62	65.21	27.18	黏土质粉沙	0	6.739	6.711
2007	DYB02	14.52	57.23	28.25	黏土质粉沙	0	6.641	6.821
2007	DYB03	4.26	62.31	31.36	黏土质粉沙	2.067	7.023	7.087
2007	DYB04	13.22	58.12	28.66	黏土质粉沙	0	6.578	6.659
2007	DYB05	7.59	73.22	19.19	黏土质粉沙	0	6.457	5.981
2007	DYB06	0.55	63.44	36.01	黏土质粉沙	0	7.545	7.413
2007	DYB07	1.47	66.18	32.34	黏土质粉沙	0	7.349	7.191
2007	DYB08	0.38	66.85	32.77	黏土质粉沙	0	7.376	7.229
2007	DYB09	18.25	61.24	20.51	黏土质粉沙	0	6.565	6.164
2007	DYB10	4.61	59.61	35.79	黏土质粉沙	0	7.495	7.412
2007	DYB11	4.47	77.21	18.32	黏土质粉沙	0	6.571	6.787
2007	DYB12	8.98	68.25	22.77	黏土质粉沙	0	6.525	6.428
2008	DYB01	4.357	69.007	26.636	黏土质粉沙	0	6.845	6.786
2008	DYB02	20.024	58.498	21.477	沙—黏土—粉沙	0	6.151	6.350

（续）

年份	观测站位	砂土百分比/%	粉砂土百分比/%	黏土百分比/%	底质名称	砾石百分比/%	平均粒径（Mz）/μm	中值粒径（Md）/μm
2008	DYB03	3.968	68.175	27.856	黏土质粉沙	0	6.960	6.969
2008	DYB04	16.673	55.572	27.755	黏土质粉沙	0	6.478	6.665
2008	DYB05	26.985	56.120	16.894	沙质粉沙	0	5.517	4.855
2008	DYB06	1.489	63.470	35.041	黏土质粉沙	0	7.490	7.393
2008	DYB07	19.454	52.580	27.967	黏土质粉沙	0	6.396	6.884
2008	DYB08	1.659	57.009	36.601	黏土质粉沙	4.731	7.482	7.436
2008	DYB09	27.296	47.715	24.989	黏土—沙—粉沙	0	6.039	6.372
2008	DYB10	4.931	60.168	31.969	黏土质粉沙	2.932	7.243	7.209
2008	DYB11	3.389	58.344	34.372	黏土质粉沙	3.895	7.272	7.285
2008	DYB12	4.086	65.768	30.146	黏土质粉沙	0	7.200	7.148
2009	DYB01	11.147	67.768	21.085	黏土质粉沙	0	6.225	5.997
2009	DYB02	40.449	40.971	18.579	沙—黏土—粉沙	0	5.330	4.891
2009	DYB03	29.769	46.692	23.539	黏土质粉沙	0	5.841	5.569
2009	DYB04	1.262	62.962	35.776	黏土质粉沙	0	7.582	7.411
2009	DYB05	25.041	52.005	22.954	黏土质粉沙	0	6.127	6.323
2009	DYB06	0.173	63.809	36.018	黏上质粉沙	0	7.55	7.434
2009	DYB07	2.006	60.563	37.43	黏土质粉沙	0	7.556	7.46
2009	DYB08	2.072	61.536	36.393	黏土质粉沙	0	7.441	7.371
2009	DYB09	18.274	54.045	27.681	黏土质粉沙	0	6.465	6.847
2010	DYB01	1.865	64.198	33.937	黏土质粉沙	0	7.412	7.319
2010	DYB02	9.662	60.917	29.422	黏土质粉沙	0	6.902	6.977
2010	DYB03	6.323	63.376	30.302	黏土质粉沙	0	6.869	6.911
2010	DYB04	23.620	56.667	19.713	沙质粉沙	0	5.807	5.403
2010	DYB05	25.137	60.114	14.749	沙质粉沙	0	5.421	4.759
2010	DYB06	0.954	64.180	34.865	黏土质粉沙	0	7.460	7.330
2010	DYB07	64.941	21.191	4.347	粉沙质沙	9.521	3.313	2.976
2010	DYB08	55.305	30.703	6.059	粉沙质沙	7.933	3.399	2.812
2010	DYB09	42.588	42.470	9.327	粉沙质沙	5.615	4.360	4.119
2010	DYB10	2.839	57.598	39.563	黏土质粉沙	0	7.579	7.492
2010	DYB11	61.178	15.574	3.959	中沙	19.290	1.409	1.617
2010	DYB12	14.934	50.669	34.397	黏土质粉沙	0	6.888	7.128
2011	DYB01	4.333	73.839	21.827	黏土质粉沙	0	6.446	6.185
2011	DYB02	55.046	30.341	14.613	粉沙质沙	0	4.726	3.752
2011	DYB03	36.640	48.273	9.929	沙质粉沙	5.159	4.514	4.513
2011	DYB04	17.632	63.036	19.332	粗粉沙	0	5.897	5.456
2011	DYB05	10.793	67.734	21.473	黏土质粉沙	0	6.141	5.676

（续）

年份	观测站位	砂土百分比/%	粉砂土百分比/%	黏土百分比/%	底质名称	砾石百分比/%	平均粒径（Mz）/μm	中值粒径（Md）/μm
2011	DYB06	0.525	62.594	36.882	黏土质粉沙	0	7.551	7.452
2011	DYB07	55.673	24.294	5.071	粉沙质沙	14.962	3.216	3.164
2011	DYB08	21.548	56.556	14.509	沙质粉沙	7.387	5.348	5.669
2011	DYB09	26.318	51.128	22.555	沙—粉沙—黏土	0	6.022	6.148
2011	DYB10	53.869	32.562	8.318	粉沙质沙	5.252	3.706	3.099
2011	DYB11	57.058	26.642	7.184	粉沙质沙	9.117	3.299	2.401
2011	DYB12	2.966	66.118	30.915	黏土质粉沙	0	7.269	7.192
2012	DYB01	7.383	68.690	23.927	黏土质粉沙	0	6.538	6.468
2012	DYB02	12.177	63.522	24.301	黏土质粉沙	0	6.577	6.714
2012	DYB03	4.839	64.511	30.650	黏土质粉沙	0	6.929	6.997
2012	DYB04	26.342	42.716	6.824	砾—沙—粉沙	24.118	2.704	3.974
2012	DYB05	4.384	70.455	25.161	黏土质粉沙	0	6.669	6.559
2012	DYB06	0.576	65.599	33.825	黏土质粉沙	0	7.433	7.303
2012	DYB07	41.878	24.914	6.349	砾—沙—粉沙	26.859	2.333	2.820
2012	DYB08	0.600	64.840	34.560	黏土质粉沙	0	7.479	7.370
2012	DYB09	28.274	49.254	22.472	沙—粉沙—黏土	0	5.944	6.301
2012	DYB10	1.286	63.886	34.828	黏土质粉沙	0	7.493	7.386
2012	DYB11	17.130	61.198	16.999	粉沙	4.673	5.809	6.191
2012	DYB12	5.368	60.874	33.758	黏土质粉沙	0	7.340	7.293
2013	DYB01	9.661	63.495	26.844	黏土质粉沙	0	9.570	9.378
2013	DYB02	22.720	55.519	21.761	沙—粉沙—黏土	0	14.139	10.997
2013	DYB03	8.838	67.519	23.643	黏土质粉沙	0	11.445	12.384
2013	DYB04	3.933	72.159	23.908	黏土质粉沙	0	10.265	11.441
2013	DYB05	3.218	66.446	30.336	黏土质粉沙	0	7.641	7.398
2013	DYB06	1.031	64.360	34.609	黏土质粉沙	0	5.685	6.210
2013	DYB07	61.423	22.343	4.432	粉沙质沙	11.802	92.699	120.617
2013	DYB08	0.511	63.943	35.546	黏土质粉沙	0	5.441	5.900
2013	DYB09	20.278	58.316	21.406	沙—粉沙—黏土	0	14.164	12.217
2013	DYB10	2.176	63.563	34.261	黏土质粉沙	0	5.852	6.244
2013	DYB11	0.681	58.962	40.357	黏土质粉沙	0	4.859	5.202
2013	DYB12	26.441	50.660	22.898	沙—粉沙—黏土	0	14.533	11.337
2014	DYB01	13.424	64.922	21.654	黏土质粉沙	0	6.392	6.557
2014	DYB02	11.849	66.288	21.863	黏土质粉沙	0	6.261	6.138
2014	DYB03	19.771	61.836	18.393	粗粉沙	0	5.802	5.326
2014	DYB04	34.227	44.723	21.050	沙—粉沙—黏土	0	5.736	5.702
2014	DYB05	5.927	71.845	22.229	黏土质粉沙	0	6.436	6.260

（续）

年份	观测站位	砂土百分比/%	粉砂土百分比/%	黏土百分比/%	底质名称	砾石百分比/%	平均粒径（Mz）/μm	中值粒径（Md）/μm
2014	DYB06	0.847	63.753	35.400	黏土质粉沙	0	7.493	7.360
2014	DYB07	11.931	58.694	29.375	黏土质粉沙	0	6.877	7.010
2014	DYB08	0.748	65.571	33.681	黏土质粉沙	0	7.453	7.320
2014	DYB09	12.608	58.355	29.038	黏土质粉沙	0	6.760	6.938
2014	DYB10	33.295	42.958	10.250	沙质粉沙	13.497	4.090	4.373
2014	DYB11	0	62.456	37.544	黏土质粉沙	0	7.589	7.494
2014	DYB12	8.475	59.844	31.682	黏土质粉沙	0	7.215	7.175
2015	DYB01	20.746	52.400	26.854	沙—粉沙—黏土	0	6.382	6.693
2015	DYB02	55.383	23.468	5.815	含砾的粉沙质沙	15.335	2.943	3.016
2015	DYB03	2.904	64.685	32.410	黏土质粉沙	0	7.124	7.106
2015	DYB04	6.410	69.556	24.034	黏土质粉沙	0	6.529	6.395
2015	DYB05	3.475	72.688	23.837	黏土质粉沙	0	6.597	6.389
2015	DYB06	0.457	65.200	34.344	黏土质粉沙	0	7.477	7.302
2015	DYB07	4.453	63.752	31.795	黏土质粉沙	0	7.328	7.186
2015	DYB08	0.109	64.287	35.604	黏土质粉沙	0	7.579	7.430
2015	DYB09	18.446	59.050	22.504	黏土质粉沙	0	6.233	6.364
2015	DYB10	38.999	19.754	3.764	砾沙	37.483	1.206	1.515
2015	DYB11	0.701	62.455	36.844	黏土质粉沙	0	7.583	7.427
2015	DYB12	2.428	61.661	35.911	黏土质粉沙	0	7.512	7.395
2016	DYB01	14.610	60.272	25.117	黏土质粉沙	0	7.448	7.543
2016	DYB02	29.984	48.425	16.480	沙—粉沙—黏土	12.685	7.781	6.717
2016	DYB03	10.504	64.680	24.815	黏土质粉沙	0	8.124	8.272
2016	DYB04	14.857	62.146	22.997	黏土质粉沙	0	7.510	7.846
2016	DYB05	4.207	70.326	25.467	黏土质粉沙	0	6.891	6.682
2016	DYB06	0.778	64.438	34.784	黏土质粉沙	0	6.885	6.958
2016	DYB07	25.936	48.263	21.867	沙—粉沙—黏土	0	8.635	8.938
2016	DYB08	0.456	64.600	34.944	黏土质粉沙	0	6.824	6.884
2016	DYB09	17.111	58.574	24.316	黏土质粉沙	0	9.052	8.506
2016	DYB10	24.823	42.092	16.092	沙—粉沙—黏土	0	3.716	4.044
2016	DYB11	0.461	61.291	38.248	黏土质粉沙	0	6.677	6.707
2016	DYB12	12.448	57.388	30.164	黏土质粉沙	0	9.754	8.636
2017	DYB01	0.102	61.785	38.113	黏土质粉沙	0	7.677	7.520
2017	DYB02	0	62.539	37.461	黏土质粉沙	0	7.592	7.486
2017	DYB03	0.455	65.515	34.030	黏土质粉沙	0	7.448	7.301
2017	DYB04	0	63.284	36.716	黏土质粉沙	0	7.607	7.455
2017	DYB05	0.848	67.001	32.151	黏土质粉沙	0	7.280	7.195
2017	DYB06	0.052	63.524	36.424	黏土质粉沙	0	7.568	7.436
2017	DYB07	0.945	69.156	29.899	黏土质粉沙	0	7.171	7.069

（续）

年份	观测站位	砂土百分比/%	粉砂土百分比/%	黏土百分比/%	底质名称	砾石百分比/%	平均粒径 (Mz) /μm	中值粒径 (Md) /μm
2017	DYB08	0	62.782	37.218	黏土质粉沙	0	7.611	7.487
2017	DYB09	0.868	64.510	34.622	黏土质粉沙	0	7.452	7.337
2017	DYB10	4.441	67.450	28.109	黏土质粉沙	0	6.967	6.896
2017	DYB11	5.549	68.503	25.948	黏土质粉沙	0	6.691	6.585
2017	DYB12	2.270	65.191	32.539	黏土质粉沙	0	7.317	7.201

4.4 水体生物要素

概述：大亚湾站水体生物要素观测数据集为 12 个常规监测站点 2007—2017 年观测的季度尺度数据，包括微生物、叶绿素与初级生产力、浮游植物、浮游动物、底栖生物指标。

数据采集与处理：2007—2017 年大亚湾水体生物要素观测数据分析按照生物调查项目与分析方法表（GB 17378.7—2007）（表 4-6）。

数据质量控制与评估：对历年上报数据进行整理和质量控制，对异常数据进行核实。质控方法包括：阈值检查、完整性检查、一致性检查等。对原始的缺失数据或者异常数据进行插补，采用平均值法进行缺失值的插补，插补数据以下划线标记。

表 4-6　生物调查项目与分析方法

序号	监测项目	分析方法	依据标准
01	微生物	平板计数法	GB 17378.7—2007
02	叶绿素 *a*	分光光度法	GB 17378.7—2007
03	初级生产力	放射性同位素 C14 法	GB 17378.7—2007
04	浮游植物	浮游生物生态调查	GB 17378.7—2007
05	浮游动物	浮游生物生态调查	GB 17378.7—2007
06	大型底栖生物	大型底栖生物生态调查	GB 17378.7—2007

4.4.1 海洋微生物

4.4.1.1 概述

大亚湾站微生物调查包括：大肠菌群（ind./dm^2）、蓝细菌（ind./dm^2）、异养菌（ind./dm^2）、水样含菌数（ind./dm^2）。

4.4.1.2 数据采集与处理

依据 CERN 观测规范和《海洋监测规范》（GB 17378.7—2007）采集水样，并对样品进行分析和检测。

4.4.1.3 数据质量控制与评估

对历年上报数据进行整理和质量控制，对异常数据进行核实。质控方法包括：阈值检查、完整性检查、一致性检查等。

对原始的缺失数据或者异常数据进行插补，采用平均值法进行缺失值的插补。

4.4.1.4 数据

具体数据见表 4-7。

表 4-7　2007—2017 年大亚湾微生物调查情况

年	月	观测站位	大肠菌群（ind./dm²）	蓝细菌（ind./dm²）	水样含菌量（ind./dm²）	异养菌（ind./dm²）
2007	1	DYB01				7.6×10^2
2007	1	DYB02				3.9×10^2
2007	1	DYB03				2.3×10^2
2007	1	DYB04				4.4×10^2
2007	1	DYB05				2.1×10^3
2007	1	DYB06				5.0×10^2
2007	1	DYB07				2.2×10^2
2007	1	DYB08				1.0×10^3
2007	1	DYB09				2.3×10^2
2007	1	DYB10				1.8×10^3
2007	1	DYB11				2.0×10^3
2007	1	DYB12				2.9×10^2
2007	4	DYB01				0.7×10^2
2007	4	DYB02				2.2×10^2
2007	4	DYB03				7.6×10^3
2007	4	DYB04				1.5×10^3
2007	4	DYB05				1.2×10^3
2007	4	DYB06				2.7×10^2
2007	4	DYB07				9.6×10^2
2007	4	DYB08				1.6×10^3
2007	4	DYB09				7.5×10^2
2007	4	DYB10				7.7×10^2
2007	4	DYB11				1.1×10^3
2007	4	DYB12				3.5×10^2
2007	8	DYB01				4.2×10^2
2007	8	DYB02				
2007	8	DYB03				1.8×10^4
2007	8	DYB04				1.3×10^4
2007	8	DYB05				2.5×10^3
2007	8	DYB06				9.3×10^2
2007	8	DYB07				2.0×10^3
2007	8	DYB08				4.6×10^3
2007	8	DYB09				1.7×10^4
2007	8	DYB10				1.0×10^4
2007	8	DYB11				6.0×10^3
2007	8	DYB12				5.2×10^2
2007	10	DYB01				9.7×10^2
2007	10	DYB02				

（续）

年	月	观测站位	大肠菌群 (ind./dm²)	蓝细菌 (ind./dm²)	水样含菌量 (ind./dm²)	异养菌 (ind./dm²)
2007	10	DYB03				1.4×10^{3}
2007	10	DYB04				1.2×10^{3}
2007	10	DYB05	0.36×10^{2}			7.6×10^{2}
2007	10	DYB06	0.36×10^{2}			3.8×10^{2}
2007	10	DYB07				6.7×10^{2}
2007	10	DYB08				3.5×10^{3}
2007	10	DYB09				7.9×10^{2}
2007	10	DYB10				9.8×10^{2}
2007	10	DYB11	0.3×10^{2}			1.6×10^{3}
2007	10	DYB12				7.1×10^{2}
2008	1	DYB01			1.40×10^{7}	9.4×10^{2}
2008	1	DYB02			2.20×10^{7}	2.4×10^{2}
2008	1	DYB03			1.16×10^{7}	6.5×10^{3}
2008	1	DYB04			2.20×10^{7}	3.7×10^{2}
2008	1	DYB05			1.06×10^{7}	1.3×10^{2}
2008	1	DYB06			2.80×10^{6}	1.1×10^{2}
2008	1	DYB07			1.08×10^{7}	5.3×10^{2}
2008	1	DYB08			6.60×10^{6}	1.6×10^{3}
2008	1	DYB09			1.60×10^{6}	3.5×10^{2}
2008	1	DYB10			1.02×10^{7}	2.0×10^{2}
2008	1	DYB11			6.00×10^{6}	8.6×10^{2}
2008	1	DYB12			5.20×10^{6}	3.1×10^{2}
2008	4	DYB01			3.30×10^{7}	1.2×10^{4}
2008	4	DYB02			1.96×10^{7}	6.4×10^{3}
2008	4	DYB03			3.02×10^{7}	3.3×10^{4}
2008	4	DYB04			5.20×10^{6}	2.4×10^{4}
2008	4	DYB05			4.00×10^{6}	6.4×10^{4}
2008	4	DYB06			1.06×10^{7}	1.5×10^{4}
2008	4	DYB07			1.34×10^{7}	5.5×10^{3}
2008	4	DYB08			1.98×10^{7}	8.3×10^{3}
2008	4	DYB09			1.26×10^{7}	4.4×10^{3}
2008	4	DYB10			7.40×10^{6}	3.5×10^{3}
2008	4	DYB11			1.34×10^{7}	7.4×10^{3}
2008	4	DYB12			9.80×10^{6}	1.9×10^{3}
2008	8	DYB01			5.94×10^{9}	1.3×10^{4}
2008	8	DYB02			3.96×10^{9}	3.5×10^{4}
2008	8	DYB03			3.00×10^{9}	1.1×10^{4}
2008	8	DYB04			3.46×10^{9}	9.4×10^{3}

（续）

年	月	观测站位	大肠菌群 (ind. /dm²)	蓝细菌 (ind. /dm²)	水样含菌量 (ind. /dm²)	异养菌 (ind. /dm²)
2008	8	DYB05			7.00×10^8	9.0×10^3
2008	8	DYB06			4.18×10^9	9.7×10^3
2008	8	DYB07			2.14×10^9	1.3×10^4
2008	8	DYB08			1.22×10^9	1.5×10^4
2008	8	DYB09			2.74×10^9	3.3×10^4
2008	8	DYB10			1.34×10^9	3.4×10^4
2008	8	DYB11			2.48×10^9	8.3×10^3
2008	8	DYB12			1.98×10^9	1.7×10^4
2008	10	DYB01			1.70×10^9	9.8×10^3
2008	10	DYB02			2.00×10^9	5.9×10^3
2008	10	DYB03			9.80×10^8	9.7×10^3
2008	10	DYB04			2.02×10^9	5.9×10^3
2008	10	DYB05			3.02×10^9	4.2×10^3
2008	10	DYB06			1.30×10^9	1.3×10^3
2008	10	DYB07			2.92×10^9	1.3×10^3
2008	10	DYB08			3.06×10^9	5.5×10^3
2008	10	DYB09			1.40×10^9	3.4×10^3
2008	10	DYB10			1.04×10^9	1.7×10^3
2008	10	DYB11			1.72×10^9	4.9×10^3
2008	10	DYB12			1.78×10^9	5.1×10^3
2009	1	DYB01			0.7×10^2	
2009	1	DYB02			1.1×10^2	
2009	1	DYB03			1.2×10^3	
2009	1	DYB04			1.8×10^2	
2009	1	DYB05			1.5×10^2	
2009	1	DYB06			1.7×10^2	
2009	1	DYB07			1.1×10^2	
2009	1	DYB08			2.1×10^2	
2009	1	DYB09			2.0×10^2	
2009	1	DYB10			3.3×10^2	
2009	1	DYB11			3.6×10^2	
2009	1	DYB12			1.6×10^2	
2009	4	DYB01			4.7×10^3	
2009	4	DYB02			6.2×10^2	
2009	4	DYB03			2.7×10^3	
2009	4	DYB04			1.7×10^3	
2009	4	DYB05			2.6×10^3	
2009	4	DYB06			6.6×10^2	

（续）

年	月	观测站位	大肠菌群 (ind./dm²)	蓝细菌 (ind./dm²)	水样含菌量 (ind./dm²)	异养菌 (ind./dm²)
2009	4	DYB07			1.2×10^3	
2009	4	DYB08			3.6×10^3	
2009	4	DYB09			4.6×10^4	
2009	4	DYB10			4.7×10^3	
2009	4	DYB11			8.5×10^3	
2009	4	DYB12			1.3×10^4	
2009	8	DYB01			7.9×10^3	
2009	8	DYB02			6.1×10^3	
2009	8	DYB03			1.7×10^4	
2009	8	DYB04			5.6×10^4	
2009	8	DYB05			3.2×10^4	
2009	8	DYB06			2.5×10^4	
2009	8	DYB07			3.3×10^4	
2009	8	DYB08			1.8×10^4	
2009	8	DYB09			2.1×10^5	
2009	8	DYB10			3.6×10^5	
2009	8	DYB11			3.2×10^5	
2009	8	DYB12			2.9×10^5	
2009	10	DYB01			1.4×10^3	
2009	10	DYB02			7.0×10^3	
2009	10	DYB03			2.0×10^3	
2009	10	DYB04			1.8×10^3	
2009	10	DYB05			1.6×10^3	
2009	10	DYB06			1.7×10^4	
2009	10	DYB07			1.1×10^3	
2009	10	DYB08			2.1×10^3	
2009	10	DYB09			3.2×10^3	
2009	10	DYB10			3.2×10^3	
2009	10	DYB11			2.5×10^3	
2009	10	DYB12			3.6×10^3	
2010	2	DYB01			4.50×10^2	
2010	2	DYB02			5.33×10^2	
2010	2	DYB03	0.91×10^2		2.07×10^3	
2010	2	DYB04			6.73×10^2	
2010	2	DYB05	0.36×10^2		1.04×10^3	
2010	2	DYB06	0.91×10^2		2.42×10^3	
2010	2	DYB07	0.36×10^2		7.27×10^2	
2010	2	DYB08	0.91×10^2		7.37×10^2	

（续）

年	月	观测站位	大肠菌群 (ind. /dm²)	蓝细菌 (ind. /dm²)	水样含菌量 (ind. /dm²)	异养菌 (ind. /dm²)
2010	2	DYB09	0.91×10²		1.35×10³	
2010	2	DYB10	0.36×10²		1.68×10³	
2010	2	DYB11			1.53×10³	
2010	2	DYB12			1.34×10³	
2010	4	DYB01	0.30×10²		4.33×10³	
2010	4	DYB02	4.30×10²		1.94×10⁴	
2010	4	DYB03	4.30×10²		1.58×10³	
2010	4	DYB04			1.73×10²	
2010	4	DYB05			7.10×10²	
2010	4	DYB06			5.23×10²	
2010	4	DYB07	1.50×10²		7.05×10³	
2010	4	DYB08	0.91×10²		3.57×10³	
2010	4	DYB09			2.80×10³	
2010	4	DYB10	1.50×10²		1.39×10³	
2010	4	DYB11	0.30×10²		1.23×10³	
2010	4	DYB12	0.73×10²		2.79×10³	
2010	8	DYB01	0.36×10²		1.58×10⁴	
2010	8	DYB02			3.00×10³	
2010	8	DYB03	9.30×10²		1.28×10³	
2010	8	DYB04			1.07×10³	
2010	8	DYB05	4.30×10²		3.77×10³	
2010	8	DYB06			6.30×10³	
2010	8	DYB07			8.93×10³	
2010	8	DYB08	0.36×10²		9.30×10³	
2010	8	DYB09	0.36×10²		1.52×10³	
2010	8	DYB10			1.52×10⁴	
2010	8	DYB11			1.78×10³	
2010	8	DYB12			1.45×10³	
2010	11	DYB01			0.70×10²	
2010	11	DYB02			1.70×10²	
2010	11	DYB03	0.36×10²		7.47×10²	
2010	11	DYB04	0.36×10²		3.87×10²	
2010	11	DYB05			1.53×10²	
2010	11	DYB06			1.53×10²	
2010	11	DYB07			2.00×10²	
2010	11	DYB08	0.36×10²		9.17×10²	
2010	11	DYB09			0.87×10²	
2010	11	DYB10			6.67×10²	

（续）

年	月	观测站位	大肠菌群 (ind./dm²)	蓝细菌 (ind./dm²)	水样含菌量 (ind./dm²)	异养菌 (ind./dm²)
2010	11	DYB11	0.36×10²		1.80×10²	
2010	11	DYB12	0.36×10²		3.70×10²	
2011	1	DYB01		0.17×10²	4.53×10²	
2011	1	DYB02		5.29×10¹	7.77×10²	
2011	1	DYB03	1.50×10²		3.38×10³	1.50×10²
2011	1	DYB04	0.36×10²		3.80×10²	0.36×10²
2011	1	DYB05	0.36×10²		2.07×10²	0.36×10²
2011	1	DYB06			1.03×10²	
2011	1	DYB07			4.80×10²	
2011	1	DYB08			1.49×10³	
2011	1	DYB09	1.50×10²	1.27×10²	7.10×10²	1.50×10²
2011	1	DYB10	0.36×10²	0.89×10²	3.57×10²	0.36×10²
2011	1	DYB11			7.20×10²	
2011	1	DYB12	1.50×10²		2.29×10³	1.50×10²
2011	4	DYB01			1.02×10⁴	
2011	4	DYB02	0.36×10²		1.63×10³	0.36×10²
2011	4	DYB03	0.36×10²		1.36×10⁴	0.36×10²
2011	4	DYB04			1.27×10⁴	
2011	4	DYB05	0.30×10²		4.62×10⁴	0.30×10²
2011	4	DYB06			8.07×10²	
2011	4	DYB07			2.36×10³	
2011	4	DYB08	0.36×10²		1.73×10⁴	0.36×10²
2011	4	DYB09			2.47×10³	
2011	4	DYB10			4.93×10³	
2011	4	DYB11	7.30×10¹		1.42×10³	0.73×10²
2011	4	DYB12			1.07×10³	
2011	9	DYB01	0.36×10²		6.13×10²	0.36×10²
2011	9	DYB02	0.36×10²		9.93×10²	0.36×10²
2011	9	DYB03	0.36×10²		5.07×10³	0.36×10²
2011	9	DYB04	0.36×10²		1.35×10³	0.36×10²
2011	9	DYB05			8.30×10²	
2011	9	DYB06			9.83×10²	
2011	9	DYB07		1.66×10²	7.87×10²	
2011	9	DYB08	0.36×10²		5.37×10³	0.36×10²
2011	9	DYB09	0.91×10²		7.00×10²	0.91×10²
2011	9	DYB10			4.33×10²	
2011	9	DYB11			5.47×10²	
2011	9	DYB12			2.97×10²	

（续）

年	月	观测站位	大肠菌群 (ind./dm^2)	蓝细菌 (ind./dm^2)	水样含菌量 (ind./dm^2)	异养菌 (ind./dm^2)
2011	11	DYB01		3.29×10^3	9.43×10^3	
2011	11	DYB02		1.33×10^2	1.14×10^3	
2011	11	DYB03	1.50×10^2	6.00×10^2	1.26×10^3	1.50×10^2
2011	11	DYB04	0.36×10^2	1.10×10^1	2.10×10^2	0.36×10^2
2011	11	DYB05	2.38×10^3	1.35×10^2	8.43×10^2	2.38×10^3
2011	11	DYB06		2.00×10^2	3.17×10^2	
2011	11	DYB07			1.30×10^3	
2011	11	DYB08			6.47×10^2	
2011	11	DYB09			2.70×10^2	
2011	11	DYB10	0.36×10^2		5.73×10^2	0.36×10^2
2011	11	DYB11	0.91×10^2		3.30×10^2	0.91×10^2
2011	11	DYB12			1.32×10^4	
2010	1	DYB01	0.36×10^2	1.13×10^5	6.00×10^2	
2010	1	DYB02			2.23×10^2	
2010	1	DYB03	0.91×10^2	2.00×10^6	9.37×10^2	
2010	1	DYB04	0.36×10^2	3.33×10^4	3.17×10^2	
2010	1	DYB05		3.64×10^4	1.27×10^2	
2010	1	DYB06		1.93×10^5	1.13×10^2	
2010	1	DYB07		2.74×10^5	1.73×10^2	
2010	1	DYB08			9.87×10^2	
2010	1	DYB09			2.20×10^2	
2010	1	DYB10			3.97×10^2	
2010	1	DYB11		4.50×10^3	2.63×10^2	
2010	1	DYB12			2.83×10^2	
2010	4	DYB01	0.91×10^2		5.37×10^2	
2010	4	DYB02	0.36×10^2		1.34×10^4	
2010	4	DYB03	1.50×10^2		6.43×10^2	
2010	4	DYB04	0.91×10^2		5.57×10^2	
2010	4	DYB05			7.77×10^2	
2010	4	DYB06			9.03×10^2	
2010	4	DYB07	0.36×10^2		1.21×10^3	
2010	4	DYB08	0.91×10^2		9.87×10^2	
2010	4	DYB09	0.36×10^2		1.23×10^3	
2010	4	DYB10	0.36×10^2		3.70×10^3	
2010	4	DYB11	0.36×10^2		1.83×10^3	
2010	4	DYB12	0.36×10^2		4.50×10^3	
2010	7	DYB01		1.91×10^5	1.93×10^3	
2010	7	DYB02		2.13×10^5	9.13×10^2	

（续）

年	月	观测站位	大肠菌群 (ind./dm²)	蓝细菌 (ind./dm²)	水样含菌量 (ind./dm²)	异养菌 (ind./dm²)
2010	7	DYB03	0.91×10^2	5.81×10^5	8.93×10^3	
2010	7	DYB04	0.36×10^2		1.10×10^3	
2010	7	DYB05		4.10×10^5	1.33×10^4	
2010	7	DYB06			2.01×10^3	
2010	7	DYB07	0.36×10^2		1.06×10^3	
2010	7	DYB08			2.55×10^4	
2010	7	DYB09			7.27×10^2	
2010	7	DYB10			6.87×10^2	
2010	7	DYB11			6.23×10^2	
2010	7	DYB12			7.73×10^2	
2010	11	DYB01			2.43×10^2	
2010	11	DYB02			4.07×10^2	
2010	11	DYB03	2.30×10^2		4.90×10^2	
2010	11	DYB04		2.29×10^4	2.20×10^2	
2010	11	DYB05	0.36×10^2	1.78×10^4	1.40×10^2	
2010	11	DYB06			2.40×10^2	
2010	11	DYB07			3.57×10^3	
2010	11	DYB08			6.67×10^2	
2010	11	DYB09			2.03×10^2	
2010	11	DYB10			3.08×10^3	
2010	11	DYB11			2.27×10^2	
2010	11	DYB12			6.40×10^2	
2013	1	DYB01			0.40×10^2	
2013	1	DYB02			3.47×10^2	
2013	1	DYB03			6.57×10^2	
2013	1	DYB04			0.23×10^2	
2013	1	DYB05			0.47×10^2	
2013	1	DYB06			0.33×10^2	
2013	1	DYB07			3.20×10^2	
2013	1	DYB08			1.75×10^3	
2013	1	DYB09			0.87×10^2	
2013	1	DYB10			1.27×10^2	
2013	1	DYB11		2.45×10^4	3.40×10^2	
2013	1	DYB12		1.81×10^4	0.53×10^2	
2013	4	DYB01	0.36×10^2		6.27×10^2	
2013	4	DYB02			1.03×10^3	
2013	4	DYB03	0.91×10^2		2.08×10^3	
2013	4	DYB04			1.55×10^3	

（续）

年	月	观测站位	大肠菌群 (ind./dm²)	蓝细菌 (ind./dm²)	水样含菌量 (ind./dm²)	异养菌 (ind./dm²)
2013	4	DYB05			7.27×10^{2}	
2013	4	DYB06			6.43×10^{2}	
2013	4	DYB07			6.23×10^{2}	
2013	4	DYB08			2.29×10^{3}	
2013	4	DYB09			5.10×10^{2}	
2013	4	DYB10			7.97×10^{2}	
2013	4	DYB11	0.36×10^{2}		5.33×10^{2}	
2013	4	DYB12			1.76×10^{3}	
2013	7	DYB01			1.08×10^{3}	
2013	7	DYB02			4.43×10^{3}	
2013	7	DYB03			1.67×10^{3}	
2013	7	DYB04	0.36×10^{2}		3.17×10^{3}	
2013	7	DYB05		3.04×10^{4}	9.17×10^{3}	
2013	7	DYB06		3.33×10^{4}	9.17×10^{3}	
2013	7	DYB07			1.47×10^{3}	
2013	7	DYB08	9.30×10^{2}		4.53×10^{3}	
2013	7	DYB09			7.60×10^{2}	
2013	7	DYB10			1.65×10^{3}	
2013	7	DYB11	0.91×10^{2}		3.00×10^{3}	
2013	7	DYB12	0.36×10^{2}		1.40×10^{3}	
2013	10	DYB01		4.73×10^{6}	0.57×10^{2}	
2013	10	DYB02		3.74×10^{6}	1.83×10^{2}	
2013	10	DYB03		1.59×10^{7}	2.37×10^{2}	
2013	10	DYB04		9.34×10^{6}	1.37×10^{2}	
2013	10	DYB05		7.46×10^{6}	1.23×10^{2}	
2013	10	DYB06		6.69×10^{6}	1.60×10^{2}	
2013	10	DYB07		1.13×10^{6}	0.80×10^{2}	
2013	10	DYB08		9.31×10^{6}	3.97×10^{2}	
2013	10	DYB09	0.30×10^{2}	1.25×10^{6}	0.73×10^{2}	
2013	10	DYB10		1.60×10^{6}	1.37×10^{2}	
2013	10	DYB11			1.60×10^{2}	
2013	10	DYB12		2.76×10^{6}	1.35×10^{2}	
2014	1	DYB01			2.60×10^{2}	
2014	1	DYB02			3.73×10^{2}	
2014	1	DYB03			1.95×10^{4}	
2014	1	DYB04			0.73×10^{2}	
2014	1	DYB05			6.47×10^{3}	
2014	1	DYB06	0.36×10^{2}		2.97×10^{2}	

（续）

年	月	观测站位	大肠菌群 (ind./dm²)	蓝细菌 (ind./dm²)	水样含菌量 (ind./dm²)	异养菌 (ind./dm²)
2014	1	DYB07			1.25×10^{3}	
2014	1	DYB08			6.73×10^{3}	
2014	1	DYB09			1.06×10^{3}	
2014	1	DYB10	0.36×10^{2}		1.65×10^{4}	
2014	1	DYB11			1.83×10^{3}	
2014	1	DYB12	0.36×10^{2}		1.70×10^{3}	
2014	4	DYB01	0.36×10^{2}		1.03×10^{3}	
2014	4	DYB02			1.28×10^{3}	
2014	4	DYB03	0.36×10^{2}		1.59×10^{4}	
2014	4	DYB04			2.98×10^{3}	
2014	4	DYB05			1.96×10^{3}	
2014	4	DYB06			9.27×10^{3}	
2014	4	DYB07			6.87×10^{3}	
2014	4	DYB08			2.20×10^{4}	
2014	4	DYB09			7.03×10^{3}	
2014	4	DYB10			1.96×10^{4}	
2014	4	DYB11	0.36×10^{2}		1.96×10^{4}	
2014	4	DYB12			2.53×10^{3}	
2014	7	DYB01			5.47×10^{3}	
2014	7	DYB02	0.36×10^{2}		2.59×10^{4}	
2014	7	DYB03		5.00×10^{4}	3.13×10^{3}	
2014	7	DYB04		2.50×10^{4}	2.43×10^{3}	
2014	7	DYB05		6.00×10^{4}	4.68×10^{4}	
2014	7	DYB06			3.70×10^{3}	
2014	7	DYB07			2.03×10^{3}	
2014	7	DYB08		1.50×10^{4}	1.07×10^{5}	
2014	7	DYB09		2.50×10^{5}	3.00×10^{3}	
2014	7	DYB10			3.00×10^{3}	
2014	7	DYB11		3.60×10^{5}	9.50×10^{2}	
2014	7	DYB12			2.34×10^{3}	
2014	10	DYB01			4.35×10^{4}	
2014	10	DYB02			1.30×10^{3}	
2014	10	DYB03	4.30×10^{2}		1.56×10^{4}	
2014	10	DYB04		1.00×10^{5}	9.23×10^{2}	
2014	10	DYB05		4.00×10^{5}	8.33×10^{2}	
2014	10	DYB06		1.00×10^{5}	9.00×10^{2}	
2014	10	DYB07	2.10×10^{2}	5.00×10^{4}	8.90×10^{2}	
2014	10	DYB08		1.00×10^{5}	1.97×10^{3}	

（续）

年	月	观测站位	大肠菌群 (ind./dm^2)	蓝细菌 (ind./dm^2)	水样含菌量 (ind./dm^2)	异养菌 (ind./dm^2)
2014	10	DYB09			4.27×10^2	
2014	10	DYB10			3.20×10^3	
2014	10	DYB11			1.35×10^3	
2014	10	DYB12			1.39×10^3	
2015	1	DYB01			6.10×10^2	
2015	1	DYB02			6.83×10^2	
2015	1	DYB03			8.00×10^2	
2015	1	DYB04			5.67×10^2	
2015	1	DYB05			6.20×10^2	
2015	1	DYB06			4.27×10^2	
2015	1	DYB07			5.33×10^2	
2015	1	DYB08	0.36×10^2		5.30×10^3	
2015	1	DYB09			5.63×10^2	
2015	1	DYB10			4.83×10^3	
2015	1	DYB11			1.06×10^3	
2015	1	DYB12			5.00×10^2	
2015	4	DYB01	0.36×10^2		7.00×10^2	
2015	4	DYB02	4.30×10^2		1.24×10^4	
2015	4	DYB03	0.36×10^2		1.67×10^3	
2015	4	DYB04			1.23×10^3	
2015	4	DYB05			3.63×10^2	
2015	4	DYB06			5.60×10^2	
2015	4	DYB07			3.50×10^2	
2015	4	DYB08	4.30×10^2		1.72×10^4	
2015	4	DYB09	4.30×10^2		8.03×10^2	
2015	4	DYB10			2.40×10^3	
2015	4	DYB11	0.36×10^2		6.83×10^3	
2015	4	DYB12			1.57×10^3	
2015	7	DYB01	0.36×10^2		2.23×10^3	
2015	7	DYB02	4.30×10^2		1.40×10^3	
2015	7	DYB03	4.30×10^2		3.83×10^4	
2015	7	DYB04			1.63×10^4	
2015	7	DYB05			1.23×10^4	
2015	7	DYB06	2.30×10^2		3.07×10^4	
2015	7	DYB07			5.30×10^3	
2015	7	DYB08	1.50×10^2		1.03×10^4	
2015	7	DYB09			2.33×10^3	
2015	7	DYB10	0.36×10^2		1.68×10^5	

（续）

年	月	观测站位	大肠菌群 (ind. /dm²)	蓝细菌 (ind. /dm²)	水样含菌量 (ind. /dm²)	异养菌 (ind. /dm²)
2015	7	DYB11			6.97×10³	
2015	7	DYB12		7.89×10⁵	9.83×10³	
2015	10	DYB01		1.46×10⁴	5.17×10³	
2015	10	DYB02			4.17×10²	
2015	10	DYB03			4.67×10³	
2015	10	DYB04		5.54×10⁴	1.30×10³	
2015	10	DYB05		9.93×10⁵	5.67×10²	
2015	10	DYB06			1.40×10³	
2015	10	DYB07			2.00×10²	
2015	10	DYB08	0.36×10²	1.71×10⁵	2.50×10³	
2015	10	DYB09		4.64×10⁵	4.00×10²	
2015	10	DYB10			1.03×10³	
2015	10	DYB11			7.33×10²	
2015	10	DYB12			2.00×10³	
2016	1	DYB01			1.03×10³	
2016	1	DYB02	0.36×10²		2.63×10³	
2016	1	DYB03	0.36×10²		1.21×10³	
2016	1	DYB04			1.02×10³	
2016	1	DYB05	0.36×10²		7.80×10²	
2016	1	DYB06		1.65×10⁵	1.05×10³	
2016	1	DYB07	4.30×10²		2.71×10³	
2016	1	DYB08			4.27×10³	
2016	1	DYB09	0.36×10²		4.47×10³	
2016	1	DYB10			4.13×10³	
2016	1	DYB11	4.30×10²		4.17×10³	
2016	1	DYB12	0.36×10²	1.13×10⁷	1.22×10³	
2016	4	DYB01			9.20×10³	
2016	4	DYB02			1.06×10⁴	
2016	4	DYB03			1.49×10⁴	
2016	4	DYB04		5.10×10³	1.96×10⁴	
2016	4	DYB05			1.94×10⁴	
2016	4	DYB06			1.29×10⁴	
2016	4	DYB07			7.20×10³	
2016	4	DYB08			3.66×10⁴	
2016	4	DYB09	0.91×10²		1.24×10⁴	
2016	4	DYB10	2.10×10²	1.08×10⁶	1.74×10⁴	
2016	4	DYB11	2.30×10²	6.67×10⁴	1.66×10⁴	
2016	4	DYB12	0.91×10²		1.26×10⁴	

（续）

年	月	观测站位	大肠菌群 (ind./dm²)	蓝细菌 (ind./dm²)	水样含菌量 (ind./dm²)	异养菌 (ind./dm²)
2016	8	DYB01		2.21×10^5	7.93×10^2	
2016	8	DYB02		2.73×10^5	1.06×10^4	
2016	8	DYB03		4.88×10^5	2.33×10^3	
2016	8	DYB04		2.28×10^5	1.15×10^3	
2016	8	DYB05		4.56×10^4	6.40×10^3	
2016	8	DYB06	0.36×10^2		3.77×10^3	
2016	8	DYB07			7.83×10^3	
2016	8	DYB08	2.30×10^2		1.22×10^5	
2016	8	DYB09			3.83×10^3	
2016	8	DYB10			4.73×10^3	
2016	8	DYB11			7.23×10^3	
2016	8	DYB12	0.36×10^2		4.53×10^3	
2016	10	DYB01		8.79×10^4	1.47×10^4	
2016	10	DYB02		2.50×10^5	9.17×10^3	
2016	10	DYB03		2.13×10^6	1.90×10^4	
2016	10	DYB04		1.13×10^6	6.77×10^3	
2016	10	DYB05		3.16×10^5	4.83×10^4	
2016	10	DYB06			1.59×10^4	
2016	10	DYB07		5.16×10^5	1.31×10^3	
2016	10	DYB08	0.36×10^2		2.36×10^4	
2016	10	DYB09		2.75×10^5	2.42×10^4	
2016	10	DYB10			2.06×10^4	
2016	10	DYB11			9.53×10^3	
2016	10	DYB12			8.47×10^3	
2017	1	DYB01	0.20×10^2		9.05×10^3	
2017	1	DYB02	0.70×10^2		1.05×10^4	
2017	1	DYB03			9.21×10^3	
2017	1	DYB04	0.30×10^2		9.04×10^3	
2017	1	DYB05			8.83×10^3	
2017	1	DYB06			9.07×10^3	
2017	1	DYB07	0.40×10^2		1.06×10^4	
2017	1	DYB08			1.20×10^4	
2017	1	DYB09	0.50×10^2		1.21×10^4	
2017	1	DYB10			1.18×10^4	
2017	1	DYB11			1.19×10^4	
2017	1	DYB12	0.41×10^2		9.22×10^3	
2017	4	DYB01	0.50×10^2		1.40×10^4	
2017	4	DYB02	0.60×10^2		1.85×10^4	

（续）

年	月	观测站位	大肠菌群 (ind./dm²)	蓝细菌 (ind./dm²)	水样含菌量 (ind./dm²)	异养菌 (ind./dm²)
2017	4	DYB03			1.77×10^{4}	
2017	4	DYB04			1.41×10^{4}	
2017	4	DYB05	0.30×10^{2}		3.21×10^{4}	
2017	4	DYB06			1.74×10^{4}	
2017	4	DYB07	0.30×10^{2}		9.30×10^{3}	
2017	4	DYB08			3.58×10^{4}	
2017	4	DYB09	0.60×10^{2}		1.11×10^{4}	
2017	4	DYB10	0.80×10^{2}		1.23×10^{4}	
2017	4	DYB11			1.62×10^{4}	
2017	4	DYB12	0.13×10^{2}		2.05×10^{4}	
2017	8	DYB01			1.33×10^{4}	
2017	8	DYB02			2.21×10^{4}	
2017	8	DYB03	0.40×10^{2}		2.62×10^{3}	
2017	8	DYB04			1.13×10^{5}	
2017	8	DYB05			6.27×10^{3}	
2017	8	DYB06			5.04×10^{3}	
2017	8	DYB07			7.29×10^{3}	
2017	8	DYB08	0.50×10^{2}		1.56×10^{3}	
2017	8	DYB09			6.28×10^{3}	
2017	8	DYB10			3.91×10^{3}	
2017	8	DYB11	0.41×10^{2}		7.57×10^{3}	
2017	8	DYB12			4.86×10^{3}	
2017	10	DYB01	0.23×10^{2}	4.41×10^{3}	1.71×10^{4}	
2017	10	DYB02		7.27×10^{3}	4.00×10^{3}	
2017	10	DYB03		7.08×10^{4}	2.41×10^{4}	
2017	10	DYB04		2.00×10^{3}	2.46×10^{4}	
2017	10	DYB05	0.23×10^{2}	7.27×10^{2}	2.13×10^{4}	
2017	10	DYB06	0.16×10^{2}	7.78×10^{3}	1.14×10^{4}	
2017	10	DYB07	0.70×10^{2}		3.27×10^{3}	
2017	10	DYB08		8.00×10^{4}	2.33×10^{4}	
2017	10	DYB09	0.90×10^{2}		5.21×10^{3}	
2017	10	DYB10			5.31×10^{4}	
2017	10	DYB11	0.30×10^{2}	4.44×10^{3}	1.60×10^{4}	
2017	10	DYB12		8.89×10^{3}	1.04×10^{4}	

4.4.2 叶绿素与初级生产力

4.4.2.1 概述

本数据集为大亚湾站 2007—2017 年 12 个长期监测站位季度表层水体叶绿素与初级生产力数据。

4.4.2.2 数据采集和处理方法

依据CERN观测规范和《海洋监测规范》（GB 17378.7—2007）采集水样，并对样品进行分析和检测。叶绿素采用荧光法，初级生产力采用“黑白瓶”测氧法。

4.4.2.3 数据质量控制和评估

对历年上报数据进行整理和质量控制，对异常数据进行核实。质控方法包括：阈值检查、完整性检查、一致性检查等。

原始的部分缺失数据或者异常数据进行插补或删除，采用平均值法进行缺失值的插补，未插补的缺失值用“—”表示。

4.4.2.4 数据

具体数据见表4-8。

表4-8 2007—2017年大亚湾叶绿素与初级生产力

单位：μg/L

年	月	观测站位	表层叶绿素含量	叶绿素水柱平均	水柱生产量
2007	1	DYB01	0.331		
2007	1	DYB02	0.761		
2007	1	DYB03	2.102		
2007	1	DYB04	0.978		
2007	1	DYB05	0.679		
2007	1	DYB06	0.331		
2007	1	DYB07	0.778		
2007	1	DYB08	2.797		
2007	1	DYB09	0.778		
2007	1	DYB10	1.241		
2007	1	DYB11	1.772		
2007	1	DYB12	1.672		
2007	4	DYB01	0.798		
2007	4	DYB02	0.916		
2007	4	DYB03	0.560		
2007	4	DYB04	0.900		
2007	4	DYB05	0.797		
2007	4	DYB06	0.662		
2007	4	DYB07	0.884		
2007	4	DYB08	0.412		
2007	4	DYB09	0.899		
2007	4	DYB10	0.561		
2007	4	DYB11	1.137		
2007	4	DYB12	1.136		
2007	8	DYB01	3.125		
2007	8	DYB02	1.223		
2007	8	DYB03	2.139		
2007	8	DYB04	7.862		

（续）

年	月	观测站位	表层叶绿素含量	叶绿素水柱平均	水柱生产量
2007	8	DYB05	10.988		
2007	8	DYB06	6.077		
2007	8	DYB07	3.481		
2007	8	DYB08	11.714		
2007	8	DYB09	3.362		
2007	8	DYB10	5.486		
2007	8	DYB11	2.737		
2007	8	DYB12	1.002		
2007	10	DYB01	0.323		
2007	10	DYB02	0.427		
2007	10	DYB03	0.663		
2007	10	DYB04	0.059		
2007	10	DYB05	1.105		
2007	10	DYB06	0.560		
2007	10	DYB07	0.781		
2007	10	DYB08	9.914		
2007	10	DYB09	0.884		
2007	10	DYB10	0.781		
2007	10	DYB11	1.311		
2007	10	DYB12	0.442		
2008	1	DYB01	0.331		262.54
2008	1	DYB02	0.761		—
2008	1	DYB03	2.102		578.66
2008	1	DYB04	0.978		—
2008	1	DYB05	0.679		472.28
2008	1	DYB06	0.331		391.81
2008	1	DYB07	0.778		—
2008	1	DYB08	2.797		—
2008	1	DYB09	0.778		408.57
2008	1	DYB10	1.241		—
2008	1	DYB11	1.772		897.13
2008	1	DYB12	1.672		—
2008	4	DYB01	0.798		274.43
2008	4	DYB02	0.916		—
2008	4	DYB03	0.560		203.03
2008	4	DYB04	0.900		—
2008	4	DYB05	0.797		604.49
2008	4	DYB06	0.662		569.16

（续）

年	月	观测站位	表层叶绿素含量	叶绿素水柱平均	水柱生产量
2008	4	DYB07	0.884		—
2008	4	DYB08	0.412		—
2008	4	DYB09	0.899		419.71
2008	4	DYB10	0.561		—
2008	4	DYB11	1.137		179.46
2008	4	DYB12	1.136		—
2008	8	DYB01	3.125		438.28
2008	8	DYB02	1.223		—
2008	8	DYB03	2.139		—
2008	8	DYB04	7.862		—
2008	8	DYB05	10.988		—
2008	8	DYB06	6.077		471.51
2008	8	DYB07	3.481		468.77
2008	8	DYB08	11.714		—
2008	8	DYB09	3.362		—
2008	8	DYB10	5.486		—
2008	8	DYB11	2.737		335.87
2008	8	DYB12	1.002		155.26
2008	10	DYB01	0.323		299.61
2008	10	DYB02	0.427		—
2008	10	DYB03	0.663		—
2008	10	DYB04	0.059		—
2008	10	DYB05	1.105		356.52
2008	10	DYB06	0.560		79.63
2008	10	DYB07	0.781		291.80
2008	10	DYB08	9.914		—
2008	10	DYB09	0.884		349.55
2008	10	DYB10	0.781		—
2008	10	DYB11	1.311		1 053.72
2008	10	DYB12	0.442		—
2009	1	DYB01	0.420		103.06
2009	1	DYB02	0.830		
2009	1	DYB03	0.730		207.96
2009	1	DYB04	0.740		
2009	1	DYB05	0.670		232.80
2009	1	DYB06	0.510		
2009	1	DYB07	0.670		232.50
2009	1	DYB08	2.880		740.49

（续）

年	月	观测站位	表层叶绿素含量	叶绿素水柱平均	水柱生产量
2009	1	DYB09	0.710		
2009	1	DYB10	0.790		
2009	1	DYB11	1.670		359.77
2009	1	DYB12	1.140		397.41
2009	4	DYB01	0.340		510.62
2009	4	DYB02	0.780		306.80
2009	4	DYB03	0.650		
2009	4	DYB04	1.340		
2009	4	DYB05	0.780		
2009	4	DYB06	0.900		
2009	4	DYB07	0.560		
2009	4	DYB08	1.560		
2009	4	DYB09	0.560		432.99
2009	4	DYB10	2.010		
2009	4	DYB11	0.560		363.20
2009	4	DYB12	0.340		370.20
2009	8	DYB01	1.020		114.35
2009	8	DYB02	1.330		
2009	8	DYB03	12.630		
2009	8	DYB04	1.480		
2009	8	DYB05	1.070		
2009	8	DYB06	1.600		124.38
2009	8	DYB07	2.120		2 651.95
2009	8	DYB08	11.610		2 441.34
2009	8	DYB09	2.150		
2009	8	DYB10	2.140		1 151.15
2009	8	DYB11	4.390		
2009	8	DYB12	1.090		978.78
2009	10	DYB01	1.310		447.31
2009	10	DYB02	2.600		
2009	10	DYB03	2.970		
2009	10	DYB04	1.060		
2009	10	DYB05	0.640		126.23
2009	10	DYB06	0.740		121.24
2009	10	DYB07	0.560		190.69
2009	10	DYB08	3.220		142.99
2009	10	DYB09	0.620		218.99
2009	10	DYB10	1.410		

（续）

年	月	观测站位	表层叶绿素含量	叶绿素水柱平均	水柱生产量
2009	10	DYB11	1.670		396.47
2009	10	DYB12	1.300		
2010	2	DYB01	2.288		386.79
2010	2	DYB02	1.755		107.15
2010	2	DYB03	3.360		424.93
2010	2	DYB04	0.858		117.24
2010	2	DYB05	1.470		295.87
2010	2	DYB06	1.048		322.70
2010	2	DYB07	0.422		356.99
2010	2	DYB08	2.178		237.90
2010	2	DYB09	1.319		192.87
2010	2	DYB10	1.073		119.15
2010	2	DYB11	0.789		229.65
2010	2	DYB12	3.606		115.68
2010	4	DYB01	0.596		686.89
2010	4	DYB02	0.341		604.05
2010	4	DYB03	0.926		887.62
2010	4	DYB04	0.423		396.25
2010	4	DYB05	0.372		769.32
2010	4	DYB06	0.873		532.53
2010	4	DYB07	2.386		368.00
2010	4	DYB08	0.858		335.35
2010	4	DYB09	0.696		467.05
2010	4	DYB10	0.884		583.40
2010	4	DYB11	1.035		224.22
2010	4	DYB12	0.681		1 321.81
2010	8	DYB01	1.092		361.92
2010	8	DYB02	0.670		524.94
2010	8	DYB03	2.557		752.48
2010	8	DYB04	2.011		382.90
2010	8	DYB05	0.624		244.14
2010	8	DYB06	0.656		219.97
2010	8	DYB07	1.307		336.07
2010	8	DYB08	2.123		711.84
2010	8	DYB09	1.637		186.01
2010	8	DYB10	1.440		321.83
2010	8	DYB11	3.671		410.31
2010	8	DYB12	1.212		891.28

（续）

年	月	观测站位	表层叶绿素含量	叶绿素水柱平均	水柱生产量
2010	11	DYB01	0.095		19.12
2010	11	DYB02	0.572		378.10
2010	11	DYB03	0.185		251.57
2010	11	DYB04	0.409		238.19
2010	11	DYB05	0.141		49.20
2010	11	DYB06	0.410		319.08
2010	11	DYB07	0.449		58.09
2010	11	DYB08	0.115		67.31
2010	11	DYB09	0.340		198.41
2010	11	DYB10	0.071		23.92
2010	11	DYB11	0.412		191.95
2010	11	DYB12	0.542		123.98
2011	1	DYB01	1.534		188.88
2011	1	DYB02	3.181		113.70
2011	1	DYB03	3.437		402.82
2011	1	DYB04	2.290		261.37
2011	1	DYB05	2.544		140.45
2011	1	DYB06	3.571		220.46
2011	1	DYB07	1.528		105.01
2011	1	DYB08	5.853		1 190.74
2011	1	DYB09	1.912		214.33
2011	1	DYB10	3.965		289.71
2011	1	DYB11	2.547		555.48
2011	1	DYB12	2.165		158.97
2011	4	DYB01	1.249		232.20
2011	4	DYB02	1.251		1 079.90
2011	4	DYB03	3.587		630.06
2011	4	DYB04	3.259		552.42
2011	4	DYB05	1.251		237.63
2011	4	DYB06	3.801		217.80
2011	4	DYB07	1.629		450.45
2011	4	DYB08	16.913		2 504.36
2011	4	DYB09	1.794		350.83
2011	4	DYB10	3.612		273.14
2011	4	DYB11	6.492		193.01
2011	4	DYB12	1.982		404.21
2011	9	DYB01	1.769		278.46
2011	9	DYB02	9.560		194.69

（续）

年	月	观测站位	表层叶绿素含量	叶绿素水柱平均	水柱生产量
2011	9	DYB03	7.363		997.00
2011	9	DYB04	5.380		221.71
2011	9	DYB05	3.018		340.47
2011	9	DYB06	2.121		415.84
2011	9	DYB07	5.404		323.18
2011	9	DYB08	25.081		424.50
2011	9	DYB09	4.456		490.96
2011	9	DYB10	3.990		395.66
2011	9	DYB11	4.699		301.56
2011	9	DYB12	4.724		631.74
2011	11	DYB01	3.043		286.41
2011	11	DYB02	1.957		779.43
2011	11	DYB03	9.232		707.28
2011	11	DYB04	2.526		628.56
2011	11	DYB05	3.233		797.75
2011	11	DYB06	2.690		1 155.11
2011	11	DYB07	4.509		509.28
2011	11	DYB08	4.837		1 032.52
2011	11	DYB09	5.594		479.43
2011	11	DYB10	4.508		971.47
2011	11	DYB11	3.612		319.14
2011	11	DYB12	7.198		594.25
2012	1	DYB01	2.887		607.89
2012	1	DYB02	2.990		748.45
2012	1	DYB03	1.106		277.07
2012	1	DYB04	2.657		665.11
2012	1	DYB05	1.618		318.26
2012	1	DYB06	2.089		410.63
2012	1	DYB07	2.274		508.24
2012	1	DYB08	1.771		223.56
2012	1	DYB09	1.824		375.11
2012	1	DYB10	4.510		846.62
2012	1	DYB11	1.358		274.13
2012	1	DYB12	1.610		339.26
2012	4	DYB01	1.633		624.10
2012	4	DYB02	1.503		410.16
2012	4	DYB03	3.238		643.50
2012	4	DYB04	5.337		809.35

（续）

年	月	观测站位	表层叶绿素含量	叶绿素水柱平均	水柱生产量
2012	4	DYB05	1.070		227.22
2012	4	DYB06	2.234		364.57
2012	4	DYB07	1.847		504.18
2012	4	DYB08	3.841		737.86
2012	4	DYB09	4.883		1 234.15
2012	4	DYB10	2.400		363.87
2012	4	DYB11	1.434		209.14
2012	4	DYB12	1.924		590.77
2012	7	DYB01	7.293		1 790.06
2012	7	DYB02	5.065		1 657.31
2012	7	DYB03	2.212		986.23
2012	7	DYB04	1.910		435.60
2012	7	DYB05	1.664		379.37
2012	7	DYB06	1.482		550.69
2012	7	DYB07	5.998		1 367.82
2012	7	DYB08	4.489		1 076.39
2012	7	DYB09	1.589		362.44
2012	7	DYB10	1.683		367.08
2012	7	DYB11	4.454		489.05
2012	7	DYB12	1.410		205.86
2012	11	DYB01	3.072		906.04
2012	11	DYB02	3.538		946.98
2012	11	DYB03	2.956		434.53
2012	11	DYB04	7.074		1 052.10
2012	11	DYB05	4.812		858.84
2012	11	DYB06	2.575		232.85
2012	11	DYB07	4.128		613.94
2012	11	DYB08	2.172		670.96
2012	11	DYB09	2.900		431.30
2012	11	DYB10	3.303		425.69
2012	11	DYB11	2.484		290.82
2012	11	DYB12	2.383		516.36
2013	1	DYB01	1.825		607.89
2013	1	DYB02	3.722		748.45
2013	1	DYB03	3.424		277.07
2013	1	DYB04	6.557		665.11
2013	1	DYB05	0.796		318.26
2013	1	DYB06	0.512		410.63

（续）

年	月	观测站位	表层叶绿素含量	叶绿素水柱平均	水柱生产量
2013	1	DYB07	5.804		508.24
2013	1	DYB08	4.801		223.56
2013	1	DYB09	4.851		375.11
2013	1	DYB10	9.587		846.62
2013	1	DYB11	2.541		274.13
2013	1	DYB12	0.531		339.26
2013	4	DYB01	2.418		624.10
2013	4	DYB02	3.145		410.16
2013	4	DYB03	3.803		643.50
2013	4	DYB04	2.515		809.35
2013	4	DYB05	3.135		227.22
2013	4	DYB06	3.060		364.57
2013	4	DYB07	5.676		504.18
2013	4	DYB08	6.759		737.86
2013	4	DYB09	3.336		1 234.15
2013	4	DYB10	3.034		363.87
2013	4	DYB11	5.835		209.14
2013	4	DYB12	5.958		590.77
2013	7	DYB01	2.228		1 790.06
2013	7	DYB02	1.451		1 657.31
2013	7	DYB03	4.281		986.23
2013	7	DYB04	2.740		435.60
2013	7	DYB05	4.913		379.37
2013	7	DYB06	2.810		550.69
2013	7	DYB07	29.198		1 367.82
2013	7	DYB08	34.016		1 076.39
2013	7	DYB09	3.372		362.44
2013	7	DYB10	2.237		367.08
2013	7	DYB11	3.257		489.05
2013	7	DYB12	3.322		205.86
2013	10	DYB01	1.118		906.04
2013	10	DYB02	1.273		946.98
2013	10	DYB03	1.130		434.53
2013	10	DYB04	1.467		1 052.10
2013	10	DYB05	1.632		858.84
2013	10	DYB06	1.569		232.85
2013	10	DYB07	12.933		613.94
2013	10	DYB08	1.547		670.96

（续）

年	月	观测站位	表层叶绿素含量	叶绿素水柱平均	水柱生产量
2013	10	DYB09	1.175		431.30
2013	10	DYB10	1.944		425.69
2013	10	DYB11	1.204		290.82
2013	10	DYB12	0.786		516.36
2014	1	DYB01	2.733		957.56
2014	1	DYB02	4.324		711.27
2014	1	DYB03	5.131		713.63
2014	1	DYB04	3.724		479.42
2014	1	DYB05	1.541		275.56
2014	1	DYB06	1.656		155.35
2014	1	DYB07	3.047		326.91
2014	1	DYB08	8.004		1 002.57
2014	1	DYB09	7.850		729.77
2014	1	DYB10	15.941		1 938.09
2014	1	DYB11	2.105		281.90
2014	1	DYB12	1.839		81.65
2014	4	DYB01	2.077		87.28
2014	4	DYB02	2.302		372.24
2014	4	DYB03	4.081		227.91
2014	4	DYB04	4.257		688.41
2014	4	DYB05	2.314		329.27
2014	4	DYB06	2.584		141.92
2014	4	DYB07	2.723		475.51
2014	4	DYB08	8.987		1 250.40
2014	4	DYB09	2.087		337.44
2014	4	DYB10	3.010		428.41
2014	4	DYB11	3.457		619.61
2014	4	DYB12	2.141		957.30
2014	7	DYB01	2.142		350.96
2014	7	DYB02	5.706		607.47
2014	7	DYB03	5.908		426.54
2014	7	DYB04	3.679		360.32
2014	7	DYB05	3.216		287.56
2014	7	DYB06	3.169		427.66
2014	7	DYB07	14.373		1 407.78
2014	7	DYB08	13.094		1 623.90
2014	7	DYB09	5.079		583.93
2014	7	DYB10	4.853		433.95

（续）

年	月	观测站位	表层叶绿素含量	叶绿素水柱平均	水柱生产量
2014	7	DYB11	5.260		305.65
2014	7	DYB12	8.406		153.26
2014	10	DYB01	4.012		682.92
2014	10	DYB02	2.947		470.73
2014	10	DYB03	1.370		197.11
2014	10	DYB04	5.719		1 107.21
2014	10	DYB05	3.089		465.48
2014	10	DYB06	2.812		464.02
2014	10	DYB07	7.032		1 441.48
2014	10	DYB08	3.740		706.85
2014	10	DYB09	2.425		298.69
2014	10	DYB10	2.322		262.29
2014	10	DYB11	1.800		266.16
2014	10	DYB12	2.841		476.46
2015	1	DYB01	2.836		357.46
2015	1	DYB02	2.625		287.17
2015	1	DYB03	2.489		374.38
2015	1	DYB04	2.022		389.01
2015	1	DYB05	1.813		629.08
2015	1	DYB06	1.837		440.23
2015	1	DYB07	1.621		408.84
2015	1	DYB08	2.235		612.66
2015	1	DYB09	1.846		329.92
2015	1	DYB10	3.036		325.39
2015	1	DYB11	1.352		383.24
2015	1	DYB12	2.856		186.03
2015	4	DYB01	1.392		517.93
2015	4	DYB02	1.203		398.82
2015	4	DYB03	2.345		239.91
2015	4	DYB04	3.122		226.81
2015	4	DYB05	1.007		267.88
2015	4	DYB06	1.822		161.61
2015	4	DYB07	2.374		578.23
2015	4	DYB08	2.603		504.89
2015	4	DYB09	3.034		245.24
2015	4	DYB10	1.909		246.92
2015	4	DYB11	1.516		194.20
2015	4	DYB12	1.577		419.70

（续）

年	月	观测站位	表层叶绿素含量	叶绿素水柱平均	水柱生产量
2015	7	DYB01	4.409		534.51
2015	7	DYB02	3.113		654.51
2015	7	DYB03	2.637		512.38
2015	7	DYB04	2.221		1 252.06
2015	7	DYB05	1.421		1 150.75
2015	7	DYB06	1.347		675.30
2015	7	DYB07	3.880		1 340.54
2015	7	DYB08	3.540		623.86
2015	7	DYB09	1.881		452.98
2015	7	DYB10	1.830		482.90
2015	7	DYB11	4.281		315.09
2015	7	DYB12	1.585		606.57
2015	10	DYB01	1.852		640.78
2015	10	DYB02	2.314		255.67
2015	10	DYB03	1.839		475.92
2015	10	DYB04	3.967		430.65
2015	10	DYB05	2.727		554.08
2015	10	DYB06	1.763		318.39
2015	10	DYB07	2.543		397.37
2015	10	DYB08	1.421		350.49
2015	10	DYB09	1.888		282.57
2015	10	DYB10	1.953		190.46
2015	10	DYB11	1.719		307.39
2015	10	DYB12	1.633		329.75
2016	1	DYB01	1.390		201.30
2016	1	DYB02	1.320		383.89
2016	1	DYB03	1.560		455.99
2016	1	DYB04	1.290		312.63
2016	1	DYB05	1.120		217.15
2016	1	DYB06	1.120		551.40
2016	1	DYB07	2.210		562.38
2016	1	DYB08	1.600		264.74
2016	1	DYB09	1.190		216.30
2016	1	DYB10	1.320		303.91
2016	1	DYB11	1.880		108.97
2016	1	DYB12	2.510		452.48
2016	4	DYB01	2.620		213.24
2016	4	DYB02	3.220		306.52

（续）

年	月	观测站位	表层叶绿素含量	叶绿素水柱平均	水柱生产量
2016	4	DYB03	1.500		187.45
2016	4	DYB04	1.150		109.47
2016	4	DYB05	2.210		242.74
2016	4	DYB06	1.970		200.16
2016	4	DYB07	1.390		203.56
2016	4	DYB08	1.630		169.53
2016	4	DYB09	3.600		527.21
2016	4	DYB10	2.040		190.36
2016	4	DYB11	3.360		393.65
2016	4	DYB12	1.530		264.71
2016	8	DYB01	1.770		211.23
2016	8	DYB02	1.500		349.60
2016	8	DYB03	0.880		269.19
2016	8	DYB04	1.540		471.08
2016	8	DYB05	2.690		862.05
2016	8	DYB06	3.390		449.45
2016	8	DYB07	1.800		288.42
2016	8	DYB08	2.450		765.93
2016	8	DYB09	3.030		971.00
2016	8	DYB10	1.300		359.79
2016	8	DYB11	1.900		304.44
2016	8	DYB12	1.550		496.72
2016	10	DYB01	1.860		340.07
2016	10	DYB02	1.360		316.03
2016	10	DYB03	2.950		550.25
2016	10	DYB04	2.450		569.31
2016	10	DYB05	1.560		313.07
2016	10	DYB06	1.710		215.74
2016	10	DYB07	1.260		292.79
2016	10	DYB08	2.690		564.77
2016	10	DYB09	2.010		318.46
2016	10	DYB10	1.660		245.47
2016	10	DYB11	1.830		220.92
2016	10	DYB12	1.520		281.30
2017	1	DYB01	1.690		373.54
2017	1	DYB02	1.620		342.85
2017	1	DYB03	1.860		221.88
2017	1	DYB04	1.590		175.57

（续）

年	月	观测站位	表层叶绿素含量	叶绿素水柱平均	水柱生产量
2017	1	DYB05	1.780		294.82
2017	1	DYB06	2.620		296.07
2017	1	DYB07	3.200		412.23
2017	1	DYB08	3.410		534.29
2017	1	DYB09	2.120		370.64
2017	1	DYB10	1.610		207.40
2017	1	DYB11	2.760		378.64
2017	1	DYB12	3.390		498.96
2017	4	DYB01	2.910		454.05
2017	4	DYB02	3.750		798.86
2017	4	DYB03	2.500		463.35
2017	4	DYB04	3.240		469.35
2017	4	DYB05	4.100		768.61
2017	4	DYB06	3.830		722.07
2017	4	DYB07	1.910		374.34
2017	4	DYB08	3.250		1 006.67
2017	4	DYB09	1.530		156.45
2017	4	DYB10	1.180		231.27
2017	4	DYB11	5.400		615.54
2017	4	DYB12	3.950		485.81
2017	8	DYB01	2.920		602.97
2017	8	DYB02	2.420		694.30
2017	8	DYB03	1.530		402.85
2017	8	DYB04	3.870		917.21
2017	8	DYB05	2.530		473.39
2017	8	DYB06	3.290		269.20
2017	8	DYB07	1.960		488.98
2017	8	DYB08	1.530		414.26
2017	8	DYB09	2.680		468.02
2017	8	DYB10	3.380		758.92
2017	8	DYB11	1.790		589.12
2017	8	DYB12	1.620		396.43
2017	10	DYB01	1.240		1 131.68
2017	10	DYB02	1.620		674.23
2017	10	DYB03	2.200		716.59
2017	10	DYB04	1.960		780.27
2017	10	DYB05	1.380		499.43
2017	10	DYB06	1.620		1 208.18

（续）

年	月	观测站位	表层叶绿素含量	叶绿素水柱平均	水柱生产量
2017	10	DYB07	2.920		1 215.29
2017	10	DYB08	2.420		285.02
2017	10	DYB09	1.630		471.93
2017	10	DYB10	2.210		599.86
2017	10	DYB11	1.970		283.95
2017	10	DYB12	1.390		182.64

4.4.3 浮游植物

4.4.3.1 概述

本数据集为大亚站 2007—2017 年 12 个长期监测站位季度尺度的浮游植物观测数据，包括浮游植物个体总数（ind./L）、浮游植物优势种和硅/甲藻比等。

4.4.3.2 数据采集和处理方法

按照《海洋调查规范》（GB 17378.7—2007）进行浮游植物采集，浮游植物样品经沉淀 24 h 后进行浓缩，在 Olympus 显微镜下进行种类鉴定与个体计数，获得浮游植物总个体数和不同类群的个体数。

4.4.3.3 数据质量控制和评估

对历年上报数据进行整理和质量控制，对异常数据进行核实。质控方法包括：阈值检查、完整性检查、一致性检查等。

对原始的缺失数据或者异常数据进行插补，采用平均值法进行缺失值的插补。

4.4.3.4 数据价值/数据使用方法和建议

浮游植物是海洋生态系统中最主要的初级生产者，在海洋生态系统的物质循环和能量流动中起着极其重要的作用，对浮游植物的长期监测有助于了解其群落结构的长期演变规律及其对海区环境变化的响应。

4.4.3.5 数据

具体数据见表 4-9。

表 4-9 2007—2017 年大亚湾浮游植物数据

年	月	观测站位	个体总数（ind./L）	浮游植物优势种	硅/甲藻比
2007	1	DYB1	2.51×10^5	*Stephanopyxis palmeriana*、*Lauderia annulata*、*Guinardia flaccida*、*Bacteriastrum varians*、*Rhizosolenia styliformis* v. *latissima*、*Thalassiosira subtilis*	0.54×10^2
2007	1	DYB2	1.96×10^5	*Rhizosolenia styliformis* v. *latissima*、*Stephanopyxis palmeriana*、*Chaetoceros curvisetus*、*Guinardia flaccida*	0.17×10^2
2007	1	DYB3	3.90×10^5	*Rhizosolenia styliformis* v. *latissima*、*Stephanopyxis palmeriana*、*Chaetoceros curvisetus*、*Guinardia flaccida*、*Lauderia annulata*、*Thalassiosira subtilis*	0.32×10^2

（续）

年	月	观测站位	个体总数（ind./L）	浮游植物优势种	硅/甲藻比
2007	1	DYB4	3.50×10^5	*Stephanopyxis palmeriana*、*Guinardia flaccida*、*Rhizosolenia styliformis* v. *latissima*、*Chaetoceros curvisetus*、*Chaetoceros affinis*	0.32×10^2
2007	1	DYB5	1.59×10^5	Rhizosolenia styliformis v. latissima Stephanopyxis palmeriana	0.62×10^2
2007	1	DYB6	1.05×10^6	*Guinardia flaccida*、*Stephanopyxis palmeriana*、*Rhizosolenia imbricata f. imbricata*、*Thalassiosira rotula*、*Melosira sulcata*、*Eucampia zoodiacus*、*Lauderia annulata*、*Chaetoceros pseudocurvisetus*、*Chaetoceros affinis*	0.16×10^2
2007	1	DYB7	1.93×10^6	*Guinardia flaccida*、*Cerataulina daemon*、*Stephanopyxis palmeriana*、*Rhizosolenia styliformis v. latissima*、*Thalassiosira rotula*、*Eucampia zoodiacus*、*Chaetoceros densus*、*Chaetoceros pseudocurvisetus*、*Chaetoceros affinis*	1.02×10^2
2007	1	DYB8	4.53×10^6	*Guinardia flaccida*、*Stephanopyxis palmeriana*、*Lauderia annulata*、*Chaetoceros pseudocurvisetus*、*Chaetoceros affinis*、*Eucampia zoodiacus*	1.50×10^2
2007	1	DYB9	8.53×10^6	*Guinardia flaccida*、*Stephanopyxis palmeriana*、*Stephanopyxis turris*、*Rhizosolenia styliformis* v. *latissima*、*Rhizosolenia styliformis* v. *styliformis*、*Thalassiosira rotula*、*Eucampia zoodiacus*、*Lauderia annulata*、*Chaetoceros compressus*、*Chaetoceros pseudocurvisetus*、*Chaetoceros affinis*、*Chaetoceros eibenii*	6.01×10^2
2007	1	DYB10	8.30×10^6	*Guinardia flaccida*、*Stephanopyxis palmeriana*、*Eucampia zoodiacus*、*Lauderia annulata*、*Chaetoceros pseudocurvisetus*、*Chaetoceros densus*、*Cerataulina daemon*	1.87×10^2
2007	1	DYB11	5.17×10^6	*Cerataulina daemon*、*Guinardia flaccida*、*Stephanopyxis palmeriana*、*Stephanopyxis turris*、*Chaetoceros pseudocurvisetus*、*Bacteriastrum hyalinum*、*Hemialus sinensis*	9.64×10^2
2007	1	DYB12	3.71×10^6	*Guinardia flaccida*、*Cerataulina daemon*、*Rhizosolenia styliformis* v. *latissima*、*Eucampia zoodiacus*、*Chaetoceros pseudocurvisetus*、*Chaetoceros densus*、*Thalassiosira subtilis*	5.13×10^2
2007	4	DYB1	2.64×10^5	*Chaetoceros curvisetus*、*Chaetoceros eibenii*、*Chaetoceros lorenzianus*	0.59×10^2
2007	4	DYB2	2.23×10^6	*Chaetoceros curvisetus*、*Rhizosolenia alata f. genuina*、*Rhizosolenia styliformis* v. *styliformis*、*Stephanopyxis palmeriana*、*Chaetoceros eibenii*	1.05×10^2
2007	4	DYB3	3.52×10^4	*Chaetoceros curvisetus*	0.21×10^2
2007	4	DYB4	2.15×10^3	*Chaetoceros curvisetus*、*Trichodesmium thiebaultii*	0.27×10^2
2007	4	DYB5	7.85×10^5	*Chaetoceros curvisetus*、*Chaetoceros eibenii*、*Thalassiothrix fraenfeldii*、*Ceratium fusus*	0.53×10^2

（续）

年	月	观测站位	个体总数（ind./L）	浮游植物优势种	硅/甲藻比
2007	4	DYB6	1.08×10^{6}	*Chaetoceros curvisetus*、*Chaetoceros lorenzianus*、*Rhizosolenia alata f. genuina*、*Chaetoceros densus*	0.14×10^{2}
2007	4	DYB7	1.40×10^{6}	*Chaetoceros curvisetus*、*Rhizosolenia alata f. genuina*、*Rhizosolenia styliformis* v. *styliformis*、*Bacteriastrum hyalinum*	0.31×10^{2}
2007	4	DYB8	3.26×10^{5}	*Asterionellopsis glacialis*、*Chaetoceros coarctatue*、*Chaetoceros curvisetus*、	0.15×10^{2}
2007	4	DYB9	3.24×10^{6}	*Chaetoceros affinis*、*Chaetoceros curvisetus*、*Rhizosolenia alata f. genuina*、*Stephanopyxis palmeriana*、*Rhizosolenia stolterfothii*	0.93×10^{2}
2007	4	DYB10	9.08×10^{5}	*Chaetoceros curvisetus*、*Chaetoceros affinis*、*Stephanopyxis palmeriana*	0.44×10^{2}
2007	4	DYB11	1.47×10^{6}	*Rhizosolenia styliformis* v. *styliformis*、*Rhizosolenia alata f. genuina*、*Rhizosolenia alata f. gracillima*、*Guinardia flaccida*、*Chaetoceros affinis*	
2007	4	DYB12	1.12×10^{6}	*Rhizosolenia styliformis* v. *styliformis*、*Rhizosolenia alata f. genuina*、*Chaetoceros curvisetus*、*Chaetoceros affinis*	1.76×10^{2}
2007	8	DYB1	4.41×10^{7}	*Pseudonitzschia pungens*、*Skeletonema costatum*、*Thalassiosira subyilis*、*Thalassiothrix frauenfeldii* 、*Phaeocystis globosa*、*Chaetoceros pseudocurvisetus* 、*Chaetoceros lorenzianus*、*Cerataulina daemon*、*Chaetoceros affinis* var. *affinis*	2.17×10^{3}
2007	8	DYB2	1.70×10^{6}	*Rhizosolenia alata* 、*Pseudonitzschia pungens*、*Trichodesmium erythraeum*	0.67×10^{2}
2007	8	DYB3	5.19×10^{6}	*Phaeocystis globosa*、*Thalassiosira subyilis*	1.28×10^{2}
2007	8	DYB4	4.30×10^{6}	*Rhizosolenia alata* 、*Pseudonitzschia pungens*、*Thalassiosira subyilis*	1.99×10^{2}
2007	8	DYB5	2.38×10^{7}	*Chaetoceros affinis* var. *affinis*、*Chaetoceros pseudocurvisetus*、*Pseudonitzschia pungens*、*Skeletonema costatum*、*Thalassiosira subyilis*、*Phaeocystis globosa*	6.37×10^{2}
2007	8	DYB6	3.16×10^{7}	*Chaetoceros debilis*、*Chaetoceros didymus* var. *didymus*、*Pseudonitzschia pungens*、*Skeletonema costatum*、*Phaeocystis globosa*、*Chaetoceros pseudocurvisetus*	7.56×10^{2}
2007	8	DYB7	3.23×10^{6}	*Chaetoceros affinis* var. *affinis*、*Chaetoceros pseudocurvisetus*、*Pseudonitzschia pungens*、*Thalassiosira subyilis*、*Phaeocystis globosa*	5.04×10^{2}
2007	8	DYB8	3.43×10^{8}	*Bacteriastrum hyalinum*、*Chaetoceros affinis* var. *affinis*、*Chaetoceros decipiens* 、*Chaetoceros pseudocurvisetus*、*Pseudonitzschia pungens*、*Skeletonema costatum*、*Phaeocystis globosa*	1.24×10^{3}
2007	8	DYB9	1.53×10^{7}	*Chaetoceros affinis* var. *affinis*、*Chaetoceros pseudocurvisetus*、*Pseudonitzschia pungens*、*Rhizosolenia alata* 、*Skeletonema costatum*、*Thalassiothrix frauenfeldii*、*Phaeocystis globosa*	4.44×10^{2}

（续）

年	月	观测站位	个体总数（ind./L）	浮游植物优势种	硅/甲藻比
2007	8	DYB10	3.74×10^{7}	*Chaetoceros debilis*、*Chaetoceros lorenzianus*、*Chaetoceros pseudocurvisetus*、*Pseudonitzschia pungens*、*Rhizosolenia alata*、*Rhizosolenia alata f. indica*、*Skeletonema costatum*、*Thalassiothrix frauenfeldii*、*Phaeocystis globosa*	1.26×10^{2}
2007	8	DYB11	3.22×10^{7}	*Phaeocystis globosa*、*Thalassiothrix frauenfeldii*、*Skeletonema costatum*、*Rhizosolenia alata f. indica*、*Pseudonitzschia pungens*、*Rhizosolenia alata*、*Chaetoceros lorenzianus*、*Chaetoceros compressus*、*Chaetoceros affinis var. affinis*	6.97×10^{2}
2007	8	DYB12	1.24×10^{6}	*Skeletonema costatum*、*Pseudonitzschia pungens*	0.79×10^{2}
2007	10	DYB1	1.49×10^{5}	*Thalassionema nitzschioides*、*Trichodesmium erythraeum*	0.35×10^{2}
2007	10	DYB2	1.63×10^{5}	*Trichodesmium erythraeum*、*Thalassionema nitzschioides*、*Pseudonitzschia pungens*	0.99×10^{2}
2007	10	DYB3	6.40×10^{6}	*Chaetoceros affinis* var. *affinis*、*Skeletonema costatum*、*Pseudonitzschia pungens*、*Thalassionema nitzschioides*	0.87×10^{2}
2007	10	DYB4	4.25×10^{6}	*Trichodesmium erythraeum*、*Pseudonitzschia pungens*、*Thalassionema nitzschioides*	0.32×10^{2}
2007	10	DYB5	3.85×10^{8}	*Trichodesmium erythraeum*、*Pseudonitzschia pungens*、*Thalassionema nitzschioides*、*Leptocylindrus danicus*、*Hemiaulus heurckii*、*Chaetoceros laevis*、*Chaetoceros distans*、*Chaetoceros diversus*、*Chaetoceros lorenzianus*、*Chaetoceros pseudocurvisetus*	1.01×10^{3}
2007	10	DYB6	3.44×10^{6}	*Pseudonitzschia pungens*、*Thalassionema nitzschioides*、*Thalassiothrix frauenfeldii*、*Chaetoceros affinis* var. *affinis*	0.87×10^{2}
2007	10	DYB7	4.64×10^{7}	*Asterionella japonica*、*Chaetoceros affinis* var. *affinis*、*Chaetoceros brevis*、*Chaetoceros compressus*、*Pseudonitzschia pungens*、*Thalassionema nitzschioides*、*Skeletonema costatum*	4.88×10^{2}
2007	10	DYB8	7.35×10^{7}	*Trichodesmium erythraeum*、*Thalassionema nitzschioides*、*Rhizosolenia styliformis*、*Pseudonitzschia pungens*	3.17×10^{2}
2007	10	DYB9	1.12×10^{7}	*Chaetoceros affinis* var. *affinis*、*Skeletonema costatum*、*Pseudonitzschia pungens*、*Thalassionema nitzschioides*、*Trichodesmium erythraeum*	2.12×10^{2}
2007	10	DYB10	4.14×10^{5}	*Thalassionema nitzschioides*	0.12×10^{2}
2007	10	DYB11	8.21×10^{5}	*Thalassionema nitzschioides*、*Pseudonitzschia pungens*、	0.20×10^{2}
2007	10	DYB12	2.20×10^{5}	*Thalassionema nitzschioides*	0.56×10^{2}
2008	1	DYB1	4.59×10^{6}	*Thalassiosira subtilis*、*Chaetoceros densus*、*Rhizosolenia alata f. genuina*、*Pseudonitzschia pungens*	0.26×10^{2}
2008	1	DYB2	9.34×10^{6}	*Chaetoceros densus*、*Rhizosolenia alata f. genuina*、*Pseudonitzschia pungens*、*Cerataulina daemon*、*Coscinodiscus perforatus* v. *pavillardi*	0.68×10^{2}
2008	1	DYB3	5.78×10^{5}	*Rhizosolenia alata f. genuina*、*Pseudonitzschia pungens*	0.12×10^{2}

（续）

年	月	观测站位	个体总数（ind./L）	浮游植物优势种	硅/甲藻比
2008	1	DYB4	5.12×10^6	*Rhizosolenia alata f. genuina*、*Pseudonitzschia pungens*、*Cerataulina daemon*	0.27×10^2
2008	1	DYB5	5.84×10^6	*Rhizosolenia alata f. genuina*、*Pseudonitzschia pungens*	0.18×10^2
2008	1	DYB6	5.39×10^6	*Eucampia zoodiacus*、*Rhizosolenia alata f. genuina*、*Pseudonitzschia pungens*	0.27×10^2
2008	1	DYB7	1.20×10^7	*Rhizosolenia alata f. genuina*、*Eucampia zoodiacus*、*Pseudonitzschia pungens*	0.56×10^2
2008	1	DYB8	1.88×10^7	*Eucampia zoodiacus*、*Rhizosolenia alata f. genuina*、*Pseudonitzschia pungens*	1.43×10^2
2008	1	DYB9	5.58×10^6	*Rhizosolenia alata f. genuina*、*Cerataulina daemon*、*Pseudonitzschia pungens*	0.18×10^2
2008	1	DYB10	2.76×10^6	*Rhizosolenia alata f. genuina*、*Cerataulina daemon*、*Eucampia zoodiacus*、*Pseudonitzschia pungens*	0.14×10^2
2008	1	DYB11	2.55×10^7	*Eucampia zoodiacus*、*Rhizosolenia alata f. genuina*、*Pseudonitzschia pungens*、*Cerataulina daemon*	1.76×10^2
2008	1	DYB12	3.94×10^6	*Rhizosolenia alata f. genuina*、*Eucampia zoodiacus*、*Pseudonitzschia pungens*、*Cerataulina daemon*	0.30×10^2
2008	4	DYB1	3.93×10^6	*Ceratium fusus*、*Chaetoceros lorenzianus*、*Pseudonitzschia pungens*	0.24×10^2
2008	4	DYB2	6.38×10^6	*Chaetoceros lorenzianus*、*Thalassionema nitzschioides*、*Pseudonitzschia pungens*	0.151×10^2
2008	4	DYB3	4.53×10^5	*Pseudonitzschia pungens*	0.47×10^2
2008	4	DYB4	5.56×10^6	*Chaetoceros compressus*、*Chaetoceros lorenzianus*	0.40×10^2
2008	4	DYB5	5.46×10^6	*Chaetoceros compressus*、*Chaetoceros lorenzianus*	0.73×10^2
2008	4	DYB6	5.40×10^6	*Chaetoceros lorenzianus*、*Chaetoceros compressus*	0.22×10^2
2008	4	DYB7	3.66×10^6	*Thalassionema nitzschioides*、*Chaetoceros lorenzianus*	0.66×10^2
2008	4	DYB8	2.85×10^7	*Pseudonitzschia delicatissima*、*Chaetoceros rostratus v. rostratus*、*Chaetoceros lorenzianus*	1.04×10^2
2008	4	DYB9	4.27×10^6	*Chaetoceros lorenzianus*、*Chaetoceros affinis* v. *affinis*	0.63×10^2
2008	4	DYB10	2.09×10^6	*Chaetoceros lorenzianus*、*Chaetoceros compressus*	0.13×10^2
2008	4	DYB11	8.83×10^5	*Chaetoceros compressus*、*Chaetoceros lorenzianus*、	0.64×10^2
2008	4	DYB12	2.00×10^6	*Chaetoceros compressus*、*Chaetoceros lorenzianus*、	0.91×10^2
2008	8	DYB1	6.91×10^6	*Skeletonema costatum*、*Pseudonitzschia pungens*、*Skeletonema tropicum*、*Pseudonitzschia delicatissima*	1.52×10^2
2008	8	DYB2	5.39×10^7	*Pseudonitzschia pungens*、*Pseudonitzschia delicatissima*、*Skeletonema costatum*	7.13×10^2
2008	8	DYB3	2.04×10^7	*Skeletonema tropicum*、*Pseudonitzschia pungens*、*Pseudonitzschia delicatissima*、*Skeletonema costatum*	0.36×10^2
2008	8	DYB4	8.51×10^6	*Pseudonitzschia pungens*、*Skeletonema tropicum*、*Pseudonitzschia delicatissima*、*Skeletonema costatum*	0.45×10^2

（续）

年	月	观测站位	个体总数（ind./L）	浮游植物优势种	硅/甲藻比
2008	8	DYB5	4.12×10^{7}	*Pseudonitzschia pungens*、*Pseudonitzschia delicatissima*、*Skeletonema costatum*	1.56×10^{2}
2008	8	DYB6	8.44×10^{7}	*Pseudonitzschia pungens*、*Pseudonitzschia delicatissima*、*Skeletonema costatum*	2.81×10^{2}
2008	8	DYB7	5.23×10^{7}	*Pseudonitzschia pungens*、*Skeletonema tropicum*、*Skeletonema tropicum*、*Skeletonema costatum*	2.68×10^{2}
2008	8	DYB8	3.81×10^{7}	*Skeletonema tropicum*、*Pseudonitzschia pungens*、*Pseudonitzschia delicatissima*、*Skeletonema costatum*	0.67×10^{2}
2008	8	DYB9	9.65×10^{7}	*Skeletonema costatum*、*Pseudonitzschia pungens*、*Pseudonitzschia delicatissima*	0.68×10^{2}
2008	8	DYB10	2.70×10^{7}	*Pseudonitzschia pungens*、*Skeletonema tropicum*、*Pseudonitzschia delicatissima*、*Skeletonema costatum*	0.73×10^{2}
2008	8	DYB11	1.20×10^{7}	*Pseudonitzschia pungens*、*Skeletonema costatum*、*Skeletonema tropicum*	0.46×10^{2}
2008	8	DYB12	8.71×10^{7}	*Skeletonema costatum*、*Pseudonitzschia pungens*、*Skeletonema tropicum*	1.74×10^{2}
2008	10	DYB1	1.36×10^{5}	*Protoperidinium depressum*、*Dinophysis caudata*	5.49×10^{-1}
2008	10	DYB2	1.60×10^{5}	*Dinophysis caudata*、*Rhizosolenia styliformis* v. *styliformis*	8.44×10^{-1}
2008	10	DYB3	4.64×10^{6}	*Thalassionema nitzschioides*、*Pseudonitzschia pungens*、*Thalassionema nitzschioides*	0.11×10^{2}
2008	10	DYB4	4.67×10^{6}	*Thalassionema nitzschioides*、*Skeletonema costatum*、*Pseudonitzschia pungens*、*Thalassionema nitzschioides*	0.65×10^{2}
2008	10	DYB5	4.80×10^{5}	*Protoperidinium depressum*、*Dinophysis caudata*	5.53×10^{-1}
2008	10	DYB6	3.27×10^{5}	*Dinophysis caudata*、*Protoperidinium depressum*	5.10×10^{-1}
2008	10	DYB7	2.54×10^{5}	*Protoperidinium depressum*、*Dinophysis caudata*	1.87×10^{-1}
2008	10	DYB8	7.00×10^{7}	*Skeletonema costatum*、*Pseudonitzschia pungens*、*Dinophysis caudata*	0.97×10^{2}
2008	10	DYB9	2.89×10^{5}	*Protoperidinium depressum*、*Dinophysis caudata*	8.10×10^{-2}
2008	10	DYB10	4.20×10^{6}	*Pseudonitzschia pungens*、*Thalassionema nitzschioides*	0.13×10^{2}
2008	10	DYB11	1.40×10^{6}	*Thalassionema nitzschioides*、*Pseudonitzschia pungens*、*Thalassionema nitzschioides*	0.11×10^{2}
2008	10	DYB12	2.51×10^{5}	*Protoperidinium depressum*、*Dinophysis caudata*	1.55×10^{-1}
2009	1	DYB1	9.78×10^{4}	*Biddulphia sinensis*、*Thalassiosira subtilis*、*Chaetoceros pseudocurvisetus*	6.11×10^{3}
2009	1	DYB2	1.31×10^{5}	*Thalassiosira subtilis* 、*Chaetoceros debilis*	9.34×10^{3}
2009	1	DYB3	2.97×10^{5}	*Stephanopyxis palmeriana*、*Chaetoceros pseudocurvisetus*	3.37×10^{3}
2009	1	DYB4	3.36×10^{5}	*Stephanopyxis palmeriana*	1.12×10^{4}
2009	1	DYB5	1.11×10^{5}	*Stephanopyxis palmeriana*	7.95×10^{3}

（续）

年	月	观测站位	个体总数（ind./L）	浮游植物优势种	硅/甲藻比
2009	1	DYB6	8.84×10^{5}	*Stephanopyxis palmeriana*、*Cerataulina daemon*、*Chaetoceros pseudocurvisetus*	1.47×10^{4}
2009	1	DYB7	1.68×10^{5}	*Chaetoceros pseudocurvisetus*、*Chaetoceros densus*	6.00×10^{3}
2009	1	DYB8	8.52×10^{7}	*Pseudonitzschia delicatissima*、*Bacillaria paradoxa*、*Skeletonema costatum*	9.47×10^{6}
2009	1	DYB9	2.09×10^{5}	*Stephanopyxis palmeriana*、*Rhizosolenia styliformis* v. *latissima*、*Chaetoceros densus*	4.76×10^{3}
2009	1	DYB10	5.75×10^{4}	*Cerataulina daemon*、*Chaetoceros pseudocurvisetus*	8.21×10^{3}
2009	1	DYB11	4.40×10^{6}	*Pseudonitzschia delicatissima*、*Bacillaria paradoxa*、*Skeletonema costatum*	5.49×10^{5}
2009	1	DYB12	3.48×10^{5}	*Chaetoceros pseudocurvisetus*、*Bacillaria paradoxa*、*Chaetoceros densus*	3.48×10^{4}
2009	4	DYB1	7.21×10^{4}	*Guinardia flaccida*、*Thalassiothrix frauenfeldii*	8.47×10^{2}
2009	4	DYB2	2.19×10^{5}	*Thalassiothrix frauenfeldii*、*Chaetoceros coarctatus*	4.12×10^{3}
2009	4	DYB3	2.22×10^{5}	*Chaetoceros affinis* v. *affinis*	6.35×10^{3}
2009	4	DYB4	7.21×10^{5}	*Guinardia flaccida*、*Chaetoceros compressus*、*Leptocylindrus danicus*、*Chaetoceros affinis* v. *affinis*	1.50×10^{4}
2009	4	DYB5	1.79×10^{5}	*Guinardia flaccida*、*Chaetoceros coarctatus*	2.08×10^{3}
2009	4	DYB6	2.08×10^{5}	*Guinardia flaccida*、*Chaetoceros coarctatus*	1.46×10^{3}
2009	4	DYB7	2.15×10^{5}	*Guinardia flaccida*、*Chaetoceros coarctatus*	4.30×10^{3}
2009	4	DYB8	6.99×10^{5}	*Chaetoceros densus*	5.59×10^{3}
2009	4	DYB9	1.04×10^{5}	*Guinardia flaccida*、*Rhizosolenia imbricata* v. *imbricata*、*Chaetoceros coarctatus*	2.89×10^{3}
2009	4	DYB10	2.27×10^{5}	*Guinardia flaccida*、*Chaetoceros coarctatus*	2.55×10^{3}
2009	4	DYB11	4.14×10^{5}	*Rhizosolenia hyalina*、*Chaetoceros coarctatus*	1.34×10^{4}
2009	4	DYB12	2.19×10^{5}	*Guinardia flaccida*、*Chaetoceros coarctatus*	3.84×10^{3}
2009	8	DYB1	7.71×10^{4}	*Chaetoceros affinis*、*Chaetoceros distans*、*Thalassionema nitzschioides*、*Actinastrum hantzschii*	0.29×10^{2}
2009	8	DYB2	9.25×10^{4}	*Protoperidinium pentagonum* 、*Gymnodinium pulchellum*、*Trichodesmium thiebaultii*	6.00×10^{-1}
2009	8	DYB3	1.72×10^{6}	*Nitzschia delicatissima*、*Chaetoceros affinis*、*Chaetoceros curvisetus*、*Chaetoceros debilis*	2.64×10^{2}
2009	8	DYB4	1.02×10^{6}	*Thalassionema nitzschioides*、*Nitzschia delicatissima*、*Chaetoceros curvisetus*、*Chaetoceros affinis*	1.05×10^{2}
2009	8	DYB5	2.35×10^{5}	*Thalassionema nitzschioides*、*Ceratium massiliense* v. *armaumn*、*Actinastrum hantzschii*	0.63×10^{2}
2009	8	DYB6	1.12×10^{6}	*Nitzschia delicatissima*、*Trichodesmium thiebaultii*、*Chaetoceros affinis*	7.41×10^{-1}

（续）

年	月	观测站位	个体总数（ind./L）	浮游植物优势种	硅/甲藻比
2009	8	DYB7	8.49×10^5	*Skeletonema costatum*、*Chaetoceros lorenzianus*、*Chaetoceros laciniosus*、*Chaetoceros paradoxus*	0.12×10^2
2009	8	DYB8	3.33×10^7	*Thalassionema nitzschioides*、*Hemidiscus hauckii*、*Chaetoceros curvisetus*、*Chaetoceros debil*	0.49×10^2
2009	8	DYB9	4.98×10^4	*Ceratium massiliense v. armaumn*	2.73×10^-1
2009	8	DYB10	8.36×10^4	*Skeletonema costatum*、*Ceratium massiliense v. armaumn*	0.32×10^2
2009	8	DYB11	3.14×10^6	*Skeletonema costatum*、*Nitzschia pungens*、*Nitzschia delicatissima*、*Thalassionema nitzschioides*	1.40×10^2
2009	8	DYB12	1.77×10^4	*Skeletonema costatum*、*Protoperidinium pentagonum*	0.24×10^2
2009	10	DYB1	8.53×10^6	*Trichodesmium thiebaultii*、*Skeletonema costatum*、*Thalassionema nitzschioides*、*Chaetoceros affinis*	8.92×10^2
2009	10	DYB2	6.31×10^6	*Skeletonema costatum*、*Thalassionema nitzschioides*、*Chaetoceros affinis*、*Trichodesmium thiebaultii*	6.51×10^3
2009	10	DYB3	4.69×10^7	*Skeletonema costatum*、*Thalassionema nitzschioides*、*Pseudo-nitzschia pungens*、*Nitzschia delicatissima*、*Leptocylindrus danicus* Cleve	1.94×10^3
2009	10	DYB4	8.69×10^6	*Chaetoceros affinis*、*Chaet. distans*、*Chaetoceros curvisetus*、*Thalassionema nitzschioides*、*Trichodesmium thiebaultii*	1.11×10^2
2009	10	DYB5	1.62×10^7	*Thalassionema nitzschioides*、*Chaet. distans*、*Chaetoceros laciniosus*、*Chaetoceros affinis*	0.83×10^2
2009	10	DYB6	2.82×10^6	*Thalassionema nitzschioides*、*Trichodesmium thiebaultii*、*Skeletonema costatum*	2.91×10^2
2009	10	DYB7	2.93×10^6	*Trichodesmium thiebaultii*、*Trichodesmium erythraeum*、*Skeletonema costatum*	0.23×10^2
2009	10	DYB8	1.36×10^7	*Skeletonema costatum*、*Pseudo-nitzschia pungens*、*Anabeana sp.*	8.15×10^2
2009	10	DYB9	3.19×10^5	*Trichodesmium thiebaultii*、*Thalassionema nitzschioides*、*Skeletonema costatum*	0.25×10^2
2009	10	DYB10	5.75×10^6	*Skeletonema costatum*、*Thalassionema nitzschioides*、*Chaetoceros laciniosus*、*Chaetoceros affinis*、*Trichodesmium thiebaultii*	1.56×10^2
2009	10	DYB11	6.14×10^6	*Skeletonema costatum*、*Thalassionema nitzschioides*、*Chaet. distans*	6.26×10^2
2009	10	DYB12	1.81×10^7	*Pseudo-nitzschia pungens*	4.85×10^3
2010	1	DYB1	5.12×10^4	*Chaetoceros eibenii*、*Coscinodiscus asteromphalus*、*Stephanopyxis palmeriana*、*Ceratium breve v. parallelum*	0.29×10^2
2010	1	DYB2	3.30×10^4	*Chaetoceros eibenii*、*Stephanopyxis palmeriana*	0.64×10^2
2010	1	DYB3	1.27×10^6	*Chaetoceros eibenii*、*Chaetoceros affinis*、*Thalassiothrix fraenfeldii*	0.35×10^2
2010	1	DYB4	1.46×10^5	*Chaetoceros densus*、*Chaetoceros eibenii*、*Noctiluca scintillans*、*Hemidiscus hardmannianus*	0.41×10^2

（续）

年	月	观测站位	个体总数（ind./L）	浮游植物优势种	硅/甲藻比
2010	1	DYB5	1.25×10^5	*Chaetoceros eibenii*、*Biddulphia sinensis*、*Stephanopyxis palmeriana*	0.45×10^2
2010	1	DYB6	1.53×10^5	*Chaetoceros affinis*、*Stephanopyxis palmeriana*	0.69×10^2
2010	1	DYB7	1.95×10^5	*Eucampia cornuta*	0.10×10^2
2010	1	DYB8	6.42×10^5	*Pse. pungeus*、*Rhizosolenia alata f. genuina*、*Rhizosolenia alata f. gracillima*	0.91×10^2
2010	1	DYB9	4.46×10^5	*Stephanopyxis palmeriana*、*Chaetoceros eibenii*、*Ceratium fusus*	0.29×10^2
2010	1	DYB10	5.26×10^5	*Chaetoceros eibenii*、*Chaetoceros affinis*	0.51×10^2
2010	1	DYB11	3.53×10^5	*Noctiluca scintillans*、*Ceratium breve*、*Ceratium tripos*、*Ceratium fusus*	2.17×10^{-1}
2010	1	DYB12	3.17×10^5	*Noctiluca scintillans*、*Ceratium breve*、*Ceratium tripos*、*Ceratium fusus*、*Stephanopyxis palmeriana*	2.66×10^{-1}
2010	4	DYB1	3.89×10^5	*Chaetoceros curvisetus*、*Chaetoceros affinis*	0.22×10^2
2010	4	DYB2	4.52×10^5	*Chaetoceros curvisetus*、*Thalassiothrix fraenfeldii*	0.34×10^2
2010	4	DYB3	1.21×10^6	*Chaetoceros curvisetus*、	0.17×10^2
2010	4	DYB4	1.13×10^6	*Melosira nummuloides*、*Ceratium humile*、*Chaetoceros curvisetus*	0.23×10^2
2010	4	DYB5	6.64×10^5	*Melosira nummuloides*、*Rhizosolenia alata*、*Thalassiosira subtilis*	0.42×10^2
2010	4	DYB6	6.51×10^5	*Pse. pungeus*	0.29×10^2
2010	4	DYB7	1.58×10^6	*Chaetoceros curvisetus*	0.23×10^2
2010	4	DYB8	6.33×10^6	*Rhizosolenia alata f. genuina*	2.76×10^2
2010	4	DYB9	7.42×10^5	*Chaetoceros curvisetus*、*Thalassiothrix fraenfeldii*、*Pse. pungeus*、*Chaetoceros affinis*	0.79×10^2
2010	4	DYB10	1.28×10^6	*Ceratium vultur*、*Thalassiothrix fraenfeldii*、*Melosira nummuloides*、*Chaetoceros curvisetus*	0.18×10^2
2010	4	DYB11	1.82×10^6	*Chaetoceros affinis*、*Chaetoceros curvisetus*、*Chaetoceros lorenzianus*、*Thalassiothrix fraenfeldii*、*Pse. pungeus*	0.67×10^2
2010	4	DYB12	9.51×10^5	*Ceratium tripos*、*Dinophysis caudata*、	7.60×10^{-1}
2010	8	DYB1	5.78×10^4	*Skeletonema costatum*、*Trichodesmium thiebaultii*	0.12×10^2
2010	8	DYB2	8.92×10^4	*Oscillatoria* sp.、*trichodesmium thiebaultii*、*Skeletonema costatum*、	1.17×10^{-1}
2010	8	DYB3	1.50×10^5	*Pse. Pungeus*、*Trichodesmium erythraeum*	0.30×10^2
2010	8	DYB4	2.87×10^5	*Skeletonema costatum*、*Pse. pungeus*	0.37×10^2
2010	8	DYB5	5.35×10^5	*Pse. pungeus*、*Chaetoceros affinis*、*Thalassionema nitzschioides*、	0.10×10^2
2010	8	DYB6	3.08×10^5	*Thalassionema nitzschioides*、*Pse. pungeus*	0.12×10^2

（续）

年	月	观测站位	个体总数（ind./L）	浮游植物优势种	硅/甲藻比
2010	8	DYB7	5.16×10^5	*Thalassionema nitzschioides*	0.15×10^2
2010	8	DYB8	8.03×10^6	*Thalassionema nitzschioides*、*Pse. Pungeus*、*Thalassiothrix fraenfeldii*	4.24×10^2
2010	8	DYB9	2.84×10^5	*Pse. Pungeus*、*Thalassionema nitzschioides*、*Thalassiothrix fraenfeldii*	0.53×10^2
2010	8	DYB10	2.60×10^6	*Chaetoceros affinis*、*Pse. Pungeus*、*Thalassionema nitzschioides*	0.56×10^2
2010	8	DYB11	4.07×10^6	*Thalassiothrix fraenfeldii*、*Thalassionema nitzschioides*、*Pse. Pungeus*	0.68×10^2
2010	8	DYB12	1.02×10^6	*Thalassiothrix fraenfeldii*、*Thalassionema nitzschioides*	0.27×10^2
2010	10	DYB1	2.34×10^5	*Pse. pungens*、*Thalassionema nitzschioides*	0.87×10^2
2010	10	DYB2	2.04×10^5	*Climacodium frauenfeldianum*、*Thalassionema nitzschioides*、*Trichodesmium erythraeum*	0.15×10^2
2010	10	DYB3	2.03×10^7	*Chaetoceros compressus*	9.37×10^2
2010	10	DYB4	3.81×10^6	*Thalassionema nitzschioides*、*Chaet. distans*、*Chaetoceros curvisetus*	1.21×10^2
2010	10	DYB5	6.92×10^6	*Thalassionema nitzschioides*、*Ch. laciniosus*、*Chaet. distans*	5.14×10^2
2010	10	DYB6	1.78×10^6	*Thalassionema nitzschioides*、*Skeletonema costatumThalassionema nitzschioides*	1.83×10^2
2010	10	DYB7	8.18×10^5	*Thalassionema nitzschioides*、*Trichodesmium thiebaultii*	0.31×10^2
2010	10	DYB8	6.29×10^6	*Skeletonema costatum*、*Pseudo-nitzschia pungens*	3.84×10^2
2010	10	DYB9	8.01×10^5	*Skeletonema costatum*、*Rhizosolenia stolterfothii*	0.93×10^2
2010	10	DYB10	4.34×10^6	*Skeletonema costatum*、*Thalassionema nitzschioides*	1.78×10^2
2010	10	DYB11	9.29×10^6	*Skeletonema costatum*、*Thalassionema nitzschioides*、*Nitzschia delicatissima*	0.66×10^2
2010	10	DYB12	7.13×10^6	*Skeletonema costatum*、*Thalassionema nitzschioides*	0.78×10^2
2011	1	DYB1	1.47×10^6	*Chaetoceros eibenii*、*Coscinodiscus asteromphalus*、*Stephanopyxis palmeriana*	0.24×10^2
2011	1	DYB2	5.59×10^5	*Chaetoceros eibenii*、*Stephanopyxis palmeriana*	0.13×10^2
2011	1	DYB3	1.81×10^5	*Chaetoceros eibenii*、*Chaetoceros affinis*、*Thalassiothrix fraenfeldii*	0.20×10^2
2011	1	DYB4	8.49×10^5	*Chaetoceros eibenii*、*Noctiluca scintillans*、*Hemidiscus hardmannianus*	0.27×10^2
2011	1	DYB5	5.96×10^5	*Chaetoceros eibenii*、*Biddulphia sinensis*、*Stephanopyxis palmeriana*	0.12×10^2
2011	1	DYB6	1.30×10^5	*Chaetoceros affinis*、*Stephanopyxis palmeriana*	0.18×10^2
2011	1	DYB7	4.74×10^5	*Eucampia cornuta*	0.60×10^2
2011	1	DYB8	6.99×10^5	*Rhizosolenia alata f. genuina*、*Rhizosolenia alata f. gracillima*	0.60×10^2

（续）

年	月	观测站位	个体总数（ind./L）	浮游植物优势种	硅/甲藻比
2011	1	DYB9	5.80×10^5	*Stephanopyxis palmeriana*、*Chaetoceros eibenii*、*Ceratium fusus*	0.20×10^2
2011	1	DYB10	5.15×10^5	*Chaetoceros eibenii*、*Chaetoceros affinis*	0.19×10^2
2011	1	DYB11	2.46×10^6	*Noctiluca scintillans*、*Ceratium tripos*、*Ceratium fusus*	4.10×10^2
2011	1	DYB12	4.30×10^5	*Ceratium tripos*、*Ceratium fusus*、*Stephanopyxis palmeriana*	0.40×10^2
2011	4	DYB1	1.92×10^6	*Chaetoceros curvisetus*、*Chaetoceros affinis*	0.59×10^2
2011	4	DYB2	1.16×10^6	*Chaetoceros curvisetus*、*Thalassiothrix fraenfeldii*	0.71×10^2
2011	4	DYB3	4.45×10^5	*Chaetoceros curvisetus*	0.34×10^2
2011	4	DYB4	6.88×10^5	*Melosira nummuloides*、*Ceratium humile*、*Chaetoceros curvisetus*	0.42×10^2
2011	4	DYB5	2.56×10^6	*Melosira nummuloides*、*Rhizosolenia alata*	0.26×10^2
2011	4	DYB6	6.88×10^6	*Pse. pungeus*	0.23×10^2
2011	4	DYB7	1.34×10^6	*Chaetoceros curvisetus*	0.66×10^2
2011	4	DYB8	1.75×10^7	*Rhizosolenia alata f. genuina*	0.43×10^2
2011	4	DYB9	8.72×10^5	*Chaetoceros curvisetus*、*Pse. pungeus*、*Chaetoceros affinis*	0.47×10^2
2011	4	DYB10	1.52×10^6	*Ceratium vultur*、*Melosira nummuloides*、*Chaetoceros curvisetus*	0.43×10^2
2011	4	DYB11	8.40×10^5	*Chaetoceros affinis*、*Thalassiothrix fraenfeldii*、*Pse. pungeus*	0.39×10^2
2011	4	DYB12	1.30×10^6	*Ceratium tripos*、*Dinophysis caudata*	0.64×10^2
2011	8	DYB1	3.26×10^6	*Skeletonema costatum*、*Trichodesmium thiebaultii*	0.17×10^2
2011	8	DYB2	3.11×10^5	*Oscillatoria* sp.、*Trichodesmium thiebaultii*、*Skeletonema costatum*	0.60×10^2
2011	8	DYB3	8.15×10^5	*Pse. pungeus*、*Trichodesmium erythraeum*	0.84×10^2
2011	8	DYB4	2.93×10^6	*Skeletonema costatum*、*Pse. pungeus*	9.16×10^2
2011	8	DYB5	3.87×10^6	*Chaetoceros affinis*、*Thalassionema nitzschioides*	0.80×10^2
2011	8	DYB6	1.81×10^6	*Thalassionema nitzschioides*、*Pse. pungeus*	2.25×10^2
2011	8	DYB7	1.11×10^8	*Thalassionema nitzschioides*	6.12×10^2
2011	8	DYB8	1.28×10^6	*Pse. Pungeus*、*Thalassiothrix fraenfeldii*	0.31×10^2
2011	8	DYB9	4.94×10^5	*Pse. pungeus*、*Thalassionema nitzschioides*、*Thalassiothrix fraenfeldii*	0.51×10^2
2011	8	DYB10	7.12×10^5	*Chaetoceros affinis*、*Pse. pungeus*、*Thalassionema nitzschioides*	0.29×10^2
2011	8	DYB11	1.84×10^5	*Thalassiothrix fraenfeldii*、*Thalassionema nitzschioides*、*Pse. pungeus*	0.48×10^2
2011	8	DYB12	1.38×10^6	*Thalassiothrix fraenfeldii*、*Thalassionema nitzschioides*	0.11×10^2
2011	10	DYB1	5.03×10^6	*Pse. pungens*、*Thalassionema nitzschioides*	7.38×10^2
2011	10	DYB2	1.78×10^7	*Thalassionema nitzschioides*、*Trichodesmium erythraeum*	5.50×10^2
2011	10	DYB3	3.74×10^6	*Chaetoceros compressus*	3.13×10^2

（续）

年	月	观测站位	个体总数（ind./L）	浮游植物优势种	硅/甲藻比
2011	10	DYB4	4.09×10^{6}	*Thalassionema nitzschioides*、*Chaet. distans*、*Chaetoceros curvisetus*	1.53×10^{3}
2011	10	DYB5	1.94×10^{6}	*Thalassionema nitzschioides*、*Ch. laciniosus*、*Chaet. distans*	0.80×10^{2}
2011	10	DYB6	6.38×10^{6}	*Skeletonema costatum*、*Thalassionema nitzschioides*	4.63×10^{2}
2011	10	DYB7	4.13×10^{5}	*Thalassionema nitzschioides*、*Trichodesmium thiebaultii*	0.61×10^{2}
2011	10	DYB8	1.35×10^{9}	*Skeletonema costatum*、*Pseudo-nitzschia pungens*	1.07×10^{4}
2011	10	DYB9	3.83×10^{7}	*Skeletonema costatum*、*Rhizosolenia stolterfothii*	1.08×10^{3}
2011	10	DYB10	6.29×10^{7}	*Skeletonema costatum*、*Thalassionema nitzschioides*	1.31×10^{4}
2011	10	DYB11	3.39×10^{7}	*Skeletonema costatum*、*Nitzschia delicatissima*	1.27×10^{3}
2011	10	DYB12	1.08×10^{8}	*Skeletonema costatum*、*Thalassionema nitzschioides*	4.74×10^{2}
2012	1	DYB1	9.25×10^{6}	*Thalassiothrix fraenfeldii*、*Thalassiosira subtilis*	1.35×10^{3}
2012	1	DYB2	6.41×10^{4}	*Thalassionema nitzschioides*	
2012	1	DYB3	2.96×10^{7}	*Chaetoceros psedocurvisefue*、*Thalassiothrix fraenfeldii*、*Thalassiosira subtilis*	1.29×10^{2}
2012	1	DYB4	4.70×10^{7}	*Thalassiothrix fraenfeldii*、*Thalassiosira subtilis*	0.87×10^{2}
2012	1	DYB5	1.85×10^{7}	*Thalassiothrix fraenfeldii*、*Thalassiosira subtilis*	2.50×10^{2}
2012	1	DYB6	9.53×10^{5}	*Thalassiothrix fraenfeldii*	0.12×10^{2}
2012	1	DYB7	2.36×10^{6}	*Thalassiothrix fraenfeldii*、*Thalassiosira subtilis*	0.29×10^{2}
2012	1	DYB8	7.08×10^{6}	*Thalassiosira subtilis*	3.11×10^{2}
2012	1	DYB9	1.30×10^{6}	*Thalassiothrix fraenfeldii*、*Pse. pungeus*	1.17×10^{2}
2012	1	DYB10	2.24×10^{6}	*Thalassiothrix fraenfeldii*、*Thalassiosira subtilis*	0.14×10^{2}
2012	1	DYB11	1.38×10^{5}	*Thalassiothrix fraenfeldii*、*Thalassiosira subtilis*	0.58×10^{2}
2012	1	DYB12	2.51×10^{7}	*Thalassionema nitzschioides*、*Thalassiothrix fraenfeldii*、*Thalassiosira subtilis*	5.01×10^{2}
2012	4	DYB1	6.09×10^{5}	*Noctiluca scintillans*	
2012	4	DYB2	3.00×10^{5}	*Noctiluca scintillans*	
2012	4	DYB3	6.09×10^{5}	*Noctiluca scintillans*	
2012	4	DYB4	1.20×10^{5}	*Noctiluca scintillans*	
2012	4	DYB5	7.00×10^{4}	*Noctiluca scintillans*	
2012	4	DYB6	1.61×10^{5}	*Noctiluca scintillans*	
2012	4	DYB7	3.64×10^{5}	*Noctiluca scintillans*	
2012	4	DYB8	6.37×10^{6}	*Ceratium furca*	4.04×10^{-2}
2012	4	DYB9	1.40×10^{6}	*Ceratium furca*	
2012	4	DYB10	9.55×10^{6}	*Ceratium furca*	4.07×10^{-4}
2012	4	DYB11	7.82×10^{6}	*Ceratium furca*	9.94×10^{-3}
2012	4	DYB12	3.69×10^{5}	*Noctiluca scintillans*	
2012	8	DYB1	4.14×10^{6}	*Thalassionema nitzschioides*、*Skeletonema costatum*	0.12×10^{2}
2012	8	DYB2	1.29×10^{7}	*Thalassionema nitzschioides*、*Skeletonema costatum*	0.92×10^{2}

（续）

年	月	观测站位	个体总数（ind./L）	浮游植物优势种	硅/甲藻比
2012	8	DYB3	6.35×10^7	*Thalassionema nitzschioides*、*Skeletonema costatum*	0.23×10^2
2012	8	DYB4	4.58×10^7	*Thalassionema nitzschioides*、*Skeletonema costatum*	0.63×10^2
2012	8	DYB5	5.62×10^7	*Thalassionema nitzschioides*、*Skeletonema costatum*	1.35×10^2
2012	8	DYB6	1.05×10^7	*Thalassionema nitzschioides*、*Skeletonema costatum*	0.39×10^2
2012	8	DYB7	1.94×10^7	*Thalassionema nitzschioides*、*Skeletonema costatum*	0.81×10^2
2012	8	DYB8	1.30×10^8	*Thalassionema nitzschioides*、*Skeletonema costatum*	0.85×10^2
2012	8	DYB9	4.35×10^7	*Thalassionema nitzschioides*、*Skeletonema costatum*	1.86×10^2
2012	8	DYB10	1.06×10^8	*Thalassionema nitzschioides*、*Skeletonema costatum*	0.42×10^2
2012	8	DYB11	9.53×10^7	*Thalassionema nitzschioides*、*Skeletonema costatum*	2.54×10^2
2012	8	DYB12	1.38×10^7	*Thalassionema nitzschioides*、*Skeletonema costatum*	0.29×10^2
2012	10	DYB1	7.09×10^4	*Coscinodiscus jonesianus*	0.16×10^2
2012	10	DYB2	6.81×10^4	*Thalassiothrix fraenfeldii*、*Dinophysis caudata*	0.20×10^2
2012	10	DYB3	3.02×10^4	*Coscinodiscus jonesianus*	0.47×10^2
2012	10	DYB4	2.13×10^5	*Coscinodiscus jonesianus*	0.20×10^2
2012	10	DYB5	3.57×10^5	*Thalassiosira subtilis*	0.82×10^2
2012	10	DYB6	1.53×10^5	*Coscinodiscus jonesianus*、*Thalassiosira subtilis*	0.37×10^2
2012	10	DYB7	6.40×10^4	*Dinophysis caudata*	0.11×10^2
2012	10	DYB8	1.46×10^5	*Dinophysis caudata*	9.39×10^{-1}
2012	10	DYB9	6.99×10^4	*Dinophysis caudata*	0.12×10^2
2012	10	DYB10	4.35×10^5	*Thalassiothrix fraenfeldii*	7.80×10^{-1}
2012	10	DYB11	5.67×10^5	*Thalassionema nitzschioides*	0.20×10^2
2012	10	DYB12	3.08×10^5	*Dinophysis caudata*	2.45×10^{-1}
2013	1	DYB1	4.24×10^4	*Coscinodiscus radiatus*、*C. gigas* var. *praetexta*	0.80×10^2
2013	1	DYB2	2.18×10^6	*Rhizosolenia styliformis*	0.17×10^2
2013	1	DYB3	9.33×10^3	*Thalassionema nitzschioides*	0.25×10^2
2013	1	DYB4	3.72×10^5	*Thalassionema nitzschioides*	0.20×10^2
2013	1	DYB5	1.91×10^5	*Hemidiscus hardmanian*	0.78×10^2
2013	1	DYB6	6.80×10^5	*Bellerochea horologicalis*	0.55×10^2
2013	1	DYB7	5.31×10^4	*Thalassionema nitzschioides*	0.20×10^2
2013	1	DYB8	8.96×10^5	*Chaetoceros psedocurvisefue*	0.12×10^2
2013	1	DYB9	6.47×10^5	*Thalassionema nitzschioides*	0.86×10^2
2013	1	DYB10	7.98×10^5	*Thalassionema nitzschioides*	0.15×10^2
2013	1	DYB11	7.37×10^5	*Thalassionema nitzschioides*	0.50×10^2
2013	1	DYB12	3.41×10^5	*Thalassionema nitzschioides*	9.06×10^{-1}
2013	4	DYB1	5.57×10^6	*Rhizosolenia alata f. gracillima*	0.30×10^2
2013	4	DYB2	2.82×10^6	*Rhizosolenia alata f. gracillima*	0.56×10^2
2013	4	DYB3	1.43×10^7	*Rhizosolenia alata f. gracillima*、*Thalassiosira nordenskioeldii*	0.28×10^2

（续）

年	月	观测站位	个体总数（ind./L）	浮游植物优势种	硅/甲藻比
2013	4	DYB4	1.60×10^{6}	*Ceratium fusus*	8.62×10^{-2}
2013	4	DYB5	2.71×10^{5}	*Ceratium fusus*	1.80×10^{-1}
2013	4	DYB6	1.84×10^{6}	*Noctiluca scintillans*	3.31×10^{-1}
2013	4	DYB7	9.84×10^{6}	*Rhizosolenia alata f. gracillima*	0.51×10^{2}
2013	4	DYB8	1.82×10^{7}	*Rhizosolenia alata f. gracillima*	0.17×10^{2}
2013	4	DYB9	1.33×10^{7}	*Rhizosolenia alata f. gracillima*	0.50×10^{2}
2013	4	DYB10	4.19×10^{6}	*Rhizosolenia alata f. gracillima*	0.16×10^{2}
2013	4	DYB11	6.60×10^{6}	*Ceratium fusus*、*Rhizosolenia alata f. gracillima*、	6.20×10^{-1}
2013	4	DYB12	8.85×10^{6}	*Rhizosolenia alata f. gracillima*	0.75×10^{2}
2013	8	DYB1	1.01×10^{5}	*Skeletonema costatum*	0.38×10^{2}
2013	8	DYB2	1.73×10^{5}	*Chaetoceros affinis*、*Thalassiothrix fraenfeldii*	0.25×10^{2}
2013	8	DYB3	5.88×10^{5}	*Chaetoceros affinis*	4.38
2013	8	DYB4	5.81×10^{5}	*Skeletonema costatum*	4.10
2013	8	DYB5	3.87×10^{5}	*Skeletonema costatum*	3.80
2013	8	DYB6	2.95×10^{5}	*Skeletonema costatum*	2.39
2013	8	DYB7	2.96×10^{5}	*Skeletonema costatum*	1.43
2013	8	DYB8	1.61×10^{7}	*Protoperidinium depressum*、*Skeletonema costatum*	7.49×10^{-1}
2013	8	DYB9	2.70×10^{5}	*Skeletonema costatum*	1.02
2013	8	DYB10	4.27×10^{6}	*Protoperidinium depressum*、*Skeletonema costatum*	1.52×10^{-1}
2013	8	DYB11	6.71×10^{6}	*Protoperidinium depressum*	5.53×10^{-2}
2013	8	DYB12	2.47×10^{6}	*Protoperidinium depressum*	2.02×10^{-1}
2013	10	DYB1	7.36×10^{6}	*Trichodesmium thiebaultii*、*Trichodesmium erythraeum*	0.68×10^{2}
2013	10	DYB2	6.73×10^{6}	*Trichodesmium thiebaultii*、*Trichodesmium erythraeum*	1.92×10^{2}
2013	10	DYB3	1.01×10^{8}	*Thalassiosira subtilis*	1.08×10^{2}
2013	10	DYB4	3.62×10^{7}	*Thalassiosira subtilis*	3.01×10^{2}
2013	10	DYB5	2.36×10^{7}	*Thalassiosira subtilis*、*Trichodesmium erythraeum*	2.02×10^{2}
2013	10	DYB6	1.51×10^{7}	*Trichodesmium thiebaultii*、*Thalassiosira subtilis*	0.33×10^{2}
2013	10	DYB7	5.34×10^{6}	*Trichodesmium thiebaultii*	0.56×10^{2}
2013	10	DYB8	3.69×10^{7}	*Trichodesmium thiebaultii*、*Thalassiosira subtilis*	1.08×10^{2}
2013	10	DYB9	5.21×10^{6}	*Trichodesmium thiebaultii*	0.28×10^{2}
2013	10	DYB10	7.99×10^{6}	*Trichodesmium thiebaultii*、*Thalassiosira subtilis*	0.36×10^{2}
2013	10	DYB11	3.26×10^{7}	*Skeletonema costatum*	1.47×10^{2}
2013	10	DYB12	8.53×10^{6}	*Trichodesmium thiebaultii*、*Trichodesmium erythraeum*	1.61×10^{2}
2014	1	DYB1	4.28×10^{6}	*Thalassionema nitzschioides*	8.76×10^{-3}
2014	1	DYB2	1.19×10^{7}	*Thalassionema nitzschioides*	2.07×10^{-1}
2014	1	DYB3	6.97×10^{6}	*Skeletonema costatum*	8.03×10^{-4}
2014	1	DYB4	2.09×10^{6}	*Thalassionema nitzschioides*	1.32×10^{-1}
2014	1	DYB5	5.17×10^{6}	*Ceratium fusus*	3.33×10^{-2}

（续）

年	月	观测站位	个体总数（ind./L）	浮游植物优势种	硅/甲藻比
2014	1	DYB6	3.43×10^{6}	*Bellerochea horologicalis*	1.99×10^{-1}
2014	1	DYB7	1.51×10^{6}	*Thalassionema nitzschioides*	2.38×10^{-2}
2014	1	DYB8	2.65×10^{6}	*Chaetoceros psedocurvisefue*	3.72×10^{-1}
2014	1	DYB9	1.76×10^{6}	*Thalassionema nitzschioides*	4.82×10^{-1}
2014	1	DYB10	2.70×10^{7}	*Thalassionema nitzschioides*	1.77×10^{-2}
2014	1	DYB11	1.96×10^{7}	*Trichodesmium thiebaultii*	3.08×10^{-2}
2014	1	DYB12	1.09×10^{7}	*Thalassionema nitzschioides*	5.37×10^{-1}
2014	4	DYB1	1.01×10^{7}	*Rhizosolenia alata f. gracillima*	9.54×10^{-1}
2014	4	DYB2	4.74×10^{7}	*Bellerochea horologicalis*	6.35×10^{-2}
2014	4	DYB3	1.06×10^{7}	*Rhizosolenia alata f. gracillima*、*Thalassiosira nordenskioeldii*	0.50×10^{2}
2014	4	DYB4	2.04×10^{6}	*Ceratium fusus*	1.53
2014	4	DYB5	8.50×10^{5}	*Thalassiosira subtilis*	5.06×10^{-2}
2014	4	DYB6	4.26×10^{6}	*Noctiluca scintillans*	1.05×10^{-1}
2014	4	DYB7	9.56×10^{6}	*Chaetoceros psedocurvisefue*	5.67
2014	4	DYB8	2.26×10^{7}	*Rhizosolenia alata f. gracillima*	2.95
2014	4	DYB9	2.83×10^{7}	*Skeletonema costatum*	6.26×10^{-1}
2014	4	DYB10	5.27×10^{6}	*Rhizosolenia alata f. gracillima*	9.12×10^{-1}
2014	4	DYB11	5.14×10^{7}	*Ceratium fusus*、*Rhizosolenia alata f. gracillima*	5.10×10^{-2}
2014	4	DYB12	2.02×10^{7}	*Rhizosolenia alata f. gracillima*	6.18×10^{-1}
2014	8	DYB1	1.73×10^{6}	*Chaetoceros constrictus*	7.78
2014	8	DYB2	9.50×10^{5}	*Chaetoceros pelagicus*	1.71×10^{1}
2014	8	DYB3	3.49×10^{6}	*Rhizosolenia alata f. gracillima*	3.77
2014	8	DYB4	3.33×10^{5}	*Rhizosolenia calcar－avis*	3.70
2014	8	DYB5	1.14×10^{6}	*Chaetoceros peruvianus*	6.46
2014	8	DYB6	9.34×10^{5}	*Rhizosolenia alata f. gracillima*	4.94
2014	8	DYB7	1.47×10^{6}	*Asterionella kariana*	0.10×10^{2}
2014	8	DYB8	2.15×10^{6}	*Asterionella kariana*	0.11×10^{2}
2014	8	DYB9	3.92×10^{6}	*Chaetoceros pelagicus*	0.20×10^{2}
2014	8	DYB10	1.05×10^{7}	*Chaetoceros teres*	0.13×10^{2}
2014	8	DYB11	3.20×10^{6}	*Chaetoceros pelagicus*	6.75
2014	8	DYB12	1.40×10^{6}	*Chaetoceros teres*	5.24×10^{-1}
2014	10	DYB1	6.23×10^{7}	*Coscinodiscus argus*	2.94
2014	10	DYB2	5.10×10^{7}	*Coscinodiscus argus*	4.22
2014	10	DYB3	3.10×10^{7}	*Coscinodiscus argus*	3.43
2014	10	DYB4	2.45×10^{7}	*Coscinodiscus argus*	5.07
2014	10	DYB5	1.45×10^{7}	*Coscinodiscus argus*	4.56
2014	10	DYB6	1.04×10^{7}	*Coscinodiscus argus*	1.68

(续)

年	月	观测站位	个体总数 (ind./L)	浮游植物优势种	硅/甲藻比
2014	10	DYB7	1.38×10^{7}	*Coscinodiscus argus*	8.82
2014	10	DYB8	5.95×10^{7}	*Noctiluca scintillans*	9.75×10^{-1}
2014	10	DYB9	6.38×10^{7}	*Coscinodiscus argus*	0.15×10^{2}
2014	10	DYB10	4.67×10^{7}	*Coscinodiscus argus*	0.14×10^{2}
2014	10	DYB11	8.47×10^{7}	*Coscinodiscus argus*	0.38×10^{2}
2014	10	DYB12	5.30×10^{7}	*Coscinodiscus argus*	8.06
2015	1	DYB1	1.25×10^{5}	*Coscinodiscus wailesii* Gran et Angst	0.18×10^{2}
2015	1	DYB2	8.93×10^{4}	*Coscinodiscus wailesii* Gran et Angst	6.85
2015	1	DYB3	1.23×10^{5}	*Coscinodiscus wailesii* Gran et Angst	0.12×10^{2}
2015	1	DYB4	5.11×10^{5}	*Rhizosolenia fragillissima* Bergon 1903	9.64×10^{-1}
2015	1	DYB5	7.05×10^{5}	*Ceratium furca*	2.52×10^{-1}
2015	1	DYB6	5.28×10^{5}	*Ceratium furca*	3.43×10^{-1}
2015	1	DYB7	1.18×10^{6}	*Ceratium furca*	2.38×10^{-1}
2015	1	DYB8	1.95×10^{6}	*Pseudo—nitzschia pungens*	2.74×10^{1}
2015	1	DYB9	7.11×10^{5}	*Coscinodiscus wailesii Gran et Angst*	7.10×10^{2}
2015	1	DYB10	3.15×10^{6}	*Coscinodiscus wailesii Gran et Angst*	4.74×10^{1}
2015	1	DYB11	6.87×10^{5}	*Thalassionema nitzschioides*	8.20
2015	1	DYB12	3.75×10^{5}	*Coscinodiscus wailesii Gran et Angst*	7.97
2015	4	DYB1	1.31×10^{6}	*Cceratium fusus*	2.73×10^{-1}
2015	4	DYB2	1.80×10^{6}	*Ceratium furca*	5.74×10^{-1}
2015	4	DYB3	1.51×10^{6}	*Chaetoceros affinis*	3.82×10^{-1}
2015	4	DYB4	2.73×10^{6}	*Chaetoceros affinis*	1.09×10^{-2}
2015	4	DYB5	1.29×10^{6}	*Chaetoceros affinis*	7.84×10^{-2}
2015	4	DYB6	1.25×10^{6}	*Ceratium furca*	1.18×10^{-1}
2015	4	DYB7	8.56×10^{5}	*Ceratium furca*	5.55×10^{-2}
2015	4	DYB8	8.14×10^{5}	*Rhizosolenia styliformis*	6.21×10^{-1}
2015	4	DYB9	9.80×10^{5}	*Ceratium furca*	7.86×10^{-1}
2015	4	DYB10	1.39×10^{6}	*Ceratium furca*	8.94×10^{-1}
2015	4	DYB11	1.47×10^{6}	*Ceratium furca*	6.42×10^{-1}
2015	4	DYB12	3.24×10^{5}	*Ceratium furca*	2.13×10^{-2}
2015	8	DYB1	1.15×10^{5}	*Coscinodiscus asteromphalus*	1.93×10^{1}
2015	8	DYB2	1.61×10^{5}	*Rhizosolenia styliformis*	5.09×10^{1}
2015	8	DYB3	2.79×10^{5}	*Coscinodiscus asteromphalus*	0.33×10^{2}
2015	8	DYB4	2.10×10^{5}	*Thalassionema nitzschioides*	0.33×10^{2}
2015	8	DYB5	2.07×10^{5}	*Skeletonema costatum*	2.36
2015	8	DYB6	2.42×10^{5}	*Skeletonema costatum*	4.52
2015	8	DYB7	8.01×10^{5}	*Skeletonema costatum*	0.86×10^{2}
2015	8	DYB8	9.52×10^{5}	*Skeletonema costatum*	2.67×10^{2}

（续）

年	月	观测站位	个体总数（ind./L）	浮游植物优势种	硅/甲藻比
2015	8	DYB9	9.56×10^5	*Skeletonema costatum*	0.88×10^2
2015	8	DYB10	4.68×10^5	*Coscinodiscus asteromphalus*	1.58×10^2
2015	8	DYB11	5.64×10^5	*Coscinodiscus asteromphalus*	0.32×10^2
2015	8	DYB12	2.76×10^6	*Skeletonema costatum*	7.18
2015	10	DYB1	3.19×10^5	*Pseudo—nitzschia pungens*	0.15×10^2
2015	10	DYB2	2.40×10^5	*Pseudo—nitzschia pungens*	0.20×10^2
2015	10	DYB3	1.28×10^6	*Chaetoceros pseudocurvisetus Mangin*	6.44
2015	10	DYB4	2.72×10^6	*Skeletonema costatum*	0.20×10^2
2015	10	DYB5	3.51×10^6	*Trichodesmium thiebaultii*	1.61×10^2
2015	10	DYB6	9.22×10^5	*Thalassionema nitzschioides*	0.34×10^2
2015	10	DYB7	2.00×10^5	*Skeletonema costatum*	0.78×10^2
2015	10	DYB8	1.37×10^6	*Pseudo—nitzschia pungens*	8.93
2015	10	DYB9	7.44×10^5	*Pseudo—nitzschia pungens*	1.17
2015	10	DYB10	3.94×10^5	*Pseudo—nitzschia pungens*	0.19×10^2
2015	10	DYB11	2.33×10^5	*Pseudo—nitzschia pungens*	0.34×10^2
2015	10	DYB12	2.76×10^6	*Pseudo—nitzschia pungens*	0.19×10^2
2016	1	DYB1	9.68×10^5	*Eucampia zodiacus Ehrenberg*	8.68
2016	1	DYB2	1.36×10^6	*Chaetoceros curvisetus*	1.00
2016	1	DYB3	9.39×10^6	*Eucampia zodiacus* Ehrenberg	0.11×10^2
2016	1	DYB4	2.82×10^6	*Thalassiosira subtilis*	4.36
2016	1	DYB5	7.99×10^5	*Eucampia zodiacus Ehrenberg*	2.48
2016	1	DYB6	1.75×10^6	*Thalassiosira subtilis*、*Ceratium farca*	9.14×10^{-1}
2016	1	DYB7	1.78×10^6	*Thalassiosira subtilis*、*Eucampia zodiacus Ehrenberg*	9.91
2016	1	DYB8	2.46×10^6	*Thalassiosira subtilis*、*Eucampia zodiacus Ehrenberg*	0.11×10^2
2016	1	DYB9	1.13×10^6	*Thalassiosira subtilis*、*Eucampia zodiacus Ehrenberg*	6.65
2016	1	DYB10	1.74×10^7	*Chaetoceros psedocurvisefue*	2.43×10^2
2016	1	DYB11	3.50×10^6	*Thalassiosira subtilis*	0.18×10^2
2016	1	DYB12	1.64×10^7	*Eucampia zodiacus Ehrenberg*	5.83
2016	4	DYB1	1.17×10^4	*Ceratium massiliense*	
2016	4	DYB2	1.01×10^5	*Noctiluca scintillans*	2.67×10^{-1}
2016	4	DYB3	2.36×10^5	*Ceratium fusus*	2.37×10^{-1}
2016	4	DYB4	2.61×10^4	*Ceratium breve* v. *parallelum*、*Oscillatoria* sp.	1.85×10^{-1}
2016	4	DYB5	9.45×10^4	*Noctiluca scintillans*、*Ceratium fusus*	
2016	4	DYB6	7.07×10^4	*Ceratium furca*	1.92×10^{-2}
2016	4	DYB7	6.70×10^4	*Noctiluca scintillans*	
2016	4	DYB8	6.00×10^4	*Eutreptia* sp.	2.00×10^{-1}
2016	4	DYB9	1.29×10^5	*Ceratium breve* v. *parallelum*	7.22×10^{-2}
2016	4	DYB10	1.39×10^6	*Ceratium breve* v. *parallelum*、*Ceratium furca*、*Eutreptia* sp.	5.00×10^{-2}

（续）

年	月	观测站位	个体总数（ind./L）	浮游植物优势种	硅/甲藻比
2016	4	DYB11	3.77×10^5	*Thalassiosira subtilis*	1.84
2016	4	DYB12	8.87×10^4	*Noctiluca scintillans*	6.06×10^{-2}
2016	8	DYB1	7.17×10^6	*Thalassionema nitzschioides*、*Rhizosolenia delicatula*	0.24×10^2
2016	8	DYB2	8.46×10^6	*Thalassionema nitzschioides*、*Rhizosolenia delicatula*	0.44×10^2
2016	8	DYB3	3.21×10^7	*Thalassionema nitzschioides*、*Skeletonema costatum*	0.10×10^2
2016	8	DYB4	3.88×10^7	*Skeletonema costatum*、*Thalassionema nitzschioides*	0.47×10^2
2016	8	DYB5	2.09×10^7	*Skeletonema costatum*、*Thalassionema nitzschioides*	0.56×10^2
2016	8	DYB6	6.08×10^6	*Skeletonema costatum*、*Thalassionema nitzschioides*	0.18×10^2
2016	8	DYB7	1.15×10^7	*Skeletonema costatum*、*Thalassionema nitzschioides*、*Rhizosolenia delicatula*	0.47×10^2
2016	8	DYB8	1.30×10^8	*Skeletonema costatum*、*Pseudo-nitzschia pungens*	0.85×10^2
2016	8	DYB9	7.24×10^6	*Skeletonema costatum*、*Thalassionema nitzschioides*	0.45×10^2
2016	8	DYB10	5.81×10^7	*Skeletonema costatum*、*Thalassionema nitzschioides*	5.06×10^1
2016	8	DYB11	7.26×10^7	*Skeletonema costatum*、*Thalassionema nitzschioides*	1.59×10^2
2016	8	DYB12	1.91×10^7	*Skeletonema costatum*、*Thalassionema nitzschioides*	9.42×10^{-1}
2016	10	DYB1	1.84×10^6	*Rhizosolenia delicatula*、*Stephanopyxis palmeriana*、*Chaetoceros densus*	3.89×10^1
2016	10	DYB2	1.88×10^6	*Rhizosolenia delicatula*、*Thalassiosira subtilis*、*Trichodesmium thiebaultii*	5.00×10^1
2016	10	DYB3	5.22×10^6	*Rhizosolenia delicatula*、*Pseudo—nitzschia pungens*	3.46×10^2
2016	10	DYB4	2.58×10^6	*Trichodesmium thiebaultii*、*Trichodesmium erythraeum*	0.27×10^2
2016	10	DYB5	1.96×10^6	*Thalassiosira subtilis*、*Trichodesmium thiebaultii*	0.37×10^2
2016	10	DYB6	1.43×10^6	*Thalassiosira subtilis*	0.43×10^2
2016	10	DYB7	1.68×10^6	*Trichodesmium thiebaultii*	0.19×10^2
2016	10	DYB8	2.76×10^6	*Thalassionema nitzschioides*	0.34×10^2
2016	10	DYB9	1.97×10^6	*Trichodesmium thiebaultii*	0.36×10^2
2016	10	DYB10	1.91×10^6	*Thalassiosira subtilis*	8.60
2016	10	DYB11	2.20×10^6	*Thalassiosira subtilis*、*Pseudo-nitzschia pungens*	0.83×10^2
2016	10	DYB12	1.37×10^6	*Rhizosolenia delicatula*、*Skeletonema costatum*	0.14×10^2
2017	1	DYB1	6.65×10^7	*Pseudo-nitzschia pungens*、*Thalassionema nitzschioides*、*Skeletonema costatum*	1.09×10^4
2017	1	DYB2	3.72×10^7	*Pseudo-nitzschia pungens*、*Skeletonema costatum*、*Thalassionema nitzschioides*	5.72×10^3
2017	1	DYB3	2.59×10^8	*Skeletonema costatum*、*Thalassionema nitzschioides*、*Pseudo-nitzschia pungens*、*Chaetoceros curvisetus*、*Thalassiothrix fraenfeldii*	4.11×10^2
2017	1	DYB4	8.79×10^7	*Thalassiosira subtilis*、*Skeletonema costatum*、*Pseudo-nitzschia pungens*、*Chaetoceros laciniosus*、*Thalassiothrix fraenfeldii*	1.44×10^3

（续）

年	月	观测站位	个体总数（ind./L）	浮游植物优势种	硅/甲藻比
2017	1	DYB5	5.42×10^{7}	*Chaetoceros curvisetus*、*Thalassiosira subtilis*、*Pseudo-nitzschia pungens*	6.73×10^{2}
2017	1	DYB6	3.92×10^{7}	*Chaetoceros curvisetus*、*Skeletonema costatum*、*Thalassionema nitzschioides*	5.58×10^{2}
2017	1	DYB7	2.21×10^{7}	*Thalassionema nitzschioides*	7.69×10^{2}
2017	1	DYB8	7.01×10^{7}	*Skeletonema costatum*、*Thalassionema nitzschioides*、*Chaetoceros curvisetus*	2.36×10^{3}
2017	1	DYB9	4.25×10^{7}	*Skeletonema costatum*、*Thalassionema nitzschioides*、*Chaetoceros curvisetus*	3.91×10^{2}
2017	1	DYB10	5.17×10^{7}	*Thalassiosira subtilis*、*Skeletonema costatum*、*Thalassionema nitzschioides*	2.97×10^{2}
2017	1	DYB11	6.19×10^{7}	*Thalassiosira subtilis*、*Skeletonema costatum*、*Thalassionema nitzschioides*	5.39×10^{2}
2017	1	DYB12	3.87×10^{7}	*Skeletonema costatum*、*Thalassionema nitzschioides*	3.53×10^{2}
2017	4	DYB1	1.36×10^{5}	*Thalassionema nitzschioides*、*Rhizosolenia alata f. gracillima*、Cos. *oculus-iridis*	2.02
2017	4	DYB2	8.48×10^{4}	*Thalassionema nitzschioides*	1.15
2017	4	DYB3	8.69×10^{5}	Cos. *oculus-iridis*、*Ceratium furca*	8.61×10^{-1}
2017	4	DYB4	1.85×10^{5}	Cos. *oculus-iridis*、*Gymnodinium brevis*	4.02×10^{-1}
2017	4	DYB5	4.91×10^{5}	Cos. *oculus-iridis*	1.22
2017	4	DYB6	3.56×10^{5}	Cos. *oculus-iridis*	1.34
2017	4	DYB7	2.00×10^{5}	Cos. *oculus-iridis*	9.28×10^{-1}
2017	4	DYB8	1.01×10^{6}	Cos. *oculus-iridis*、*Guinardia flaccida*、*Ceratium furca*	1.75
2017	4	DYB9	8.06×10^{5}	*Guinardia flaccida*、*Ceratium furca*、*Chaetoceros lorenzianus Grunow*	2.61
2017	4	DYB10	1.98×10^{6}	*Guinardia flaccida*、*Cos. oculus-iridis*、*Bacteriastrum mediterraneum Pavillard*、*Chaetoceros lorenzianus Grunow*	0.35×10^{2}
2017	4	DYB11	2.39×10^{6}	*Guinardia flaccida*、*Cos. oculus-iridis*	0.53×10^{2}
2017	4	DYB12	8.18×10^{5}	*Cos. oculus-iridis*	3.19
2017	8	DYB1	4.47×10^{4}	*Scrippsiella trochoidea*	
2017	8	DYB2	7.29×10^{5}	*Scrippsiella trochoidea*	3.74×10^{-2}
2017	8	DYB3	4.50×10^{6}	*Scrippsiella trochoidea*	
2017	8	DYB4	4.38×10^{6}	*Scrippsiella trochoidea*	
2017	8	DYB5	9.56×10^{5}	*Scrippsiella trochoidea*	
2017	8	DYB6	7.15×10^{4}	*Scrippsiella trochoidea*	3.62×10^{-2}
2017	8	DYB7	1.40×10^{5}	*Scrippsiella trochoidea*	
2017	8	DYB8	1.94×10^{5}	*Scrippsiella trochoidea*	4.92×10^{-1}
2017	8	DYB9	1.94×10^{5}	*Scrippsiella trochoidea*	4.92×10^{-1}

（续）

年	月	观测站位	个体总数（ind. /L）	浮游植物优势种	硅/甲藻比
2017	8	DYB10	4.29×10^4	*Scrippsiella trochoidea*	6.00×10^{-1}
2017	8	DYB11	6.76×10^4	*Scrippsiella trochoidea*	
2017	8	DYB12	2.13×10^5	*Scrippsiella trochoidea*	8.40×10^{-3}
2017	10	DYB1	1.18×10^6	*Thalassionema nitzschioides*、*Skeletonema costatum*、*Dinobryor* sp.	1.24×10^2
2017	10	DYB2	1.92×10^5	*C. jonesianus*、*Streptotheca tamesis*	4.70
2017	10	DYB3	1.02×10^7	*Thalassionema nitzschioides*、*Thalassiosira subtilis*	1.36×10^2
2017	10	DYB4	1.22×10^7	*Thalassionema nitzschioides*、*Thalassiosira subtilis*	4.66×10^2
2017	10	DYB5	1.75×10^6	*Thalassionema nitzschioides*	0.59×10^2
2017	10	DYB6	2.39×10^6	*Thalassionema nitzschioides*	0.43×10^2
2017	10	DYB7	4.91×10^4	*Chaetoceros lorenzianus Grunow*、*Cos. oculus—iridis*、*Thalassionema nitzschioides*	0.22×10^2
2017	10	DYB8	6.95×10^6	*Thalassionema nitzschioides*、*Thalassiosira subtilis*	2.14×10^2
2017	10	DYB9	4.40×10^5	*Thalassiosira subtilis*、*Chaetoceros curvisetus*	0.49×10^2
2017	10	DYB10	1.33×10^6	*Chaetoceros curvisetus*、*Thalassionema nitzschioides*	1.65×10^2
2017	10	DYB11	1.90×10^6	*Thalassionema nitzschioides*	0.81×10^2
2017	10	DYB12	2.36×10^5	*Thalassionema nitzschioides*	0.11×10^2

4.4.4 浮游动物

4.4.4.1 概述

本数据集为大亚湾站 2007—2017 年 12 个长期监测站位季度尺度的浮游动物观测数据，包括浮游动物个体数（ind. /m³）、浮游动物优势种。

4.4.4.2 数据采集和处理方法

按照《海洋调查规范》（GB 17378.7—2007），在每个调查站点用浅水Ⅰ型浮游生物网从底到表垂直拖网采集浮游动物，样品使用中性甲醛溶液固定（终浓度为 5%），供测定用。浮游动物样品浓缩后在 Olympus U - TV0.5XC - 3 体视显微镜下进行种类鉴定与个体计数。利用 Acculab ALC - 210.3 万分之一天平分析浮游动物各主要类群湿重生物量，并获得浮游动物总湿重生物量。

4.4.4.3 数据质量控制和评估

对历年上报数据进行整理和质量控制，对异常数据进行核实。质控方法包括：阈值检查、完整性检查、一致性检查等。

对原始的缺失数据或者异常数据进行插补，采用平均值法进行缺失值的插补。

4.4.4.4 数据价值/数据使用方法和建议

浮游动物是海洋初级生产向高营养级生物传递的关键环节，对浮游动物的长期监测有助于了解其群落结构演变规律，为预测渔业资源动态变化提供科学依据。

4.4.4.5 数据

具体数据见表 4 - 10。

表 4-10 2007—2017 年大亚湾浮游动物数据

年	月	观测站位	个体数 ind./m³	浮游动物优势种
2007	1	DYB01	28.20	*Canthocalanus pauper* *Euchaeta concinna*
2007	1	DYB02	44.10	*Temora turbinata* *Sagitta enflata* *Sagitta delicata*
2007	1	DYB03	237.50	*Canthocalanus pauper* *Temora turbinata* *Oikopleura rufescens*
2007	1	DYB04	401.00	*Canthocalanus pauper* *Oikopleura rufescens*
2007	1	DYB05	47.20	*Paracalanus parvus* *Oikopleura rufescens*
2007	1	DYB06	290.00	*Sagitta enflata* *Oikopleura rufescens* *Balanus larva*
2007	1	DYB07	97.90	*Canthocalanus pauper* *Temora turbinata*
2007	1	DYB08	312.20	*Balanus larva* *Phialidium malayeam* *Oikopleura rufescens*
2007	1	DYB09	199.40	*Sagitta enflata* *Paracalanus parvus*
2007	1	DYB10	391.90	*Oikopleura rufescens* *Paracalanus parvus*
2007	1	DYB11	228.60	*Paracalanus parvus* *Sagitta enflata*
2007	1	DYB12	238.30	*Sagitta enflata* *Oikopleura rufescens*
2007	4	DYB01	109.20	*Sagitta enflata* *Macrura larva*
2007	4	DYB02	44.50	*Sagitta enflata* *Brachyura larva* *Macrura larva*
2007	4	DYB03	690.00	*Sagitta enflata* *Penilia avirostris*
2007	4	DYB04	43.30	*Sagitta enflata* *Diphyes chamissonis*
2007	4	DYB05	69.10	*Sagitta enflata* *Diphyes chamissonis*

（续）

年	月	观测站位	个体数 ind. /m^3	浮游动物优势种
2007	4	DYB06	346.30	*Sagitta enflata* *Penilia avirostris* *Balanus larva*
2007	4	DYB07	7.90	*Lucifer intermedius* *Sagitta enflata*
2007	4	DYB08	130.00	*Pleurobrachia globosa* *Sagitta enflata*
2007	4	DYB09	200.00	*Sagitta enflata*
2007	4	DYB10	83.80	*Sagitta enflata* *Penilia avirostris* *Brachyura larva*
2007	4	DYB11	115.70	*Sagitta enflata* *Brachyura larva*
2007	4	DYB12	35.30	*Sagitta enflata* *Brachyura larva*
2007	8	DYB01	86.10	*Sagitta delicata* *Lucifer intermedius*
2007	8	DYB02	70.60	*Subeucalanus subcrassus*
2007	8	DYB03	27.50	*Sagitta delicata*
2007	8	DYB04	31.50	*Sagitta delicata* *Lucifer intermedius*
2007	8	DYB05	39.00	*Subeucalanus subcrassus* *Lucifer intermedius*
2007	8	DYB06	130.80	*Subeucalanus subcrassus* *Acartia erythraea* *Lucifer intermedius*
2007	8	DYB07	137.50	*Sagitta delicata* *Sagitta enflata* *Lucifer intermedius*
2007	8	DYB08	150.00	*Oikopleura fusiformis*
2007	8	DYB09	110.00	*Oikopleura fusiformis* *Sagitta enflata*
2007	8	DYB10	144.40	*Acartia erythraea* *Oikopleura fusiformis*
2007	8	DYB11	156.30	*Acartia erythraea* *Sagitta delicata*
2007	8	DYB12	118.00	*Lucifer intermedius* *Sagitta delicata*

（续）

年	月	观测站位	个体数 ind. /m³	浮游动物优势种
2007	10	DYB01	89.50	*Macrura larva* *Ophiopluteus larva*
2007	10	DYB02		
2007	10	DYB03	542.00	*Sagitta delicata* *Acartia erythraea*
2007	10	DYB04	1 400.00	*Lucifer larva* *Sagitta delicata* *Acartia erythraea*
2007	10	DYB05	390.90	*Acartia erythraea* *Penilia avirostris*
2007	10	DYB06	169.20	*Acartia erythraea* *macrura larva*
2007	10	DYB07	125.70	*Acartia erythraea* *macrura larva*
2007	10	DYB08	409.20	*Acartia erythraea* *Sagitta enflata*
2007	10	DYB09	225.00	*Acartia erythraea* *Sagitta enflata*
2007	10	DYB10	577.80	*Acartia erythraea* *Sagitta enflata* *Sagitta bedoti*
2007	10	DYB11	578.30	*Penilia avirostris*
2007	10	DYB12	10.00	*Acartia erythraea*
2008	1	DYB01	233.33	*Diphyes chamissonis* *Flaccisagitta enflata*
2008	1	DYB02	168.42	*Diphyes chamissonis* *Flaccisagitta enflata*
2008	1	DYB03	212.50	*Diphyes chamissonis* *Flaccisagitta enflata*
2008	1	DYB04	250.00	*Diphyes chamissonis* *Flaccisagitta enflata*
2008	1	DYB05	286.36	*Pseudevadne tergestina* *Diphyes chamissonis*
2008	1	DYB06	220.83	*Diphyes chamissonis* *Flaccisagitta enflata*
2008	1	DYB07	240.91	*Diphyes chamissonis* *Flaccisagitta enflata*
2008	1	DYB08	135.71	*Diphyes chamissonis* *Flaccisagitta enflata*

（续）

年	月	观测站位	个体数 ind./m³	浮游动物优势种
2008	1	DYB09	500.00	*Calanus sinicus* *Paracalanus parvus* *Diphyes chamissonis*
2008	1	DYB10	285.71	*Diphyes chamissonis* *Flaccisagitta enflata*
2008	1	DYB11	250.00	*Diphyes chamissonis* *Flaccisagitta enflata*
2008	1	DYB12	355.56	*Diphyes chamissonis* *Flaccisagitta enflata*
2008	4	DYB01	4 765.79	*Flaccisagitta enflata* *Penilia avirostris* *Lucifer larva*
2008	4	DYB02	1 952.81	*Flaccisagitta enflata* *Penilia avirostris*
2008	4	DYB03	25.00	*Brachyura larva* *Lucifer larva*
2008	4	DYB04	11 893.75	*Penilia avirostris*
2008	4	DYB05	8 920.00	*Penilia avirostris* *Lucifer larva*
2008	4	DYB06	5 595.45	*Penilia avirostris*
2008	4	DYB07	3 657.69	*Penilia avirostris* *Flaccisagitta enflata*
2008	4	DYB08	1 050.00	*Penilia avirostris*
2008	4	DYB09	14 616.67	*Penilia avirostris* *Lucifer larva*
2008	4	DYB10	16 283.33	*Penilia avirostris* *Lucifer larva*
2008	4	DYB11	2 181.25	*Penilia avirostris*
2008	4	DYB12	5 475.00	*Flaccisagitta enflata* *Penilia avirostris*
2008	8	DYB01	1 456.25	*Penilia avirostris* *Lucifer intermedius*
2008	8	DYB02	585.29	*Penilia avirostris* *Temora turbinata* *Lucifer intermedius*
2008	8	DYB03	1 409.09	*Penilia avirostris*
2008	8	DYB04	1 942.86	*Penilia avirostris*
2008	8	DYB05	1 790.91	*Penilia avirostris* *Temora turbinata*

（续）

年	月	观测站位	个体数 ind. /m³	浮游动物优势种
2008	8	DYB06	1 192. 00	*Doliolum denticulata* *Penilia avirostris* *Temora turbinata* *Lucifer intermedius*
2008	8	DYB07	2 150. 00	*Penilia avirostris* *Temora turbinata* *Lucifer intermedius*
2008	8	DYB08	88. 89	*Penilia avirostris*
2008	8	DYB09	1 255. 00	*Penilia avirostris*
2008	8	DYB10	1 527. 78	*Penilia avirostris*
2008	8	DYB11	2 206. 25	*Aidanosagitta neglecta* *Penilia avirostris*
2008	8	DYB12	933. 33	*Penilia avirostris*
2008	10	DYB01	410. 00	*Flaccisagitta enflata*
2008	10	DYB02	310. 71	*Temora turbinata* *Flaccisagitta enflata*
2008	10	DYB03	410. 00	*Acartia erythraeus* *Lucifer intermedius*
2008	10	DYB04	366. 67	*Fritillaria pellucida*
2008	10	DYB05	235. 29	*Flaccisagitta enflata*
2008	10	DYB06	645. 00	*Penilia avirostris* *Acartia erythraeus*
2008	10	DYB07	311. 54	*Penilia avirostris* *Aidanosagitta delicata*
2008	10	DYB08	990. 91	*Pleurobrachia globosa* *Penilia avirostris* *Acartia erythraeus*
2008	10	DYB09	825. 00	*Penilia avirostris* *Acartia erythraeus*
2008	10	DYB10	1 292. 86	*Penilia avirostris* *Acartia erythraeus*
2008	10	DYB11	457. 14	*Penilia avirostris* *Acartia erythraeus*
2008	10	DYB12	525. 00	*Penilia avirostris* *Acartia erythraeus*
2009	1	DYB01	4. 72	*Penilia avirostris*
2009	1	DYB02	8. 75	—
2009	1	DYB03	55. 00	*Acartia erythraeus*

（续）

年	月	观测站位	个体数 ind./m³	浮游动物优势种
2009	1	DYB04	72.50	*Centropages tenuiremis*
2009	1	DYB05	31.36	*Penilia avirostris*
2009	1	DYB06	63.33	*Centropages tenuiremis* *Euchaeta concinnus*
2009	1	DYB07	36.54	*Centropages tenuiremis* *Euchaeta concinnus*
2009	1	DYB08	126.25	*Acartia erythraeus* *Centropages tenuiremis*
2009	1	DYB09	44.55	*Centropages tenuiremis* *Euchaeta concinnus*
2009	1	DYB10	77.50	*Centropages tenuiremis*
2009	1	DYB11	116.67	*Centropages tenuiremis* *Euchaeta concinnus*
2009	1	DYB12	28.33	*Centropages tenuiremis* *Euchaeta concinnus*
2009	4	DYB01	836.67	*Penilia avirostris*
2009	4	DYB02	1 235.71	*Penilia avirostris* *Brachyura larva*
2009	4	DYB03	2 144.44	*Penilia avirostris* *Flaccisagitta enflata*
2009	4	DYB04	541.18	*Penilia avirostris* *Flaccisagitta enflata*
2009	4	DYB05	780.95	*Penilia avirostris* *Brachyura larva*
2009	4	DYB06	726.09	*Penilia avirostris* *Flaccisagitta enflata*
2009	4	DYB07	112.50	*Penilia avirostris* *Brachyura larva*
2009	4	DYB08	1 410.00	*Penilia avirostris* *Brachyura larva*
2009	4	DYB09	209.09	*Penilia avirostris*
2009	4	DYB10	887.50	*Penilia avirostris*
2009	4	DYB11	573.33	*Penilia avirostris*
2009	4	DYB12	408.70	*Penilia avirostris*
2009	8	DYB01	321.05	*Acartia erythraeus* *Lucifer intermedius*
2009	8	DYB02	500.00	*Penilia avirostris*
2009	8	DYB03	37.00	*Lucifer intermedius*

（续）

年	月	观测站位	个体数 ind./m³	浮游动物优势种
2009	8	DYB04	35.00	*Lucifer intermedius*
2009	8	DYB05	181.25	*Lucifer intermedius*
2009	8	DYB06	1 754.00	*Acartia erythraeus* *Paracalanus crassirostris*
2009	8	DYB07	322.22	*Penilia avirostris* *Acartia erythraeus* *Lucifer intermedius*
2009	8	DYB08	43.75	*Aidanosagitta delicata*
2009	8	DYB09	93.04	*Penilia avirostris* *Acartia erythraeus*
2009	8	DYB10	285.00	*Penilia avirostris* *Acartia erythraeus*
2009	8	DYB11	27.50	*Aidanosagitta delicata*
2009	8	DYB12	3 244.09	*Penilia avirostris* *Acartia erythraeus*
2009	10	DYB01	57.35	*Canthocalanus pauper* *Centropages furcatus* *Subeucalanus subcrasus* *Flaccisagitta enflata*
2009	10	DYB02	104.84	*Canthocalanus pauper* *Centropages furcatus* *Flaccisagitta enflata*
2009	10	DYB03	82.00	*Acartia erythraeus*
2009	10	DYB04	56.88	*Canthocalanus pauper*
2009	10	DYB05	50.91	*Canthocalanus pauper*
2009	10	DYB06	194.00	*Canthocalanus pauper* *Centropages furcatus* *Subeucalanus subcrasus* *Flaccisagitta enflata*
2009	10	DYB07	82.31	*Centropages furcatus* *Flaccisagitta enflata*
2009	10	DYB08	162.22	*Acartia erythraeus* *Canthocalanus pauper*
2009	10	DYB09	21.11	*Flaccisagitta enflata*
2009	10	DYB10	89.41	*Acartia erythraeus*
2009	10	DYB11	56.92	*Acartia erythraeus*
2009	10	DYB12	76.32	*Subeucalanus subcrasus* *Flaccisagitta enflata*

（续）

年	月	观测站位	个体数 ind. /m³	浮游动物优势种
2010	2	DYB01	3 443.75	*Paracalanus parvus* *Noctiluca scientillans*
2010	2	DYB02	14 511.11	*Noctiluca scientillans*
2010	2	DYB03	5 200.00	*Paracalanus parvus* *Noctiluca scientillans* *Pavocalanus crassirostris*
2010	2	DYB04	5 861.11	*Noctiluca scientillans*
2010	2	DYB05	28 195.00	*Noctiluca scientillans*
2010	2	DYB06	32 891.67	*Noctiluca scientillans*
2010	2	DYB07	7 004.17	*Noctiluca scientillans*
2010	2	DYB08	12 641.67	*Noctiluca scientillans*
2010	2	DYB09	28 066.67	*Paracalanus parvus* *Noctiluca scientillans*
2010	2	DYB10	57 233.33	*Noctiluca scientillans*
2010	2	DYB11	25 100.00	*Noctiluca scientillans*
2010	2	DYB12	13 212.50	*Paracalanus parvus* *Noctiluca scientillans*
2010	4	DYB01	589.29	*Paracalanus parvus* *Noctiluca scientillans*
2010	4	DYB02	1 046.43	*Paracalanus parvus*
2010	4	DYB03	16 570.00	*Paracalanus parvus* *Noctiluca scientillans*
2010	4	DYB04	7 461.11	*Paracalanus parvus* *Noctiluca scientillans*
2010	4	DYB05	1 850.00	*Paracalanus parvus* *Noctiluca scientillans*
2010	4	DYB06	5 316.67	*Paracalanus parvus* *Noctiluca scientillans*
2010	4	DYB07	1 045.83	*Paracalanus parvus*
2010	4	DYB08	1 441.67	*Paracalanus parvus*
2010	4	DYB09	5 294.44	*Paracalanus parvus*
2010	4	DYB10	17 725.00	*Paracalanus parvus* *Polychaeta larva*
2010	4	DYB11	2 800.00	*Paracalanus parvus*
2010	4	DYB12	9 125.00	*Paracalanus parvus*
2010	8	DYB01	1 555.88	*Temora turbinata* *Pavocalanus crassirostris* *Lucifer larva*

（续）

年	月	观测站位	个体数 ind./m³	浮游动物优势种
2010	8	DYB02	920.59	*Pseudevadne tergestina* *Pavocalanus crassirostris*
2010	8	DYB03	9 604.41	*Temora turbinata* *Pavocalanus crassirostris*
2010	8	DYB04	19 730.00	*Pavocalanus crassirostris* *Pseudevadne tergestina* *Penilia avirostris*
2010	8	DYB05	18 849.73	*Temora turbinata* *Pavocalanus crassirostris*
2010	8	DYB06	2 136.76	*Pavocalanus crassirostris*
2010	8	DYB07	434.62	*Pavocalanus crassirostris*
2010	8	DYB08	1 314.29	*Pavocalanus crassirostris*
2010	8	DYB09	6 765.00	*Pavocalanus crassirostris*
2010	8	DYB10	18 830.00	*Pavocalanus crassirostris*
2010	8	DYB11	22 450.00	*Pavocalanus crassirostris* *Pseudevadne tergestina*
2010	8	DYB12	2 360.00	*Pavocalanus crassirostris*
2010	11	DYB01	431.25	*Pavocalanus crassirostris* *Acartia erythraea*
2010	11	DYB02	1 602.94	*Pavocalanus crassirostris*
2010	11	DYB03	564.29	*Pavocalanus crassirostris*
2010	11	DYB04	1 866.67	*Pavocalanus crassirostris*
2010	11	DYB05	4 816.67	*Pavocalanus crassirostris*
2010	11	DYB06	945.83	*Pavocalanus crassirostris*
2010	11	DYB07	775.00	*Pavocalanus crassirostris*
2010	11	DYB08	1 192.86	*Pavocalanus crassirostris*
2010	11	DYB09	588.89	*Pavocalanus crassirostris*
2010	11	DYB10	760.00	*Pavocalanus crassirostris*
2010	11	DYB11	3 578.57	*Pavocalanus crassirostris*
2010	11	DYB12	1 300.00	*Pavocalanus crassirostris*
2011	1	DYB01	1 341.88	*Noctiluca scientillans*
2011	1	DYB02	2 376.88	*Noctiluca scientillans*
2011	1	DYB03	2 114.00	*Paracalanus parvus* *Noctiluca scientillans*
2011	1	DYB04	3 383.33	*Noctiluca scientillans*
2011	1	DYB05	1 781.00	*Noctiluca scientillans*
2011	1	DYB06	2 703.75	*Noctiluca scientillans* *Paracalanus parvus*

（续）

年	月	观测站位	个体数 ind. /m³	浮游动物优势种
2011	1	DYB07	1 897.08	*Noctiluca scientillans*
2011	1	DYB08	6 291.67	*Paracalanus parvus*
2011	1	DYB09	2 986.11	*Noctiluca scientillans*
2011	1	DYB10	3 455.83	*Noctiluca scientillans*
2011	1	DYB11	4 839.29	*Paracalanus parvus* *Noctiluca scientillans*
2011	1	DYB12	1 766.25	*Noctiluca scientillans* *Paracalanus parvus*
2011	4	DYB01	12.14	*Noctiluca scientillans*
2011	4	DYB02	70.71	*Noctiluca scientillans*
2011	4	DYB03	16 563.00	*Noctiluca scientillans*
2011	4	DYB04	1 328.57	*Noctiluca scientillans* *Paracalanus parvus*
2011	4	DYB05	1 096.00	*Noctiluca scientillans* *Paracalanus parvus*
2011	4	DYB06	2 137.08	*Noctiluca scientillans*
2011	4	DYB07	1 745.91	*Noctiluca scientillans*
2011	4	DYB08	24.17	*Paracalanus parvus*
2011	4	DYB09	636.11	*Noctiluca scientillans*
2011	4	DYB10	594.38	*Noctiluca scientillans*
2011	4	DYB11	1 575.00	*Noctiluca scientillans* *Paracalanus parvus*
2011	4	DYB12	395.63	*Noctiluca scientillans* *Paracalanus parvus*
2011	9	DYB01	164.71	*Flaccisagitta enflata*
2011	9	DYB02	8.13	*Doliolum denticulatum*
2011	9	DYB03	37.50	*Pavocalanus crassirostris*
2011	9	DYB04	47.86	*Pavocalanus crassirostris*
2011	9	DYB05	11.82	*Pavocalanus crassirostris*
2011	9	DYB06	25.00	*Pavocalanus crassirostris*
2011	9	DYB07	5.00	*Flaccisagitta enflata*
2011	9	DYB08	43.57	*Pavocalanus crassirostris*
2011	9	DYB09	27.50	*Flaccisagitta enflata*
2011	9	DYB10	17.86	*Pavocalanus crassirostris*
2011	9	DYB11	85.71	*Pavocalanus crassirostris*
2011	9	DYB12	51.25	*Oikopleura rufescens*
2011	11	DYB01	9.41	*Pavocalanus crassirostris*
2011	11	DYB02	21.67	*Pavocalanus crassirostris*

（续）

年	月	观测站位	个体数 ind./m³	浮游动物优势种
2011	11	DYB03	191.67	*Pavocalanus crassirostris*
2011	11	DYB04	142.14	*Pavocalanus crassirostris*
2011	11	DYB05	141.11	*Pavocalanus crassirostris*
2011	11	DYB06	133.81	*Pavocalanus crassirostris*
2011	11	DYB07	38.18	*Corycaeus affinis*
2011	11	DYB08	420.00	*Pavocalanus crassirostris*
2011	11	DYB09	226.84	*Pavocalanus crassirostris*
2011	11	DYB10	439.29	*Pavocalanus crassirostris*
2011	11	DYB11	1 156.25	*Pavocalanus crassirostris*
2011	11	DYB12	250.00	*Pavocalanus crassirostris*
2012	1	DYB01	1 341.88	*Noctiluca scientillans*
2012	1	DYB02	2 376.88	*Paracalanus parvus* *Noctiluca scientillans*
2012	1	DYB03	2 114.00	*Paracalanus parvus*
2012	1	DYB04	3 383.33	*Paracalanus parvus*
2012	1	DYB05	1 781.00	*Noctiluca scientillans* *Paracalanus parvus*
2012	1	DYB06	2 703.75	*Noctiluca scientillans*
2012	1	DYB07	1 897.08	*Noctiluca scientillans*
2012	1	DYB08	6 291.67	*Noctiluca scientillans*
2012	1	DYB09	2 986.11	*Noctiluca scientillans*
2012	1	DYB10	3 455.83	*Noctiluca scientillans*
2012	1	DYB11	4 839.29	*Noctiluca scientillans*
2012	1	DYB12	1 766.25	*Noctiluca scientillans*
2012	4	DYB01	12.14	*Noctiluca scientillans*
2012	4	DYB02	70.71	*Noctiluca scientillans*
2012	4	DYB03	16 563.00	*Noctiluca scientillans* *Paracalanus parvus*
2012	4	DYB04	1 328.57	*Noctiluca scientillans* *Paracalanus parvus*
2012	4	DYB05	1 096.00	*Noctiluca scientillans* *Paracalanus parvus*
2012	4	DYB06	2 137.08	*Noctiluca scientillans*
2012	4	DYB07	1 745.91	*Noctiluca scientillans*
2012	4	DYB08	24.17	*Noctiluca scientillans*
2012	4	DYB09	636.11	*Noctiluca scientillans*
2012	4	DYB10	594.38	*Noctiluca scientillans*
2012	4	DYB11	1 575.00	*Noctiluca scientillans* *Paracalanus parvus*

（续）

年	月	观测站位	个体数 ind. /m³	浮游动物优势种
2012	4	DYB12	395. 63	*Noctiluca scientillans* *Paracalanus parvus*
2012	7	DYB01	164. 71	*Noctiluca scientillans*
2012	7	DYB02	8. 13	*Noctiluca scientillans*
2012	7	DYB03	37. 50	*Noctiluca scientillans*
2012	7	DYB04	47. 86	*Paracalanus parvus*
2012	7	DYB05	11. 82	*Paracalanus parvus*
2012	7	DYB06	25. 00	*Paracalanus parvus*
2012	7	DYB07	5. 00	*Noctiluca scientillans*
2012	7	DYB08	43. 57	*Paracalanus parvus*
2012	7	DYB09	27. 50	*Paracalanus parvus*
2012	7	DYB10	17. 86	*Paracalanus parvus*
2012	7	DYB11	85. 71	*Paracalanus parvus*
2012	7	DYB12	51. 25	*Paracalanus parvus*
2012	11	DYB01	9. 41	*Pavocalanus crassirostris*
2012	11	DYB02	21. 67	*Pavocalanus crassirostris*
2012	11	DYB03	191. 67	*Pavocalanus crassirostris*
2012	11	DYB04	142. 14	*Pavocalanus crassirostris*
2012	11	DYB05	141. 11	*Pavocalanus crassirostris*
2012	11	DYB06	133. 81	*Pavocalanus crassirostris*
2012	11	DYB07	38. 18	*Pavocalanus crassirostris*
2012	11	DYB08	420. 00	*Pavocalanus crassirostris*
2012	11	DYB09	226. 84	*Pavocalanus crassirostris*
2012	11	DYB10	439. 29	*Pavocalanus crassirostris*
2012	11	DYB11	1 156. 25	*Pavocalanus crassirostris*
2012	11	DYB12	250. 00	*Pavocalanus crassirostris*
2013	1	DYB01	1 096. 18	*Noctiluca scientillans*
2013	1	DYB02	3 579. 06	*Noctiluca scientillans*
2013	1	DYB03	2 938. 33	*Noctiluca scientillans*
2013	1	DYB04	4 050. 00	*Noctiluca scientillans*
2013	1	DYB05	1 782. 27	*Noctiluca scientillans*
2013	1	DYB06	2 335. 00	*Noctiluca scientillans*
2013	1	DYB07	2 462. 86	*Noctiluca scientillans*
2013	1	DYB08	972. 50	*Noctiluca scientillans*
2013	1	DYB09	1 702. 50	*Noctiluca scientillans* *Pavocalanus crassirostris*
2013	1	DYB10	4 825. 71	*Paracalanus larvae*
2013	1	DYB11	1 292. 00	*Pavocalanus crassirostris*

（续）

年	月	观测站位	个体数 ind./m³	浮游动物优势种
2013	1	DYB12	1 044.38	*Pavocalanus crassirostris*
2013	4	DYB01	5 234.00	*Penilia avirostris* Dana
2013	4	DYB02	3 370.33	*Noctiluca scientillans*
2013	4	DYB03	41 360.00	*Noctiluca scientillans*
2013	4	DYB04	5 419.29	*Paracalanus parvus*
2013	4	DYB05	74 077.50	*Noctiluca scientillans*
2013	4	DYB06	78 596.36	*Noctiluca scientillans*
2013	4	DYB07	47 840.45	*Noctiluca scientillans*
2013	4	DYB08	8 572.67	*Pavocalanus crassirostris*
2013	4	DYB09	37 031.25	*Noctiluca scientillans* *Penilia avirostris* Dana
2013	4	DYB10	9 997.22	*Noctiluca scientillans*
2013	4	DYB11	7 515.38	*Pavocalanus crassirostris*
2013	4	DYB12	9 721.88	*Noctiluca scientillans*
2013	7	DYB01	1 936.47	*Pavocalanus crassirostris*
2013	7	DYB02	1 099.72	*Pavocalanus crassirostris* *Penilia avirostris* Dana
2013	7	DYB03	19 433.33	*Pavocalanus crassirostris*
2013	7	DYB04	10 610.63	*Pavocalanus crassirostris*
2013	7	DYB05	9 803.00	*Pavocalanus crassirostris*
2013	7	DYB06	5 967.08	*Pavocalanus crassirostris*
2013	7	DYB07	1 670.38	*Pavocalanus crassirostris*
2013	7	DYB08	16 383.89	*Pavocalanus crassirostris*
2013	7	DYB09	3 032.00	*Pavocalanus crassirostris*
2013	7	DYB10	17 988.82	*Pavocalanus crassirostris*
2013	7	DYB11	7 778.75	*Pavocalanus crassirostris*
2013	7	DYB12	7 361.11	*Pavocalanus crassirostris*
2013	10	DYB01	4 095.59	*Pavocalanus crassirostris*
2013	10	DYB02	19 453.87	*Pavocalanus crassirostris* *Penilia avirostris* Dana
2013	10	DYB03	17 808.89	*Oncaea clevei* Früchtl *Subeucalanus subcrassus*
2013	10	DYB04	5 170.00	*Corycaeus dahli* Tanaka
2013	10	DYB05	10 442.22	*Paracalanus aculeatus* Giesbrecht
2013	10	DYB06	6 652.38	*Paracalanus aculeatus* Giesbrecht
2013	10	DYB07	4 085.45	*Pavocalanus crassirostris*
2013	10	DYB08	30 501.43	*Pavocalanus crassirostris*
2013	10	DYB09	7 819.47	*Pavocalanus crassirostris*

（续）

年	月	观测站位	个体数 ind./m^3	浮游动物优势种
2013	10	DYB10	13 916.43	*Pavocalanus crassirostris*
2013	10	DYB11	12 425.00	*Pavocalanus crassirostris* *Oithona similis* Claus
2013	10	DYB12	11 405.79	*Pavocalanus crassirostris*
2014	1	DYB01	189.06	*Paracalanus aculeatus*
2014	1	DYB02	128.13	*Oithona brevicornis*
2014	1	DYB03	406.00	*Paracalanus aculeatus*
2014	1	DYB04	1 362.50	*Paracalanus aculeatus*
2014	1	DYB05	277.50	*Canthocalanus pauper*
2014	1	DYB06	221.67	*Corycaeus* dahli
2014	1	DYB07	237.50	*Microsetella norvegica*
2014	1	DYB08	320.00	*Corycaeus* dahli
2014	1	DYB09	600.00	*Paracalanus aculeatus*
2014	1	DYB10	667.50	*Oncaea media*
2014	1	DYB11	597.14	*Paracalanus aculeatus*
2014	1	DYB12	388.75	*Labidocera acuta*
2014	4	DYB01	1 371.43	*Penilia avirostris* Dana
2014	4	DYB02	576.43	*Oithona similis* Claus
2014	4	DYB03	1 400.00	*Pavocalanus crassirostris*
2014	4	DYB04	302.86	*Paracalanus parvus*
2014	4	DYB05	1 871.50	*Noctiluca scientillans*
2014	4	DYB06	525.42	*Pavocalanus crassirostris*
2014	4	DYB07	349.55	*Paracalanus parvus*
2014	4	DYB08	1 941.67	*Pavocalanus crassirostris*
2014	4	DYB09	4 725.00	*Paracalanus parvus*
2014	4	DYB10	5 200.00	*Noctiluca scientillans*
2014	4	DYB11	2 791.67	*Paracalanus parvus*
2014	4	DYB12	2 627.50	*Penilia avirostris* Dana
2014	7	DYB01	842.06	*Temora turbinata*
2014	7	DYB02	1 029.06	*Penilia avirostris* Dana
2014	7	DYB03	4 118.33	*Pavocalanus crassirostris*
2014	7	DYB04	10 137.14	*Pavocalanus crassirostris*
2014	7	DYB05	7 488.18	*Pavocalanus crassirostris*
2014	7	DYB06	4 775.00	*Pavocalanus crassirostris*
2014	7	DYB07	1 442.31	*Pavocalanus crassirostris*
2014	7	DYB08	9 053.57	*Evadne tergestina* Claus
2014	7	DYB09	2 358.00	*Pavocalanus crassirostris*
2014	7	DYB10	19 513.57	*Pavocalanus crassirostris*

（续）

年	月	观测站位	个体数 ind. /m³	浮游动物优势种
2014	7	DYB11	7 535.71	*Pavocalanus crassirostris*
2014	7	DYB12	6 751.88	*Penilia avirostris* Dana
2014	10	DYB01	3 095.00	*Noctiluca scientillans*
2014	10	DYB02	1 660.33	*Noctiluca scientillans*
2014	10	DYB03	3 323.33	*Pavocalanus crassirostris*
2014	10	DYB04	976.43	*Pavocalanus crassirostris*
2014	10	DYB05	476.67	*Pavocalanus crassirostris*
2014	10	DYB06	1 102.86	*Pavocalanus crassirostris*
2014	10	DYB07	491.82	*Pavocalanus crassirostris*
2014	10	DYB08	508.33	*Noctiluca scientillans*
2014	10	DYB09	2 291.05	*Pavocalanus crassirostris*
2014	10	DYB10	6 810.00	*Noctiluca scientillans*
2014	10	DYB11	1 685.63	*Pavocalanus crassirostris*
2014	10	DYB12	4 331.88	*Noctiluca scientillans*
2015	1	DYB01	6.56	*Oithona brevicornis*
2015	1	DYB02	5.91	*Pavocalanus crassirostris*
2015	1	DYB03	4.51	*Corycaeus dahli*
2015	1	DYB04	9.57	*Paracalanus parvus*
2015	1	DYB05	7.16	*Canthocalanus pauper*
2015	1	DYB06	2.15	*Pavocalanus crassirostris*
2015	1	DYB07	6.77	*Paracalanus aculeatus*
2015	1	DYB08	47.72	*Corycaeus dahli*
2015	1	DYB09	11.05	*Pavocalanus crassirostris*
2015	1	DYB10	27.62	*Paracalanus aculeatus*
2015	1	DYB11	7.86	*Microsetella norvegica*
2015	1	DYB12	5.65	*Labidocera acuta*
2015	4	DYB01	5.70	*Pavocalanus crassirostris*
2015	4	DYB02	24.26	*Pavocalanus crassirostris*
2015	4	DYB03	5.76	*Penilia avirostris* Dana
2015	4	DYB04	3.22	*Paracalanus larvae*
2015	4	DYB05	11.49	*Penilia avirostris*Dana
2015	4	DYB06	11.85	*Pavocalanus crassirostris*
2015	4	DYB07	14.65	*Euterpina acutifrons* (Dana)
2015	4	DYB08	11.35	*Oithona similis* Claus
2015	4	DYB09	9.94	*Pavocalanus crassirostris*
2015	4	DYB10	11.60	*Penilia avirostris* Dana
2015	4	DYB11	0.71	*Corycaeus speciosus* Dana
2015	4	DYB12	3.45	*Penilia avirostris* Dana

（续）

年	月	观测站位	个体数 ind./m^3	浮游动物优势种
2015	7	DYB01	18.60	*Penilia avirostris* Dana
2015	7	DYB02	12.29	*Pavocalanus crassirostris*
2015	7	DYB03	6.34	*Paracalanus larvae*
2015	7	DYB04	1.96	*Pavocalanus crassirostris*
2015	7	DYB05	6.32	*Pavocalanus crassirostris*
2015	7	DYB06	4.42	*Pavocalanus crassirostris*
2015	7	DYB07	59.89	*Pavocalanus crassirostris*
2015	7	DYB08	5.92	*Penilia avirostris* Dana
2015	7	DYB09	11.49	*Evadne tergestina* Claus
2015	7	DYB10	11.85	*Pavocalanus crassirostris*
2015	7	DYB11	14.65	*Pavocalanus crassirostris*
2015	7	DYB12	11.35	*Pavocalanus crassirostris*
2015	10	DYB01	9.94	*Pavocalanus crassirostris*
2015	10	DYB02	11.60	*Oncaea clevei* Früchtl
2015	10	DYB03	0.71	*Acartia erythraea*
2015	10	DYB04	3.45	*Oithona* sp.
2015	10	DYB05	18.60	*Oithona larvae*
2015	10	DYB06	12.29	*Pavocalanus crassirostris*
2015	10	DYB07	6.34	*Acrocalanus gibber* Giesbrecht
2015	10	DYB08	1.96	*Pavocalanus crassirostris*
2015	10	DYB09	6.32	*Pavocalanus crassirostris*
2015	10	DYB10	4.42	*Pavocalanus crassirostris*
2015	10	DYB11	59.89	*Pavocalanus crassirostris*
2015	10	DYB12	5.92	*Paracalanus larvae*
2016	1	DYB01	2.11	*Sagitta enflata*
2016	1	DYB02	2.27	*Penilia avirostris* Dana
2016	1	DYB03	1.85	*Penilia avirostris* Dana
2016	1	DYB04	1.27	*Penilia avirostris* Dana
2016	1	DYB05	1.49	*Penilia avirostris* Dana
2016	1	DYB06	1.01	*Penilia avirostris* Dana
2016	1	DYB07	2.68	*Penilia avirostris* Dana
2016	1	DYB08	1.36	*Penilia avirostris* Dana
2016	1	DYB09	0.82	*Penilia avirostris* Dana
2016	1	DYB10	0.65	*Penilia avirostris* Dana
2016	1	DYB11	0.50	*Penilia avirostris* Dana
2016	1	DYB12	0.67	*Penilia avirostris* Dana
2016	4	DYB01	2.54	*Noctiluca scientillans*
2016	4	DYB02	2.76	*Noctiluca scientillans*

（续）

年	月	观测站位	个体数 ind./m³	浮游动物优势种
2016	4	DYB03	7.64	*Noctiluca scientillans*
2016	4	DYB04	3.27	*Noctiluca scientillans*
2016	4	DYB05	1.49	*Noctiluca scientillans*
2016	4	DYB06	2.51	*Noctiluca scientillans*
2016	4	DYB07	2.93	*Noctiluca scientillans*
2016	4	DYB08	1.50	*Noctiluca scientillans*
2016	4	DYB09	3.80	*Noctiluca scientillans*
2016	4	DYB10	1.76	*Noctiluca scientillans*
2016	4	DYB11	5.85	*Noctiluca scientillans*
2016	4	DYB12	6.89	*Noctiluca scientillans*
2016	8	DYB01	0.22	*Penilia avirostris* Dana
2016	8	DYB02	0.20	*Canthocalanus pauper*
2016	8	DYB03	0.49	*Paracalanus larvae*
2016	8	DYB04	0.56	*Subeucalanus subcrass*
2016	8	DYB05	0.98	*Penilia avirostris* Dana
2016	8	DYB06	0.51	*Subeucalanus subcrass*
2016	8	DYB07	0.68	*Subeucalanus subcrass*
2016	8	DYB08	0.36	*Penilia avirostris* Dana
2016	8	DYB09	1.37	*Evadne tergestina* Claus
2016	8	DYB10	0.38	*Paracalanus aculeatus*
2016	8	DYB11	0.49	*Pavocalanus crassirostris*
2016	8	DYB12	0.76	*Subeucalanus subcrass*
2016	10	DYB01	1.74	*Pavocalanus crassirostris*
2016	10	DYB02	2.29	*Subeucalanus subcrassus*
2016	10	DYB03	1.54	*Acartia erythraea*
2016	10	DYB04	2.03	*Centropages orsinii*
2016	10	DYB05	2.26	*Acrocalanus gibber*
2016	10	DYB06	2.71	*Pavocalanus crassirostris*
2016	10	DYB07	1.47	*Acrocalanus gibber* Giesbrecht
2016	10	DYB08	1.70	*Pavocalanus crassirostris*
2016	10	DYB09	2.06	*Penilia avirostris* Dana
2016	10	DYB10	1.03	*Pavocalanus crassirostris*
2016	10	DYB11	2.34	*Pavocalanus crassirostris*
2016	10	DYB12	2.14	*Paracalanus larvae*
2017	1	DYB01	3 628.00	*Penilia avirostris* Dana
2017	1	DYB02	622.00	*Penilia avirostris* Dana
2017	1	DYB03	1 159.00	*Penilia avirostris* Dana
2017	1	DYB04	2 212.00	*Penilia avirostris* Dana

（续）

年	月	观测站位	个体数 ind. /m³	浮游动物优势种
2017	1	DYB05	4 345.00	*Penilia avirostris* Dana
2017	1	DYB06	647.00	*Penilia avirostris* Dana
2017	1	DYB07	1 475.00	*Penilia avirostris* Dana
2017	1	DYB08	4 863.00	*Penilia avirostris* Dana
2017	1	DYB09	1 820.00	*Penilia avirostris* Dana
2017	1	DYB10	2 738.00	*Penilia avirostris* Dana
2017	1	DYB11	8 634.00	*Penilia avirostris* Dana
2017	1	DYB12	1 979.00	*Penilia avirostris* Dana
2017	4	DYB01	1 020.00	*Noctiluca scintillans*
2017	4	DYB02	2 490.00	*Noctiluca scintillans*
2017	4	DYB03	2 993.00	*Noctiluca scintillans*
2017	4	DYB04	1 269.00	*Noctiluca scintillans*
2017	4	DYB05	1 023.00	*Noctiluca scintillans*
2017	4	DYB06	1 106.00	*Noctiluca scintillans*
2017	4	DYB07	1 432.00	*Noctiluca scintillans*
2017	4	DYB08	600.00	*Noctiluca scintillans*
2017	4	DYB09	387.00	*Paracalanus parvus*
2017	4	DYB10	800.00	*Noctiluca scintillans*
2017	4	DYB11	1 510.00	*Paracalanus parvus*
2017	4	DYB12	1 060.00	*Noctiluca scintillans*
2017	8	DYB01	859.00	*Penilia avirostris* Dana
2017	8	DYB02	1 938.00	*Penilia avirostris* Dana
2017	8	DYB03	641.00	*Penilia avirostris* Dana
2017	8	DYB04	756.00	*Penilia avirostris* Dana
2017	8	DYB05	528.00	*Penilia avirostris* Dana
2017	8	DYB06	822.00	*Penilia avirostris* Dana
2017	8	DYB07	1 838.00	*Penilia avirostris* Dana
2017	8	DYB08	2 621.00	*Penilia avirostris* Dana
2017	8	DYB09	2 145.00	*Penilia avirostris* Dana
2017	8	DYB10	3 624.00	*Penilia avirostris* Dana
2017	8	DYB11	3 199.00	*Penilia avirostris* Dana
2017	8	DYB12	1 475.00	*Penilia avirostris* Dana
2017	10	DYB01	2 280.00	*Penilia avirostris* Dana
2017	10	DYB02	2 540.00	*Penilia avirostris* Dana
2017	10	DYB03	1 930.00	*Penilia avirostris* Dana
2017	10	DYB04	1 310.00	*Penilia avirostris* Dana
2017	10	DYB05	1 520.00	*Penilia avirostris* Dana
2017	10	DYB06	1 700.00	*Penilia avirostris* Dana

（续）

年	月	观测站位	个体数 ind. /m³	浮游动物优势种
2017	10	DYB07	1 800.00	*Oithona brevicornis* Giesbrecht
2017	10	DYB08	1 060.00	*Penilia avirostris* Dana
2017	10	DYB09	2 720.00	*Penilia avirostris* Dana
2017	10	DYB10	1 380.00	*Penilia avirostris* Dana
2017	10	DYB11	1 050.00	*Oithona brevicornis* Giesbrecht
2017	10	DYB12	830.00	*Penilia avirostris* Dana

4.4.5 底栖生物

4.4.5.1 概述

本数据集为大亚湾站 2007—2017 年 12 个长期监测站位季度尺度的底栖生物群落组成测定数据，包括底栖动物生物量（g/m²）、底栖动物栖息密度（ind. /m²）和底栖生物种数。

4.4.5.2 数据采集和处理方法

按照 CERN 观测规范，在每个调查站点用采泥器抓取 3 斗沉积物，置于干净的不锈钢大盆中混合均匀，将混合后的沉积物置于套筛中，用海水冲洗，取截留于套筛上的底栖生物样品，使用中性甲醛溶液固定（终浓度为 5%～7%），供测定用。

按照《海洋调查规范》（GB/T 12763.8—2007），在 Olympus U－TV0.5XC－3 体视显微镜下进行种类鉴定与个体计数。利用 Acculab ALC－210.3 万分之一天平分析底栖动物各主要类群湿重生物量，并获得底栖动物总湿重生物量。

4.4.5.3 数据质量控制和评估

对历年上报数据进行整理和质量控制，对异常数据进行核实。质控方法包括：阈值检查、完整性检查、一致性检查等。

对原始的缺失数据或者异常数据进行插补，采用平均值法进行缺失值的插补，插补数据以下划线标记。

4.4.5.4 数据价值/数据使用方法和建议

底栖生物是海洋底层生态系统中的主要的消费者，具有重要的生态功能，对底栖生物的长期监测有助于了解其群落结构演变规律，也可以反映海湾沉积生态环境的长期演变特征。

4.4.5.5 数据

具体数据见表 4－11。

表 4－11　2007—2017 年大亚湾底栖生物数据

年	月	观测站位	生物量/（g/m²）	密度/（ind. /m²）	种数
2007	1	DYB01	7.60	220.00	8
2007	1	DYB02	0.55	40.00	6
2007	1	DYB03	99.50	1 095.00	8
2007	1	DYB04	49.45	980.00	8
2007	1	DYB05	89.95	1 210.00	7
2007	1	DYB06	37.60	1 170.00	4
2007	1	DYB07	0.00	0.00	0

（续）

年	月	观测站位	生物量/（g/m²）	密度/（ind./m²）	种数
2007	1	DYB08	382.40	680.00	10
2007	1	DYB09	0.00	0	0
2007	1	DYB10	0.00	0	0
2007	1	DYB11	201.65	1 170.00	8
2007	1	DYB12	6.90	55.00	7
2007	4	DYB01	15.30	110.00	11
2007	4	DYB02	31.55	55.00	8
2007	4	DYB03	16.70	60.00	9
2007	4	DYB04	75.05	75.00	12
2007	4	DYB05	120.35	685.00	4
2007	4	DYB06	121.30	645.00	9
2007	4	DYB07	2.45	65.00	8
2007	4	DYB08	38.25	180.00	5
2007	4	DYB09	121.05	85.02	9
2007	4	DYB10	432.10	725.00	6
2007	4	DYB11	472.70	109.47	10
2007	4	DYB12	0.00	0.00	9
2007	8	DYB01	2.25	75.00	8
2007	8	DYB02	1.35	35.00	0
2007	8	DYB03	15.95	30.00	6
2007	8	DYB04	12.15	130.00	12
2007	8	DYB05	69.15	95.00	10
2007	8	DYB06	3.30	40.00	6
2007	8	DYB07	1.30	230.00	6
2007	8	DYB08	10.90	10.00	2
2007	8	DYB09	4.00	670.00	6
2007	8	DYB10	41.30	2 790.00	7
2007	8	DYB11	3.05	50.00	4
2007	8	DYB12	49.45	55.00	7
2007	10	DYB01	0.25	15.00	3
2007	10	DYB02	17.05	50.00	8
2007	10	DYB03	10.75	35.00	6
2007	10	DYB04	1 226.65	1 330.00	6
2007	10	DYB05	57.45	215.00	11
2007	10	DYB06	20.20	28.65	9
2007	10	DYB07	0.85	45.00	6
2007	10	DYB08	0.25	25.00	3
2007	10	DYB09	38.50	1 200.00	6

（续）

年	月	观测站位	生物量/（g/m²）	密度/（ind./m²）	种数
2007	10	DYB10	60.25	890.00	4
2007	10	DYB11	1.45	315.00	3
2007	10	DYB12	34.55	2 120.00	5
2008	1	DYB01	11.70	220.00	17
2008	1	DYB02	437.95	2 515.00	11
2008	1	DYB03	6.55	75.00	8
2008	1	DYB04	1.70	65.00	9
2008	1	DYB05	156.30	800.00	11
2008	1	DYB06	165.85	1 170.00	11
2008	1	DYB07	35.40	540.00	14
2008	1	DYB08	69.20	765.00	5
2008	1	DYB09	13.10	80.00	12
2008	1	DYB10	13.30	85.00	7
2008	1	DYB11	126.77	930.00	8
2008	1	DYB12	9.70	70.00	12
2008	4	DYB01	8.60	65.00	12
2008	4	DYB02	7.60	70.00	14
2008	4	DYB03	7.35	130.00	26
2008	4	DYB04	181.05	1 415.00	19
2008	4	DYB05	247.55	1 225.00	23
2008	4	DYB06	86.90	100.00	10
2008	4	DYB07	452.45	2 600.00	16
2008	4	DYB08	714.35	4 410.00	16
2008	4	DYB09	4.85	125.00	19
2008	4	DYB10	16.35	130.00	21
2008	4	DYB11	330.90	195.00	22
2008	4	DYB12	25.40	75.00	15
2008	8	DYB01	5.40	155.00	25
2008	8	DYB02	18.65	210.00	32
2008	8	DYB03	9.85	120.00	16
2008	8	DYB04	19.30	140.00	18
2008	8	DYB05	84.65	100.00	17
2008	8	DYB06	50.80	75.00	11
2008	8	DYB07	38.60	100.00	17
2008	8	DYB08	19.90	45.00	9
2008	8	DYB09	5.25	95.00	16
2008	8	DYB10	11.00	90.00	13
2008	8	DYB11	195.10	75.00	12

（续）

年	月	观测站位	生物量/（g/m²）	密度/（ind./m²）	种数
2008	8	DYB12	77.20	95.00	18
2008	10	DYB01	0.20	15.00	3
2008	10	DYB02	137.52	2 110.00	15
2008	10	DYB03	14.89	35.00	6
2008	10	DYB04	124.04	1 335.00	6
2008	10	DYB05	59.10	197.00	11
2008	10	DYB06	20.15	215.00	9
2008	10	DYB07	57.30	675.00	9
2008	10	DYB08	56.55	825.00	9
2008	10	DYB09	1.95	215.00	9
2008	10	DYB10	1.50	60.00	6
2008	10	DYB11	140.60	1 705.00	10
2008	10	DYB12	2.48	45.00	8
2009	1	DYB01	8.80	190.00	25
2009	1	DYB02	10.10	325.00	31
2009	1	DYB03	3.00	145.00	15
2009	1	DYB04	22.10	510.00	17
2009	1	DYB05	47.90	900.00	49
2009	1	DYB06	5.20	320.00	9
2009	1	DYB07	4.15	410.00	27
2009	1	DYB08	460.00	620.00	26
2009	1	DYB09	1.75	200.00	15
2009	1	DYB10	1.70	95.00	10
2009	1	DYB11	33.40	455.00	8
2009	1	DYB12	89.50	740.00	23
2009	4	DYB01	261.20	135.00	17
2009	4	DYB02	25.95	185.00	29
2009	4	DYB03	165.85	690.00	10
2009	4	DYB04	21.80	200.00	20
2009	4	DYB05	91.05	165.00	19
2009	4	DYB06	167.80	1 390.00	8
2009	4	DYB07	8.10	240.00	24
2009	4	DYB08	103.00	415.00	21
2009	4	DYB09	4.55	155.00	16
2009	4	DYB10	131.15	705.00	18
2009	4	DYB11	122.87	815.00	8
2009	4	DYB12	19.25	145.00	22
2009	8	DYB01	78.00	94.00	20

（续）

年	月	观测站位	生物量/（g/m²）	密度/（ind./m²）	种数
2009	8	DYB02	51.86	2 524.00	31
2009	8	DYB03	10.70	108.00	24
2009	8	DYB04	9.32	2 594.00	44
2009	8	DYB05	12.66	918.00	30
2009	8	DYB06	5.02	53.00	12
2009	8	DYB07	0.68	46.00	14
2009	8	DYB08	0.40	56.00	8
2009	8	DYB09	4.90	84.00	18
2009	8	DYB10	61.56	96.00	17
2009	8	DYB11	2.78	194.00	10
2009	8	DYB12	12.70	108.00	18
2009	10	DYB01	86.45	1 290.00	34
2009	10	DYB02	113.40	845.00	18
2009	10	DYB03	233.95	1 625.00	15
2009	10	DYB04	37.80	715.00	29
2009	10	DYB05	10.65	725.00	14
2009	10	DYB06	10.30	155.00	15
2009	10	DYB07	66.05	360.00	17
2009	10	DYB08	9.55	60.00	11
2009	10	DYB09	109.05	600.00	15
2009	10	DYB10	12.10	270.00	18
2009	10	DYB11	88.73	1 620.00	14
2009	10	DYB12	3.25	155.00	8
2010	2	DYB01	54.01	250.05	7
2010	2	DYB02	20.34	133.36	7
2010	2	DYB03	45.67	133.36	4
2010	2	DYB04	86.53	216.71	9
2010	2	DYB05	103.02	201.71	5
2010	2	DYB06	182.37	416.75	8
2010	2	DYB07	150.03	33.34	5
2010	2	DYB08	160.59	400.08	8
2010	2	DYB09	107.52	616.79	5
2010	2	DYB10	2 100.42	584.28	6
2010	2	DYB11	700.81	3 417.35	6
2010	2	DYB12	195.38	766.82	2
2010	4	DYB01	99.17	200.04	7
2010	4	DYB02	318.27	210.04	7
2010	4	DYB03	29.67	100.02	6

（续）

年	月	观测站位	生物量/（g/m²）	密度/（ind./m²）	种数
2010	4	DYB04	28.84	100.02	4
2010	4	DYB05	169.70	500.10	8
2010	4	DYB06	28.84	216.71	4
2010	4	DYB07	28.83	100.02	4
2010	4	DYB08	298.70	316.73	8
2010	4	DYB09	151.69	466.76	8
2010	4	DYB10	335.07	1 033.54	5
2010	4	DYB11	402.75	1 933.72	6
2010	4	DYB12	27.50	133.36	2
2010	8	DYB01	177.55	166.70	8
2010	8	DYB02	585.25	216.68	6
2010	8	DYB03	116.64	133.36	7
2010	8	DYB04	48.18	116.69	4
2010	8	DYB05	138.94	200.01	6
2010	8	DYB06	1 168.07	366.74	6
2010	8	DYB07	262.99	433.42	9
2010	8	DYB08	205.30	183.37	6
2010	8	DYB09	141.52	266.69	6
2010	8	DYB10	79.80	283.39	6
2010	8	DYB11	538.65	416.72	5
2010	8	DYB12	259.05	33.34	2
2010	11	DYB01	50.18	183.37	8
2010	11	DYB02	87.18	177.70	8
2010	11	DYB03	28.18	166.68	5
2010	11	DYB04	33.67	266.72	7
2010	11	DYB05	18.51	233.38	4
2010	11	DYB06	6.00	150.21	3
2010	11	DYB07	48.67	216.71	10
2010	11	DYB08	103.52	283.39	6
2010	11	DYB09	17.16	116.69	4
2010	11	DYB10	222.54	283.39	7
2010	11	DYB11	1 155.23	550.11	8
2010	11	DYB12	17.01	216.71	8
2011	1	DYB01	19.67	141.61	3
2011	1	DYB02	20.34	108.29	2
2011	1	DYB03	45.67	91.63	4

（续）

年	月	观测站位	生物量/（g/m²）	密度/（ind./m²）	种数
2011	1	DYB04	86.53	124.95	6
2011	1	DYB05	144.21	133.28	5
2011	1	DYB06	4.50	16.67	1
2011	1	DYB07	20.86	49.98	4
2011	1	DYB08	97.60	33.33	3
2011	1	DYB09	57.06	33.32	4
2011	1	DYB10	121.54	266.56	4
2011	1	DYB11	94.88	49.98	3
2011	1	DYB12	166.10	91.63	6
2011	4	DYB01	8.33	58.31	6
2011	4	DYB02	16.83	49.98	5
2011	4	DYB03	219.08	33.32	3
2011	4	DYB04	5.92	58.31	4
2011	4	DYB05	12.50	74.97	3
2011	4	DYB06	53.73	233.24	4
2011	4	DYB07	96.21	58.31	4
2011	4	DYB08	64.47	16.66	2
2011	4	DYB09	11.92	66.64	6
2011	4	DYB10	31.49	116.62	6
2011	4	DYB11	15.66	91.63	4
2011	4	DYB12	6.51	49.98	4
2011	9	DYB01	66.64	5.42	2
2011	9	DYB02	5.17	41.65	4
2011	9	DYB03	0.00	0.00	0
2011	9	DYB04	0.00	0.00	0
2011	9	DYB05	5.42	33.32	3
2011	9	DYB06	33.90	83.30	5
2011	9	DYB07	105.45	33.32	3
2011	9	DYB08	57.56	47.65	3
2011	9	DYB09	10.33	58.31	3
2011	9	DYB10	69.06	66.64	4
2011	9	DYB11	93.13	33.32	3
2011	9	DYB12	58.14	41.65	3
2011	11	DYB01	43.67	91.63	4
2011	11	DYB02	5.08	33.32	2
2011	11	DYB03	53.47	41.65	3

（续）

年	月	观测站位	生物量/（g/m²）	密度/（ind./m²）	种数
2011	11	DYB04	14.76	74.97	7
2011	11	DYB05	9.84	41.65	4
2011	11	DYB06	7.75	58.31	3
2011	11	DYB07	46.15	41.65	5
2011	11	DYB08	2.17	33.32	3
2011	11	DYB09	52.98	41.65	5
2011	11	DYB10	66.38	41.65	4
2011	11	DYB11	88.88	91.63	4
2011	11	DYB12	5.08	41.65	2
2012	1	DYB01	13.85	33.33	2
2012	1	DYB02	1.85	33.33	2
2012	1	DYB03	155.48	166.67	7
2012	1	DYB04	85.88	166.67	6
2012	1	DYB05	160.02	133.33	5
2012	1	DYB06	161.30	50.00	3
2012	1	DYB07	243.13	166.67	4
2012	1	DYB08	34.03	50.00	4
2012	1	DYB09	8.27	100.00	5
2012	1	DYB10	425.47	350.00	6
2012	1	DYB11	161.75	316.67	5
2012	1	DYB12	47.32	100.00	3
2012	4	DYB01	6.23	100.00	2
2012	4	DYB02	209.47	83.33	3
2012	4	DYB03	0.97	83.33	2
2012	4	DYB04	10.33	216.67	7
2012	4	DYB05	27.02	133.33	5
2012	4	DYB06	0.00	0.00	0
2012	4	DYB07	15.63	66.67	4
2012	4	DYB08	489.32	116.67	4
2012	4	DYB09	189.30	66.67	3
2012	4	DYB10	7.35	116.67	3
2012	4	DYB11	144.42	233.33	4
2012	4	DYB12	397.10	166.67	5
2012	7	DYB01	4.53	116.67	5
2012	7	DYB02	5.43	50.00	2
2012	7	DYB03	2.72	116.67	3

（续）

年	月	观测站位	生物量/（g/m²）	密度/（ind./m²）	种数
2012	7	DYB04	9.40	283.33	3
2012	7	DYB05	22.13	100.00	5
2012	7	DYB06	125.52	83.33	3
2012	7	DYB07	105.13	116.67	3
2012	7	DYB08	0.00	0.00	0
2012	7	DYB09	144.18	100.00	4
2012	7	DYB10	49.95	66.67	3
2012	7	DYB11	4.63	50.00	1
2012	7	DYB12	24.50	66.67	3
2012	11	DYB01	49.87	150.00	4
2012	11	DYB02	0.00	0.00	0
2012	11	DYB03	21.00	183.33	7
2012	11	DYB04	93.05	483.33	11
2012	11	DYB05	35.02	250.00	5
2012	11	DYB06	86.13	283.33	7
2012	11	DYB07	102.17	50.00	3
2012	11	DYB08	3.23	66.67	3
2012	11	DYB09	39.93	150.00	5
2012	11	DYB10	190.05	166.67	5
2012	11	DYB11	0.27	16.67	1
2012	11	DYB12	27.73	116.67	5
2013	1	DYB01	84.47	150.00	3
2013	1	DYB02	10.10	16.67	1
2013	1	DYB03	1.78	8.33	1
2013	1	DYB04	43.21	50.00	4
2013	1	DYB05	5.89	33.33	3
2013	1	DYB06	7.10	50.00	5
2013	1	DYB07	67.02	33.33	3
2013	1	DYB08	635.15	125.00	1
2013	1	DYB09	53.78	25.00	3
2013	1	DYB10	68.38	116.67	3
2013	1	DYB11	38.37	58.33	4
2013	1	DYB12	145.56	50.00	3
2013	4	DYB01	7.33	100.00	11
2013	4	DYB02	0.00	0.00	0
2013	4	DYB03	19.19	50.00	5

（续）

年	月	观测站位	生物量/（g/m²）	密度/（ind./m²）	种数
2013	4	DYB04	0.00	0.00	0
2013	4	DYB05	0.00	0.00	0
2013	4	DYB06	0.00	0.00	0
2013	4	DYB07	278.59	225.00	4
2013	4	DYB08	33.29	16.67	2
2013	4	DYB09	24.62	25.00	2
2013	4	DYB10	267.28	91.67	5
2013	4	DYB11	119.45	58.33	6
2013	4	DYB12	39.63	25.00	2
2013	7	DYB01	15.24	58.33	5
2013	7	DYB02	34.90	175.00	6
2013	7	DYB03	0.27	8.33	1
2013	7	DYB04	33.77	50.00	5
2013	7	DYB05	57.57	91.67	6
2013	7	DYB06	4.24	41.67	4
2013	7	DYB07	6.95	8.33	1
2013	7	DYB08	0.05	8.33	1
2013	7	DYB09	135.87	125.00	5
2013	7	DYB10	18.47	16.67	2
2013	7	DYB11	2.94	16.67	2
2013	7	DYB12	0.48	25.00	3
2013	10	DYB01	35.68	50.00	1
2013	10	DYB02	36.84	66.67	3
2013	10	DYB03	12.51	25.00	3
2013	10	DYB04	55.34	33.33	2
2013	10	DYB05	77.13	58.33	4
2013	10	DYB06	19.68	33.33	3
2013	10	DYB07	16.04	41.67	4
2013	10	DYB08	0.00	0.00	0
2013	10	DYB09	41.03	16.67	1
2013	10	DYB10	63.09	41.67	4
2013	10	DYB11	2.88	91.67	3
2013	10	DYB12	3.34	25.00	2
2014	1	DYB01	22.17	75.00	7
2014	1	DYB02	10.33	66.67	8
2014	1	DYB03	3.83	25.00	2

（续）

年	月	观测站位	生物量/（g/m²）	密度/（ind./m²）	种数
2014	1	DYB04	8.25	16.67	2
2014	1	DYB05	7.83	33.33	4
2014	1	DYB06	30.58	50.00	3
2014	1	DYB07	5.75	33.33	4
2014	1	DYB08	0.42	8.33	1
2014	1	DYB09	4.67	33.33	3
2014	1	DYB10	6.58	41.67	1
2014	1	DYB11	0.50	8.33	1
2014	1	DYB12	8.50	8.33	2
2014	4	DYB01	37.83	100.00	8
2014	4	DYB02	3.42	75.00	7
2014	4	DYB03	35.67	66.67	5
2014	4	DYB04	11.00	41.67	5
2014	4	DYB05	9.75	75.00	3
2014	4	DYB06	58.17	83.33	4
2014	4	DYB07	0.04	8.33	1
2014	4	DYB08	0.00	0.00	0
2014	4	DYB09	0.00	0.00	0
2014	4	DYB10	182.17	58.33	6
2014	4	DYB11	101.00	58.33	3
2014	4	DYB12	0.67	16.67	2
2014	7	DYB01	13.50	58.33	6
2014	7	DYB02	8.33	25.00	3
2014	7	DYB03	36.50	25.00	2
2014	7	DYB04	31.25	33.33	3
2014	7	DYB05	0.33	16.67	2
2014	7	DYB06	0.00	0.00	0
2014	7	DYB07	4.58	25.00	3
2014	7	DYB08	0.00	0.00	0
2014	7	DYB09	3.67	58.33	6
2014	7	DYB10	0.00	0.00	0
2014	7	DYB11	0.25	16.67	2
2014	7	DYB12	0.25	16.67	2
2014	10	DYB01	26.50	133.33	9
2014	10	DYB02	14.25	66.67	6
2014	10	DYB03	0.08	8.33	1

（续）

年	月	观测站位	生物量/（g/m²）	密度/（ind./m²）	种数
2014	10	DYB04	4.00	58.33	5
2014	10	DYB05	0.42	25.00	2
2014	10	DYB06	49.17	75.00	6
2014	10	DYB07	0.17	16.67	2
2014	10	DYB08	0.00	0.00	0
2014	10	DYB09	103.67	41.67	2
2014	10	DYB10	18.08	8.33	1
2014	10	DYB11	88.50	8.33	1
2014	10	DYB12	31.50	8.33	2
2015	1	DYB01	18.33	193.33	3
2015	1	DYB02	1.12	73.34	2
2015	1	DYB03	1.04	20.01	2
2015	1	DYB04	45.39	53.34	2
2015	1	DYB05	43.83	13.34	2
2015	1	DYB06	14.91	26.67	3
2015	1	DYB07	15.60	53.34	2
2015	1	DYB08	1.00	2.00	1
2015	1	DYB09	0.38	33.34	2
2015	1	DYB10	1.06	13.34	2
2015	1	DYB11	0.00	0.00	0
2015	1	DYB12	3.67	33.30	1
2015	4	DYB01	6.87	66.67	2
2015	4	DYB02	17.05	73.34	3
2015	4	DYB03	131.42	160.00	2
2015	4	DYB04	4.46	33.33	2
2015	4	DYB05	33.94	113.34	3
2015	4	DYB06	2.19	53.33	3
2015	4	DYB07	0.02	13.33	1
2015	4	DYB08	0.01	6.67	1
2015	4	DYB09	0.00	0.00	0
2015	4	DYB10	38.90	60.01	3
2015	4	DYB11	66.27	93.33	2
2015	4	DYB12	103.27	20.00	2
2015	7	DYB01	13.13	73.34	3
2015	7	DYB02	26.07	20.00	2
2015	7	DYB03	0.73	13.33	1

（续）

年	月	观测站位	生物量/（g/m²）	密度/（ind./m²）	种数
2015	7	DYB04	19.53	40.00	2
2015	7	DYB05	0.87	13.34	2
2015	7	DYB06	0.01	6.67	1
2015	7	DYB07	0.55	46.67	1
2015	7	DYB08	0.08	6.67	1
2015	7	DYB09	1.41	40.01	3
2015	7	DYB10	0.00	0.00	0
2015	7	DYB11	0.23	13.34	2
2015	7	DYB12	0.28	13.34	2
2015	10	DYB01	1.20	33.33	1
2015	10	DYB02	1.30	40.01	3
2015	10	DYB03	26.28	26.67	3
2015	10	DYB04	0.87	20.00	1
2015	10	DYB05	1.20	26.67	3
2015	10	DYB06	0.07	6.67	1
2015	10	DYB07	12.93	53.34	3
2015	10	DYB08	88.80	33.34	2
2015	10	DYB09	3.47	80.00	1
2015	10	DYB10	0.00	0.00	0
2015	10	DYB11	82.93	33.34	2
2015	10	DYB12	110.54	26.67	3
2016	1	DYB01	11.66	26.67	4
2016	1	DYB02	30.90	66.67	6
2016	1	DYB03	18.09	53.33	3
2016	1	DYB04	13.04	86.67	3
2016	1	DYB05	3.57	20.00	2
2016	1	DYB06	2.00	26.67	3
2016	1	DYB07	4.37	13.33	2
2016	1	DYB08	21.68	13.33	2
2016	1	DYB09	26.55	20.00	3
2016	1	DYB10	7.76	26.67	2
2016	1	DYB11	1.27	26.67	3
2016	1	DYB12	0.26	40.00	3
2016	4	DYB01	23.31	66.67	7
2016	4	DYB02	31.66	86.67	6
2016	4	DYB03	35.84	66.67	5

（续）

年	月	观测站位	生物量/（g/m²）	密度/（ind./m²）	种数
2016	4	DYB04	9.00	53.33	4
2016	4	DYB05	13.87	26.67	3
2016	4	DYB06	26.37	60.00	4
2016	4	DYB07	0.87	13.33	2
2016	4	DYB08	0.50	26.67	3
2016	4	DYB09	9.68	6.67	1
2016	4	DYB10	12.95	53.33	3
2016	4	DYB11	1.99	26.67	3
2016	4	DYB12	0.19	33.33	2
2016	8	DYB01	0.81	40.00	5
2016	8	DYB02	0.04	26.67	3
2016	8	DYB03	0.30	26.67	2
2016	8	DYB04	8.89	33.33	3
2016	8	DYB05	21.01	26.67	3
2016	8	DYB06	0.42	33.33	3
2016	8	DYB07	0.66	26.67	3
2016	8	DYB08	10.60	33.33	3
2016	8	DYB09	1.16	40.00	6
2016	8	DYB10	3.96	20.00	3
2016	8	DYB11	2.21	13.33	2
2016	8	DYB12	16.11	33.34	2
2016	10	DYB01	3.69	33.33	4
2016	10	DYB02	1.67	40.00	4
2016	10	DYB03	0.49	33.33	4
2016	10	DYB04	0.11	26.67	3
2016	10	DYB05	5.83	40.00	4
2016	10	DYB06	0.59	40.00	3
2016	10	DYB07	2.19	33.33	4
2016	10	DYB08	5.61	33.33	4
2016	10	DYB09	0.91	26.67	2
2016	10	DYB10	0.52	13.33	2
2016	10	DYB11	9.79	26.67	2
2016	10	DYB12	1.50	40.00	4
2017	1	DYB01	2.95	14.29	3
2017	1	DYB02	1.16	14.29	6
2017	1	DYB03	5.95	19.05	4

（续）

年	月	观测站位	生物量/（g/m²）	密度/（ind./m²）	种数
2017	1	DYB04	2.36	14.29	3
2017	1	DYB05	0.79	4.76	3
2017	1	DYB06	0.29	4.76	2
2017	1	DYB07	0.20	4.76	3
2017	1	DYB08	0.00	0.00	1
2017	1	DYB09	0.00	0.00	3
2017	1	DYB10	0.87	4.76	3
2017	1	DYB11	0.08	19.05	2
2017	1	DYB12	1.07	9.52	5
2017	4	DYB01	8.89	28.57	7
2017	4	DYB02	2.29	9.52	5
2017	4	DYB03	0.00	0.00	5
2017	4	DYB04	16.59	9.52	4
2017	4	DYB05	14.73	23.81	3
2017	4	DYB06	10.06	19.05	4
2017	4	DYB07	21.33	23.81	2
2017	4	DYB08	31.76	28.57	2
2017	4	DYB09	13.30	14.29	4
2017	4	DYB10	9.90	23.81	2
2017	4	DYB11	0.79	4.76	3
2017	4	DYB12	1.62	9.52	2
2017	8	DYB01	16.00	14.29	5
2017	8	DYB02	16.82	19.05	6
2017	8	DYB03	5.35	4.76	5
2017	8	DYB04	1.15	4.76	4
2017	8	DYB05	2.41	19.05	5
2017	8	DYB06	1.29	9.52	4
2017	8	DYB07	0.00	0.00	4
2017	8	DYB08	1.46	19.05	5
2017	8	DYB09	0.00	0.00	4
2017	8	DYB10	26.14	14.29	4
2017	8	DYB11	0.00	0.00	3
2017	8	DYB12	1.11	4.76	3
2017	10	DYB01	2.94	14.29	2
2017	10	DYB02	7.37	23.81	4
2017	10	DYB03	13.60	19.05	6

（续）

年	月	观测站位	生物量/（g/m²）	密度/（ind./m²）	种数
2017	10	DYB04	0.39	4.76	2
2017	10	DYB05	4.61	19.05	5
2017	10	DYB06	11.33	23.81	4
2017	10	DYB07	3.38	19.05	7
2017	10	DYB08	9.06	19.05	4
2017	10	DYB09	1.11	4.76	1
2017	10	DYB10	15.14	23.81	3
2017	10	DYB11	33.20	28.57	3
2017	10	DYB12	4.03	4.76	3

4.5 气象要素观测

4.5.1 概述

大亚湾气象要素观测数据集为 2007—2017 年观测取的月尺度（平均）数据，包括温度、相对湿度、露点温度、气压、10 分钟风速、降水、地温（0 cm、5 cm、10 cm、15 cm 、20 cm、40 cm 、60 cm、100 cm）、太阳辐射总量指标。

4.5.2 数据采集与处理

数据由自动气象站进行采集和储存，使用 DPA501 数字气压表观测，每 10 s 采测 1 个气压值，每 1 min 采测 6 个气压值，去除 1 个最大值和 1 个最小值后取平均值，作为每分钟的气压值，正点时采测的气压值作为正点数据存储，保留小数点后 2 位，用质控后的日均值合计值除以日数获得月平均值。

4.5.3 数据质量控制与评估

（1）超出气候学界限值域 300～1 100 hPa 的数据为错误数据；

（2）所观测的气压不小于日最低气压且不大于日最高气压，海拔高度大于 0 m 时，台站气压小于海平面气压；海拔高度等于 0 m 时，台站气压等于海平面气压；海拔高度小于 0 m 时，台站气压大于海平面气压；

（3）24 h 变压的绝对值小于 50 hPa；

（4）1 min 内允许的最大变化值为 1.0 hPa，1 h 内变化幅度的最小值为 0.1 hPa；

（5）某一定时气压缺测时，用前、后两定时数据内插求得，按正常数据统计，若连续两个或以上定时数据缺测时，不能内插，仍按缺测处理；

（6）1 日中若 24 次定时观测记录有缺测时，该日按照 02、08、14、20 时 4 次定时记录做日平均，若 4 次定时记录缺测 1 次或以上，但该日各定时记录缺测 5 次或以下时，按实有记录作日统计，缺测 6 次或以上时，不做日平均，日平均值缺测 6 次或者以上时，不做月统计。

4.5.4 数据

具体数据见表 4 - 12。

表 4-12 2007—2017 年大亚湾气象要素

年	月	气象	温度 (℃)	相对湿度 (%)	气压 (Pa)	10 min 风速 (m/s)	降水 (mm)	地温 (0 cm)	地温 (5 cm)	地温 (10 cm)	地温 (15 cm)	地温 (20 cm)	地温 (40 cm)	地温 (60 cm)	地温 (100 cm)	太阳辐射总量 (MJ/m²)
2007	1	DYBQX01	15.75	64.26	1 017.74	2.84	0.88	17.05	16.66	16.92	16.94	17.19	17.55	17.91	18.59	11.92
2007	2	DYBQX01	18.69	72.78	1 013.19	3.65	1.10	19.63	18.71	18.70	18.55	18.60	18.53	18.53	18.73	11.63
2007	3	DYBQX01	19.52	80.09	1 010.85	3.36	0.94	20.56	19.69	19.63	19.42	19.43	19.27	19.21	19.27	9.89
2007	4	DYBQX01	21.27	76.61	1 010.15	3.02	4.62	22.73	22.03	22.02	21.85	21.87	21.67	21.51	21.35	12.53
2007	5	DYBQX01	25.89	76.75	1 005.36	3.54	10.36	28.89	26.95	26.67	26.33	26.18	25.66	25.27	24.78	17.81
2007	6	DYBQX01	27.78	82.88	1 001.91	2.54	19.11	29.67	29.08	28.99	28.75	28.72	28.44	28.25	28.01	15.28
2007	7	DYBQX01	29.63	74.75	1 002.40	2.80	1.11	34.52	32.68	32.36	31.99	31.81	31.22	30.77	30.18	23.56
2007	8	DYBQX01	27.95	81.87	999.61	2.84	15.43	29.97	29.83	29.95	29.84	29.95	29.96	30.02	30.10	14.32
2007	9	DYBQX01	27.44	71.84	1 003.14	2.91	3.40	30.17	29.11	29.17	29.04	29.10	29.01	28.96	28.94	17.08
2007	10	DYBQX01	25.29	68.46	1 009.48	3.13	1.33	27.56	27.06	27.24	27.19	27.36	27.48	27.58	27.79	14.74
2007	11	DYBQX01	20.35	62.16	1 012.98	3.00	1.50	21.95	22.18	22.53	22.63	22.94	23.42	23.84	24.48	14.86
2007	12	DYBQX01	18.56	70.18	1 013.94	2.46	0.49	20.09	20.12	20.37	20.39	20.63	20.96	21.27	21.83	12.00
2008	1	DYBQX01	15.01	72.11	1 015.20	2.87	1.22	16.88	17.26	17.59	17.68	17.99	18.47	18.91	19.59	10.11
2008	2	DYBQX01	12.77	69.24	1 016.88	3.14	0.98	13.96	14.13	14.28	14.22	14.41	14.67	15.03	15.77	10.65
2008	3	DYBQX01	19.35	70.90	1 011.56	3.00	1.44	20.97	19.82	19.63	19.36	19.27	18.91	18.64	18.45	14.10
2008	4	DYBQX01	22.59	81.20	1 008.12	3.53	5.01	23.55	22.97	22.85	22.61	22.56	22.21	21.94	21.63	11.53
2008	5	DYBQX01	24.84	79.58	1 004.05	2.82	6.80	26.62	25.83	25.70	25.43	25.34	24.92	24.58	24.16	14.41
2008	6	DYBQX01	26.26	86.85	1 001.91	3.31	28.87	27.53	26.97	26.88	26.65	26.63	26.39	26.26	26.13	12.29
2008	7	DYBQX01	28.07	81.23	1 001.41	2.53	15.88	30.80	29.66	29.47	29.15	29.03	28.58	28.24	27.93	17.19
2008	8	DYBQX01	28.11	77.93	1 001.73	2.72	6.65	31.15	30.26	30.16	29.94	29.92	29.68	29.52	29.35	18.51
2008	9	DYBQX01	28.76	71.73	1 003.67	2.43	2.90	30.83	30.52	30.61	30.50	30.58	30.48	30.34	30.14	16.89
2008	10	DYBQX01	28.76	71.73	1 003.67	2.43	2.90	30.83	30.52	30.61	30.50	30.58	30.48	30.34	30.14	16.89
2008	11	DYBQX01	21.43	60.16	1 013.71	3.30	0.46	23.53	23.58	23.96	24.08	24.41	24.87	25.23	25.74	14.33
2008	12	DYBQX01	17.62	59.52	1 015.53	2.61	0.26	19.32	19.24	19.56	19.61	19.90	20.35	20.75	21.44	12.50
2009	1	DYBQX01	14.69	62.39	1 017.50	3.00	0.00	16.60	16.63	16.91	16.95	17.22	17.64	18.03	18.71	14.06
2009	2	DYBQX01	19.69	86.38	1 011.19	3.20	0.06	22.72	21.45	21.20	20.86	20.71	20.20	19.82	19.51	13.24

（续）

年	月	气象	温度 (℃)	相对湿度 (%)	气压 (Pa)	10 min 风速 (m/s)	降水 (mm)	地温 (0 cm)	地温 (5 cm)	地温 (10 cm)	地温 (15 cm)	地温 (20 cm)	地温 (40 cm)	地温 (60 cm)	地温 (100 cm)	太阳辐射总量 (MJ/m²)
2009	3	DYBQX01	18.85	88.08	1 010.82	3.42	4.15	20.10	20.04	20.19	20.23	20.33	20.28	20.37	20.39	9.28
2009	4	DYBQX01	21.52	79.28	1 008.51	4.39	5.30	22.74	22.05	21.94	21.70	21.68	21.42	21.26	21.14	13.60
2009	5	DYBQX01	25.02	81.84	1 006.72	3.54	9.41	28.42	26.56	26.24	25.88	25.72	25.18	24.77	24.32	19.14
2009	6	DYBQX01	27.69	88.16	1 000.59	2.67	12.49	29.85	28.90	28.74	28.46	28.37	27.97	27.64	27.22	15.91
2009	7	DYBQX01	28.57	88.14	1 000.97	3.08	10.75	31.33	30.35	30.25	30.01	29.97	29.65	29.39	29.08	19.17
2009	8	DYBQX01	29.25	86.12	1 000.71	2.13	4.57	33.04	31.43	31.29	31.02	30.95	30.56	30.25	29.89	18.32
2009	9	DYBQX01	28.72	81.79	1 003.46	3.18	9.68	32.32	31.31	31.37	31.22	31.28	31.14	31.01	30.84	17.89
2009	10	DYBQX01	25.76	75.94	1 008.26	2.60	0.48	28.86	27.76	27.91	27.83	27.98	28.08	28.18	28.39	17.08
2009	11	DYBQX01	19.66	78.74	1 013.44	2.93	2.47	21.99	22.42	22.84	22.97	23.31	23.83	24.28	24.94	13.16
2009	12	DYBQX01	16.63	81.66	1 015.10	3.42	2.18	17.19	17.99	18.41	18.52	18.86	19.37	19.85	20.59	9.90
2010	1	DYBQX01	15.86	83.75	1 016.23	3.61	0.58	16.79	16.32	16.50	16.44	16.60	16.79	17.07	17.62	8.23
2010	2	DYBQX01	17.25	92.64	1 012.26	3.96	2.20	18.33	17.87	17.94	17.81	17.89	17.88	17.96	18.21	7.13
2010	3	DYBQX01	19.23	84.45	1 012.66	1.95	0.43	21.26	20.42	20.48	20.36	20.40	20.26	20.11	19.93	10.36
2010	4	DYBQX01	20.44	90.28	1 010.47	1.07	2.76	21.79	20.99	20.95	20.75	20.76	20.57	20.44	20.34	9.58
2010	5	DYBQX01	25.08	90.38	1 004.68	1.83	4.65	27.53	25.91	25.68	25.35	25.21	24.64	24.15	23.50	14.75
2010	6	DYBQX01	26.74	90.98	1 003.60	3.26	11.01	28.90	27.61	27.49	27.26	27.22	26.92	26.64	26.22	14.37
2010	7	DYBQX01	29.05	85.64	1 003.99	2.61	10.47	33.18	31.12	30.92	30.63	30.54	30.12	29.77	29.30	20.39
2010	8	DYBQX01	28.87	84.89	1 003.99	2.21	4.33	33.08	31.21	31.10	30.86	30.81	30.47	30.17	29.76	21.06
2010	9	DYBQX01	27.76	87.46	1 004.50	2.31	10.79	30.82	29.52	29.55	29.42	29.50	29.48	29.48	29.50	15.53
2010	10	DYBQX01	24.31	75.36	1 008.48	3.22	0.94	27.04	26.19	26.47	26.51	26.75	27.02	27.22	27.49	13.65
2010	11	DYBQX01	20.58	76.78	1 013.10	2.56	1.14	22.86	22.17	22.42	22.45	22.69	23.05	23.37	23.92	14.34
2010	12	DYBQX01	17.26	67.64	1 012.17	2.89	0.61	18.76	18.69	19.11	19.27	19.64	20.23	20.73	21.45	11.99
2011	1	DYBQX01	12.52	67.26	1 017.28	3.06	0.22	15.05	14.79	15.08	15.13	15.41	15.84	16.28	17.05	11.68
2011	2	DYBQX01	15.31	77.37	1 013.02	2.89	0.78	17.93	16.81	16.83	16.69	16.77	16.77	16.83	17.07	12.17
2011	3	DYBQX01	17.20	71.03	1 014.63	2.92	0.52	20.02	19.01	19.02	18.87	18.91	18.74	18.60	18.45	11.70
2011	4	DYBQX01	22.47	73.99	1 009.96	2.86	1.19	26.38	24.31	23.98	23.59	23.36	22.64	22.04	21.28	18.00
2011	5	DYBQX01	25.34	82.88	1 005.22	2.71	6.01	28.92	26.97	26.79	26.50	26.40	25.93	25.53	24.93	16.26

（续）

年	月	气象	温度（℃）	相对湿度（%）	气压（Pa）	10 min 风速（m/s）	降水（mm）	地温（0 cm）	地温（5 cm）	地温（10 cm）	地温（15 cm）	地温（20 cm）	地温（40 cm）	地温（60 cm）	地温（100 cm）	太阳辐射总量（MJ/m^2）
2011	6	DYBQX01	28.30	83.20	1 001.34	2.93	10.15	31.99	30.10	29.94	29.66	29.55	29.04	28.58	27.86	18.08
2011	7	DYBQX01	28.53	84.03	1 000.43	2.68	3.91	32.96	31.09	30.99	30.73	30.65	30.21	29.82	29.24	19.28
2011	8	DYBQX01	29.28	79.41	1 002.09	1.95	4.69	33.94	32.38	32.22	31.92	31.82	31.36	30.96	30.35	21.39
2011	9	DYBQX01	27.59	79.90	1 003.79	3.18	6.73	30.57	30.17	30.32	30.24	30.35	30.34	30.29	30.09	16.91
2011	10	DYBQX01	24.31	79.21	1 009.96	3.22	8.08	26.23	25.84	25.98	25.88	26.01	26.06	26.14	26.34	13.95
2011	11	DYBQX01	22.54	78.55	1 011.37	2.96	4.51	24.28	24.04	24.25	24.23	24.42	24.61	24.80	25.08	12.01
2011	12	DYBQX01	16.12	63.77	1 016.77	2.55	0.00	18.58	18.80	19.20	19.32	19.65	20.18	20.65	21.37	12.82
2012	1	DYBQX01	14.19	81.19	1 015.23	2.87	1.19	16.25	16.31	16.62	16.66	16.92	17.31	17.68	18.28	8.36
2012	2	DYBQX01	14.91	85.24	1 012.84	2.92	1.77	17.06	16.65	16.77	16.67	16.78	16.81	16.89	17.08	7.47
2012	3	DYBQX01	18.41	82.79	1 011.52	3.17	1.14	20.57	19.18	19.01	18.72	18.64	18.28	18.06	17.90	10.83
2012	4	DYBQX01	23.43	84.95	1 007.29	3.89	10.44	25.32	23.77	23.58	23.26	23.13	22.61	22.17	21.60	12.14
2012	5	DYBQX01	26.53	85.81	1 003.52	3.88	8.57	29.43	28.05	27.93	27.66	27.55	27.04	26.57	25.83	17.07
2012	6	DYBQX01	27.73	85.20	998.64	3.33	6.13	30.21	29.12	29.00	28.72	28.63	28.17	27.77	27.17	16.56
2012	7	DYBQX01	28.44	84.43	1 000.74	2.73	10.90	31.62	30.47	30.36	30.09	30.02	29.62	29.29	28.80	18.68
2012	8	DYBQX01	29.17	80.09	999.25	2.07	2.02	32.30	31.57	31.49	31.20	31.11	30.62	30.17	29.53	17.82
2012	9	DYBQX01	27.49	75.34	1 006.26	2.56	2.26	30.82	30.23	30.30	30.14	30.18	30.02	29.83	29.49	18.30
2012	10	DYBQX01	24.97	73.08	1 010.32	2.80	1.03	29.28	28.78	28.88	28.75	28.82	28.70	28.55	28.29	15.96
2012	11	DYBQX01	21.35	79.78	1 011.41	3.80	2.78	22.73	22.94	23.27	23.32	23.60	23.98	24.33	24.75	9.83
2012	12	DYBQX01	17.07	77.24	1 014.16	3.67	1.67	18.10	18.36	18.68	18.73	18.99	19.34	19.71	20.28	9.08
2013	1	DYBQX01	16.10	70.01	1 016.29	2.59	0.21	17.62	17.32	17.43	17.36	17.49	17.62	17.81	18.20	12.90
2013	2	DYBQX01	18.41	80.26	1 014.23	3.14	0.09	21.27	20.47	20.39	20.16	20.11	19.82	19.63	19.44	11.68
2013	3	DYBQX01	19.82	79.42	1 011.49	2.86	3.10	22.53	22.01	22.02	21.85	21.85	21.61	21.38	21.03	11.65
2013	4	DYBQX01	21.19	84.54	1 008.24	3.42	5.41	22.16	21.57	21.52	21.32	21.30	21.05	20.89	20.70	8.89
2013	5	DYBQX01	25.32	87.87	1 004.69	2.88	13.04	26.95	25.95	25.73	25.40	25.26	24.75	24.33	23.72	12.46
2013	6	DYBQX01	27.93	85.22	1 001.46	3.13	13.99	30.94	29.96	29.78	29.46	29.34	28.85	28.44	27.82	16.45
2013	7	DYBQX01	27.92	83.95	1 003.17	2.65	9.12	30.97	30.43	30.40	30.15	30.11	29.75	29.43	28.90	17.28
2013	8	DYBQX01	28.38	83.62	1 000.94	2.73	11.35	31.01	30.40	30.34	30.09	30.04	29.67	29.36	28.90	15.74

（续）

年	月	气象	温度（℃）	相对湿度（%）	气压（Pa）	10 min 风速（m/s）	降水（mm）	地温（0 cm）	地温（5 cm）	地温（10 cm）	地温（15 cm）	地温（20 cm）	地温（40 cm）	地温（60 cm）	地温（100 cm）	太阳辐射总量（MJ/m²）
2013	9	DYBQX01	27.46	77.37	1 004.49	3.37	6.09	30.61	29.84	29.83	29.64	29.66	29.44	29.24	28.91	16.97
2013	10	DYBQX01	25.22	64.84	1 010.02	2.45	0.39	29.04	28.41	28.45	28.29	28.35	28.25	28.15	27.98	18.17
2013	11	DYBQX01	21.37	67.55	1 013.28	3.58	1.31	22.89	23.29	23.66	23.75	24.04	24.40	24.69	25.02	11.37
2013	12	DYBQX01	15.40	57.52	1 015.44	2.37	2.41	16.50	16.92	17.34	17.48	17.86	18.51	19.15	20.08	11.90
2014	1	DYBQX01	15.69	61.66	1 017.12	2.46	0.01	17.15	16.73	16.78	16.65	16.74	16.80	16.96	17.35	14.25
2014	2	DYBQX01	15.06	77.42	1 013.50	3.64	0.94	17.17	17.02	17.17	17.10	17.23	17.29	17.39	17.59	10.15
2014	3	DYBQX01	18.37	78.16	1 013.04	3.29	4.45	20.54	19.68	19.52	19.22	19.11	18.65	18.30	17.88	9.73
2014	4	DYBQX01	22.38	81.00	1 009.33	3.14	7.17	24.88	23.90	23.69	23.34	23.19	22.65	22.23	21.66	13.31
2014	5	DYBQX01	25.49	85.49	1 005.48	3.03	23.84	27.42	26.58	26.42	26.11	25.99	25.50	25.07	24.39	12.07
2014	6	DYBQX01	28.39	81.44	999.84	2.26	9.85	31.66	30.95	30.82	30.51	30.39	29.85	29.34	28.51	16.43
2014	7	DYBQX01	29.43	81.96	1 001.42	2.06	5.95	33.28	32.43	32.31	31.99	31.88	31.34	30.83	29.99	19.54
2014	8	DYBQX01	28.66	83.90	1 002.86	2.00	5.49	33.06	32.17	32.11	31.84	31.78	31.37	30.98	30.32	19.20
2014	9	DYBQX01	28.54	80.22	1 004.48	2.03	5.68	32.25	31.50	31.47	31.24	31.22	30.92	30.63	30.14	18.40
2014	10	DYBQX01	25.58	70.44	1 010.64	2.41	2.81	29.02	28.67	28.83	28.74	28.85	28.84	28.79	28.65	17.38
2014	11	DYBQX01	21.96	75.91	1 012.93	2.79	1.19	24.19	24.06	24.26	24.23	24.41	24.59	24.77	25.00	11.75
2014	12	DYBQX01	15.49	63.25	1 017.50	2.81	1.32	16.70	17.44	17.96	18.17	18.58	19.28	19.90	20.72	9.52
2015	1	DYBQX01	15.66	68.07	1 017.03	2.61	1.52	17.29	17.02	17.12	17.01	17.11	17.18	17.35	17.73	13.10
2015	2	DYBQX01	17.04	72.74	1 015.27	3.39	0.29	19.48	18.83	18.77	18.55	18.53	18.30	18.17	18.08	11.71
2015	3	DYBQX01	19.17	82.74	1 013.61	2.71	0.24	21.86	21.07	20.94	20.67	20.60	20.21	19.92	19.54	9.83
2015	4	DYBQX01	23.03	75.13	1 009.99	2.38	1.39	27.03	25.75	25.48	25.09	24.89	24.20	23.62	22.81	16.87
2015	5	DYBQX01	26.54	86.85	1 004.66	3.03	11.63	29.18	28.43	28.31	28.01	27.88	27.34	26.83	26.07	13.98
2015	6	DYBQX01	29.50	80.70	1 003.22	2.80	4.20	33.77	32.42	32.15	31.73	31.51	30.75	30.05	28.97	21.37
2015	7	DYBQX01	28.68	81.10	1 000.18	2.51	9.49	32.71	31.87	31.79	31.50	31.44	31.05	30.69	30.09	17.93
2015	8	DYBQX01	28.95	80.55	1 002.50	1.63	3.38	32.93	31.88	31.75	31.42	31.33	30.86	30.44	29.80	18.90
2015	9	DYBQX01	27.72	80.66	1 006.26	2.22	4.19	30.64	30.32	30.37	30.16	30.19	29.99	29.79	29.43	17.29
2015	10	DYBQX01	25.26	78.09	1 010.47	2.22	6.57	28.03	27.84	27.99	27.89	28.01	28.02	28.02	28.04	13.81
2015	11	DYBQX01	23.39	78.00	1 013.50	3.13	0.21	26.86	26.41	26.53	26.43	26.54	26.54	26.53	26.48	12.80

（续）

年	月	气象	温度（℃）	相对湿度（%）	气压（Pa）	10 min 风速（m/s）	降水（mm）	地温（0 cm）	地温（5 cm）	地温（10 cm）	地温（15 cm）	地温（20 cm）	地温（40 cm）	地温（60 cm）	地温（100 cm）	太阳辐射总量（MJ/m^2）
2015	12	DYBQX01	17.75	76.71	1 016.67	2.82	2.07	20.01	20.36	20.72	20.80	21.08	21.49	21.89	22.46	9.02
2016	1	DYBQX01	15.17	81.28	1 016.51	3.21	5.74	17.19	17.74	18.14	18.25	18.54	18.94	19.31	19.81	7.65
2016	2	DYBQX01	14.28	77.47	1 019.90	2.73	0.94	16.06	15.95	16.13	16.10	16.26	16.40	16.54	16.76	7.79
2016	3	DYBQX01	16.90	84.91	1 013.69	2.76	5.09	18.75	18.29	18.28	18.09	18.09	17.89	17.76	17.66	9.51
2016	4	DYBQX01	23.14	92.88	1 007.56	2.66	8.67	25.05	24.19	23.97	23.60	23.40	22.69	22.06	21.22	10.63
2016	5	DYBQX01	26.14	87.74	1 005.75	3.02	15.28	28.78	27.82	27.62	27.26	27.10	26.51	25.99	25.25	16.88
2016	6	DYBQX01	28.77	87.40	1 003.68	2.31	8.28	31.89	31.17	30.99	30.63	30.47	29.84	29.25	28.39	18.01
2016	7	DYBQX01	29.58	82.24	1 002.98	2.08	4.43	33.68	32.60	32.41	32.05	31.91	31.34	30.80	30.01	21.12
2016	8	DYBQX01	28.42	88.07	999.65	2.63	11.71	31.07	31.26	31.47	31.41	31.52	31.47	31.31	30.88	14.75
2016	9	DYBQX01	27.74	80.66	1 003.58	1.29	7.66	30.29	30.13	30.18	29.99	30.02	29.80	29.56	29.22	16.15
2016	10	DYBQX01	26.00	84.99	1 006.71	1.28	19.09	27.71	27.69	27.77	27.63	27.70	27.65	27.62	27.71	12.13
2016	11	DYBQX01	21.45	81.74	1 013.02	1.28	5.96	23.51	23.78	24.07	24.11	24.34	24.63	24.87	25.27	11.47
2016	12	DYBQX01	18.85	71.63	1 015.48	2.52	0.19	20.54	20.64	20.85	20.83	21.01	21.22	21.43	21.86	12.50
2017	1	DYBQX01	17.88	82.09	1 015.82	2.78	0.31	20.14	20.04	20.15	20.04	20.16	20.23	20.35	20.62	11.78
2017	2	DYBQX01	16.22	75.33	1 016.44	3.26	0.98	19.80	19.44	19.55	19.45	19.55	19.57	19.60	19.67	13.58
2017	3	DYBQX01	18.82	82.04	1 012.41	3.32	1.14	21.08	20.13	20.08	19.85	19.82	19.57	19.42	19.30	9.86
2017	4	DYBQX01	22.62	83.72	1 009.21	2.46	1.95	25.62	24.19	24.01	23.69	23.56	23.04	22.60	22.02	13.77
2017	5	DYBQX01	25.36	87.98	1 006.61	2.37	7.92	28.50	27.21	27.03	26.71	26.58	26.05	25.59	24.91	14.61
2017	6	DYBQX01	28.43	88.39	1 002.63	2.83	18.37	31.64	30.23	29.94	29.54	29.35	28.73	28.25	27.64	17.00
2017	7	DYBQX01	28.38	87.82	1 002.97	2.55	21.27	30.84	30.26	30.20	29.96	29.92	29.58	29.31	28.96	16.39
2017	8	DYBQX01	29.24	83.60	1 002.35	2.54	14.66	32.77	31.80	31.68	31.40	31.33	30.95	30.58	30.17	19.77
2017	9	DYBQX01	28.80	82.54	1 005.19	2.05	5.62	31.64	31.14	31.08	30.83	30.79	30.45	30.12	29.77	17.71
2017	10	DYBQX01	25.78	73.16	1 008.82	2.87	9.09	28.84	28.28	28.39	28.31	28.43	28.50	28.54	28.67	16.71
2017	11	DYBQX01	21.41	74.80	1 012.45	2.81	0.66	24.70	23.91	24.00	24.10	24.28	24.80	25.20	25.63	11.20
2017	12	DYBQX01	17.18	61.75	1 016.39	2.75	0.00	21.34	20.38	20.37	20.52	20.71	21.32	21.77	22.31	13.37

第5章

大亚湾站特色研究与数据

5.1 大亚湾生态环境长期变化特征

过去大亚湾沿岸居民较少，自1986年在大亚湾的西南岸兴建我国第一座商用核电站，1992年大亚湾规划区被批准为国家经济技术开发区以来，有数十家大中型企业正在或准备兴建。大亚湾核电站于1993年夏季投产。目前，大亚湾的另一座核电站——岭澳核电站已投入运营。随着20世纪中国沿岸经济的迅速发展，大亚湾周边人口、企业的增加及水产养殖业的发展，核电站的温排水流入大亚湾南面水域，使大亚湾海域生态环境发生了较大的变化（王友绍 等，2004；王友绍，2014；Wang et al.，2006，2008，2011，2012）。

自1983年以来，中国科学院南海海洋研究所等单位围绕大亚湾海域开展了一系列生态环境与生物资源的调查等研究工作（徐恭昭，1989；潘金培 等，1996，1998，2001；邹仁林，1996；国家海洋局第三海洋研究所，1989，1990；王友绍 等，2004；王友绍，2013，2014；Huang et al.，2009；Huang & Wang，2010；Jiang et al.，2015；Jiang et al.，2020；Song et al.，2009，2015；Wang et al.，2006，2008，2010，2011，2012；Wu & Wang，2007；Wu et al.，2009ab，2010，2011，2012abc，2015a，2016，2017，2020；Yue et al.，2018；Zhang et al.，2007）。

5.1.1 大亚湾的地理位置及其周边地区社会经济环境

大亚湾核电站于1993年夏季运行投产，该站的温排水流入大亚湾南面水域；2002年大亚湾的另一座核电站——岭奥核电站也投入商业运营。随着沿岸经济的迅速发展，大亚湾海域的生态环境发生较大的变化。例如，大亚湾由于周边人口、企业的增加以及水产养殖快速发展，所带来环境恶化日益严重。大亚湾海域的生态环境状况已引起人们的高度关注（Wang et al.，2006，2008，2010，2011，2012；Tang et al.，2003；王友绍，2014）。

大亚湾海域是海洋生物多样性区域和珍稀种类集中分布区，广东省人民政府于1983年批准建立大亚湾水产资源自然保护区。大亚湾海湾不仅具有许多优质经济鱼类，而且还是国家保护动物海龟的产卵、繁殖地。海区周边地区近年来经济增长迅速，1987—1993年的工业总产值年均增长率在50%以上。相继建成了大亚湾核电站、岭澳核电站、广州石化原油码头（马鞭洲码头），正在建设的特大型项目有南海石化、惠州LNG电厂项目和石化工业区项目（填海6 km^2）等。广州石化原油码头为10万t级，还有10余km长的海底输油管线。因此，对大亚湾海域生物多样性的保护已迫在眉睫，除严格执行大亚湾水产资源自然保护区和惠东港口海龟自然保护区的有关规定外，应设立大亚湾生物多样性监控示范区，以协调经济建设与生物多样性保护的关系。广东省拥有许多优良的港湾，如粤东汕头港、海门湾、碣石湾、红海湾、大亚湾、大鹏湾等，粤西的广海湾、镇海湾、海陵湾、水东港、湛江港、雷州湾、安铺港等。

海湾生态系统独特的生态特征和丰富的生物多样性，为广东省经济的迅猛发展提供了得天独厚的地理环境。

大亚湾的生物资源丰富，生物类型多样。大亚湾底栖生物的种类较丰富，其中分布着不少优质种类，如鱼类中有石斑鱼、平鲷、真鲷等，贝类中有马氏珠母贝、江珧等，甲壳类中有对虾、锯缘青蟹等，棘皮类中有紫海胆、海参等，藻类中有海萝、江蓠藻等。同时，大亚湾也是我国大陆上唯一的绿海龟产卵、繁殖自然保护区；但是，由于自然环境的变迁，目前在大亚湾海域很难看到海龟。

5.1.1.1 自然地理概况

大亚湾周边地区跨越二市一县，东为惠东县，北为惠州市，西为深圳市的龙岗区；地势东北高，西南低。

惠东县境内地形以低山丘陵为主，其中山地占 44.8%，丘陵占 31.6%，沿海平原占 20.6%；濒临大亚湾的主要乡镇有港口、盐洲、平海、稔山和巽寮等；海岸线长约 171.8 km。

惠州市境内地形较为复杂，其东北部、西南部和南部属丘陵山地，东江沿岸和中部属平原，西部属低山平原，境内最高峰是海拔 1 003 m 的白云嶂；其中平原占总面积的 40.7%，低山占 10.7%，高丘（山地）占 48.6%；惠州市南部与大亚湾衔接，主要乡镇有澳头和霞涌等，海岸线长约 51.8 km。

深圳市境内属低山丘陵滨海区，地貌格局纷呈复杂；中部多为波状台地，间以平缓的岗地；西、南沿海一带是滨海平原，地势平坦广阔，且港湾多；东部龙岗区与大亚湾相接，境内海岸线长约 133.2 km。

大亚湾在北回归线以南，地处亚热带，气候温和多雨，年平均气温 21.7 ℃；1 月均温最低，约 13.5 ℃；7 月均温最高，约 28.3 ℃；历史最高气温 36.6 ℃（深圳），最低温 1.4 ℃（深圳）。4—9 月为雨季，周边地区年平均降水量分别为：1 948.4 mm（深圳）、2 347 mm（惠州）和 1 890 mm（惠东）。大亚湾常年主导风为东南风，夏、秋季的台风是影响本地区的主要灾害天气，但因受山峦阻挡，受害程度减弱，深圳市受台风直接袭击的概率平均每年不到 1 次。另外，初春的低温阴雨和晚秋的寒露风也是影响本区的主要天气灾害（徐恭昭，1989）。

大亚湾周边地区自然土壤类型主要为赤红壤和红壤，惠东县赤红壤的面积占总面积的 68.8%，红壤占 23.2%；其他如滨海沙土、滨海盐渍土、滨海泥土、石质土等的面积较小。其分布呈一定的规律：滨海为滨海盐土、沙土，离海滨较远处山丘为赤红壤或红壤，离海滨较近处为水稻土。耕作土壤为水稻土，种类较多，有潜育型水稻土（冷底田、乌泥底田）、潴育型水稻土（页结底田、沙质田）、盐渍水稻土（咸酸田）等。

大亚湾周边地区内的原生性森林植被为南亚热带常绿阔叶林，次生性森林植被为南亚热带针阔混交林；鸭甲木—厚叶算盘子—马尾松群落为本区的主要群落。人工林是该区的一种重要植被类型，主要有马尾松、杉木林、竹林、大叶相思、桉树林、荔枝等用材林和经济林。野生动物主要有野猪、果狸、刺猬、獾、蛇等。主要矿产有铁、钨、绿柱石、锡、钼、铜、萤石、铅锌、石灰石、石英砂等。

5.1.1.2 社会、经济环境的变化与趋势分析

1. 人口

大亚湾沿岸主要乡镇经济发展起步较晚，其户籍人口总量少，增长速度慢，惠东县的港口、盐洲、平海、稔山和巽寮尤为明显，其年平均增长率分别为 0.55%、0.97%、1.50%、1.69% 和 3.04%，并且巽寮镇多年来一直为大亚湾沿岸户籍人口最少的乡镇。在大亚湾沿岸乡镇中，大鹏、霞冲和澳头 3 镇人口增长较快，其 2005 年的人口分别是 1986 年的 9.19 倍、1.84 倍和 1.87 倍，年均增长 4.68% 和 4.71%（王友绍，2014）。总的来看，大亚湾沿岸乡镇人口呈上升趋势，但增长速度缓慢，且户籍人口数量相对较少，只有 120 万～150 万流动人口居住在大亚湾沿岸（Wang et al.，2008）。

总体说来，大亚湾周边地区的人口变化趋势是：人口总量持续增加，但增长速度逐渐减缓，人口的分布仍呈现明显的区域差异，深圳市仍为该地区的人口重心，由于经济的快速发展，流动人口已成为大亚湾沿岸的主要居民。

2. 工业与港口码头

（1）工业

①近十几年来的变化

改革开放以来，大亚湾周边地区经济得到高速发展，工业进入了一个高投入、高增长的时期，其生产规模不断扩大，外向型工业迅速发展，工业经济出现令人注目的景象。

1997 年全地区的工业总产值由 1979 年的 17 767 万元增加到 2005 年 11 832.90 亿元（表 5-1），是 1979 年的 6 660 倍，年平均递增率 256%。其中，深圳市工业总产值最高，达 9 867.55 亿元，为 1979 年的 11 831.59 倍，占大亚湾周边地区工业总产值的 83.39%，年平均递增率为 455.03%；惠州市（惠东县现归属惠州市）2005 年工业总产值为 1 826.79 亿元，是 1979 年的 6 841.91 倍，占全地区的 15.44%，年平均递增率 263.11%，是本地区工业产值年均递增速度和增长量最大的一市，代替了早期的深圳市；在本地区中，惠东县工业产值最低，2005 年为 138.56 亿元，占全地区的 1.17%左右，是 1979 年的 205 倍，年平均递增率 7.85%（王友绍，2013）。

表 5-1　大亚湾周边地区工业总产值（万元）

年份	1979	1980	1985	1990	1995	1997	2001	2005	2012
深圳市	8 340	12 439	318 832	2 181 298	10 472 223	14 566 747	30 970 000	98 675 451	36 285 173
惠东县	6 757	7 202	12 626	60 068	451 923	636 632	1 373 720	1 385 606	3 258 900
惠州市	2 670	5 113	11 923	48 982	604 507	995 877	10 440 000	18 267 900	22 000 000
合　计	17 767	24 754	343 381	2 290 348	11 528 653	16 199 256	42 783 720	118 328 957	61 544 073

大亚湾沿岸工业产值在工农业总产值中所占的比重也呈逐年增加的趋势：1979 年深圳工业总产值 0.8 亿元，农业总产值 3.48 亿元，2005 年深圳工业总产值 2 432.16 亿元，农业总产值 3.48 亿元；1979 年惠州市工农业总产值 6.66 亿元，其中工业产值仅为 2.67 亿元，2005 年惠州工业总产值 1 826.79亿元，农业完成总产值 8.30 亿元（王友绍，2013）。

20 多年来，大亚湾周边地区的工业得到飞速发展，在其经济活动中，深圳市从 20 世纪 80 年代初、中期开始工业居重要地位，惠东县、惠阳市从 90 年代初、中期开始工业居重要地位。

相对而言，大亚湾沿岸乡镇工业的发展水平较低，主要是一些规模较小的加工业和食品工业等，但近年来也有较明显的增长。1998 年，大亚湾沿岸工业总产值超亿元的乡镇有稔山、港口、平海和澳头，分别达 4.06 亿元、3.03 亿元、2.58 亿元、1.70 亿元，分别为 1993 年的 4.3 倍、6 倍、8 倍和 5.8 倍，年均增长速度分别为 34.1%、43.2%、56.5%和 42.1%。自 1993 年以来，稔山、港口、平海和澳头的工业总产值一直在大亚湾沿岸乡镇中处于前列。巽寮的工业产值一直最低，并且增长速度最慢。总的来看，大亚湾沿岸乡镇与整个地区同时期工业产值的年平均增长速度基本相当，但因起点较低，工业产值不高。然而，除了这些乡镇企业外，近几年来，大亚湾沿岸一些大型企业项目的实施，如大亚湾核电站、南海石油化工等，已令大亚湾沿岸的工业结构大为改观（Wang et al.，2008；王友绍，2013）。

②工业发展趋势展望

在国家以经济建设为中心的方针指导下，大亚湾周边地区的工业将保持增长趋势，在大亚湾沿岸就有正在兴建的岭澳核电站和准备兴建的惠州燃气电厂等。就大亚湾沿岸主要乡镇来看，其工业能否得以快速发展，不仅同国家经济政策有关，而且还受到大亚湾海域功能类型的影响。尽管大亚湾有优越的地理位置、良好的自然资源，具有修建深水良港的有利条件，但因在目前的经济技术条件下，绝大部分类型的工业企业不可能实现污染物“零排放”，大亚湾的功能划分又为“水产资源自然保护区”，这必然会限制大部分的工业企业在大亚湾沿岸安家落户。事实上，自 20 世纪 80 年代以来，大亚湾沿岸的工业企业发展迅速。1999 年，广东省有关部门对大亚湾海域的功能进行细划分，如将北部沿岸划为实验区等。这种对海域功能进行较细致划分的方法，将有利于大亚湾沿岸的大、中型企业建设与发展。然而，可以预料，在发展经济与保护环境、资源的矛盾未充分解决以前，大亚湾沿岸大、中型企业的建设仍将较缓慢，可能发展较快的工业也主要是为渔业等服务的部门。截至 2001 年年底，大亚湾工业区累计引进外资项目仅 270 个，实际利用外资 7.5 亿美元；投资额 1 000 万美元以上项目 15 个，3 000 万美元以上项目 7 个，4 家世界 500 强在区内投资了 4 个项目。重要项目有首期投资 40.5 亿美元的中海壳牌石化项目、总投资额 100 亿元、总装机容量为 200 万 kW 的天然气发电厂（LNG）项目，以及占地 4 km^2 的东风汽车惠州基地等大型骨干项目。总体来看，世界石化工业仍处在上升发展期，世界经济的持续增长、全球化进程的加快、高科技革命、新材料革命、信息革命和“绿色”革命已成为世界石化工业进一步发展的主要驱动力。这种发展不单体现在数量的增加，更多地体现在产品质量的提高和产业的升级上。大亚湾石化基地的迅速崛起，将会进一步促进大亚湾沿岸经济的发展。

（2）港口码头

大亚湾沿岸的平海、稔山、港口、盐洲、霞冲和澳头境内均有港口码头，但大多为小型渔港或军用码头，只有澳头的港口码头较大。2000 年以前，澳头镇有民用码头、军用码头、水产专用码头各 1 座，其民用码头全年货物吞吐量为 5 万～7 万 t。近几年在马鞭洲等地有企业自建的码头。

大亚湾周边地区具有建设大型良港的有利条件，随着经济的发展，其港口泊位数量及吞吐能力也必将有大幅度的提高。从区域来看，主要的大型港口码头仍将主要建设在深圳和惠州辖区内。如，惠州港三面环山，一面出海，具有回淤少、水域宽、风浪小、航道短、深水岸线长等优点，是我国南方少有的天然深水良港。目前已建成大小泊位 26 个，码头总长 2 772 m，其中 15 万 t 级泊位 1 个，1 万～3 万 t 级泊位 4 个，800～3 000 t 级泊位 21 个，初步形成了荃湾、澳头、东马、惠东沿海等多个港区的格局。现有吞吐能力 1 600 万 t，全面开发可建大小泊位 200 多个，其中 1 万 t 级以上泊位 110 个，10 万 t 以上泊位 20 个，年货物吞吐量可达 1 亿多 t，2003 年惠澳铁路建成通车后，已成为京九铁路南端最便捷的出海口。

3. 渔业

大亚湾自然条件优越，渔业资源丰富。据 1980—1986 年海岸带调查资料，在潮间带采集的标本中有生物 582 种，潮间带平均生物量为 545.3 g/m^2，栖息密度为 278.4 个/m^2；浅海底栖生物量为 55.1 g/m^2，栖息密度为 200.9 个/m^2。其中有不少珍贵种类，如鱼类有石斑、鲷、篮子鱼、海马和鹦咀鱼等；贝类中有马氏珍珠贝、江珧、扇贝、杂色鲍、牡蛎等；甲壳类有三门龙虾、对虾、锯缘表蟹和梭子蟹等；棘皮动物有紫海胆和海参等，藻类有海萝和江蓠等；养殖类有“南海珍珠”等。

近 10 余年来，捕捞业和海水养殖业一直是大亚湾沿岸乡镇经济的主要支柱，其中，海水养殖业发展很快，年平均递增速度高于海洋捕捞业，其中巽寮镇的年均递增速度最大，达 66.3%，这同近年来海水养殖技术的不断提高有关。然而，从上述各乡镇来看，由于海水养殖业起点较低，其产量仍一直低于海洋捕捞业，如 1995 年海水养殖业产量仅占同时期捕捞业的 31%左右，表明各乡镇渔业生产仍以海洋捕捞业为主流。

一直以来，广东省各级政府及有关部门十分重视大亚湾的水产资源的保护，只要大亚湾水产资源能得到有效的保护，捕捞业仍将在大亚湾沿岸渔业生产中占主流地位。

海水养殖业是大亚湾渔业生产中起步较晚，但发展速度较快的产业。大亚湾优越的地理位置，良好的自然条件，也十分有利于海水养殖业的发展。随着经济的发展，养殖技术的提高，海水养殖业必将成为渔业生产中发展最为迅速的产业，其在渔业生产中的比重也将越来越高。

5.1.1.3 自然、社会和经济环境变化对海域环境的影响

人类的各种活动是影响自然环境变化的主要因素。对于大亚湾海域来讲，尽管其周边地区的自然、社会、经济发生了巨大变化，但海域三面环山，无大河注入，相对较为“闭塞”的地形条件，使其在一定程度上幸免于周围地区直接的不利影响。对海域环境直接产生不利的主要因素来自沿岸地区。

影响海域水环境的污染源主要是沿岸乡镇的工业废水、生活污水、船舶含油污水。据 1991 年的不完全统计，大亚湾沿岸 7 乡镇工业废水年排放量约 68 万 t，生活污水约 167.8 万 t，船舶含油污水约 41t（王友绍，2014）。中国科学院南海海洋研究所于 1992 年 3 月和 8 月，在大亚湾海域布设 19 个测站，进行 25 个水质指标项目的监测，其结果表明：大亚湾海域水质状况良好，但沿岸海域会受到人类活动的影响，如春季时，哑铃湾、白寿湾一带的无机氮、石油类含量偏高等。

近 10 年来，大亚湾海水养殖业发展很快，尤其是近 3 年来扩展更快。例如，1997 年大鹏澳海区内有养殖网格 1 100 多个，而 1998 年迅速增加至 1 500 多个，增加了近 40%。2004 年增至 20 000 多箱（王友绍，2014）。海水网箱养鱼多以新鲜小鱼为饵料，每 0.5 kg 鱼要投放饵料 2 kg，网箱养鱼的投饵中有 26%～70%的饵料没有被利用，以不同形式进入水环境，造成污染。沿岸地区由于人口增加，经济快速发展，生活水和工业河水排放量逐年增加，也造成沿海水体中污染物加大。

早期大亚湾沿岸乡镇（现在为社区）社会经济的发展虽对海域产生了一定的影响，但影响范围及影响程度十分有限；然而近年来，随着大亚湾沿岸经济的发展，其污染物排放量有较大程度的增加，由于各级政府和部门十分重视大亚湾海域的环境保护问题，全社会的环境意识在不断加强，以及节能减排等措施的作用，取得了一些成效；同时，大亚湾海域不同区域的功能有所不同，其海水水质要求亦有所不同，因而可以相信，大部分海域仍能满足其相应功能的水质要求。

5.1.2 30 年来大亚湾生态环境变化特征与趋势

世界各国对典型海湾环境、生态与生物资源均进行了广泛和深入的研究（Martinez - Frias，1997；Cullen et al.，1999)，如墨西哥的 Mexico 湾（Evelia et al.，2001；Macauly et al.，1999)、美国的 Lavaca 湾（Long，2000)、日本的 Hirsoshima 湾（Kim，1997)、西班牙的 Cadiz 湾（DelValls，1998）等。中国科学院南海海洋研究所大亚湾海洋生物实验站（大亚湾站）自 1984 年建站，20 多年来获得了大量的现场观测数据和资料，对其环境、生态与生物资源均进行了较系统地研究（徐恭昭，1998；邹仁林，1996；潘金培 等，1996，2001；王友绍 等，2004；王友绍，2014；Jiang et al.，2015，2020；Sun et al.，2008；Wang et al.，2006，2008，2011，2012；Wu & Wang，2007；Wu et al.，2007，2009ab，2010，2011，2012，2014，2015a，2016，2018，2020；Yue et al.，2018；Zhang et al.，2007)。

5.1.2.1 大亚湾环境化学因子

1982—1989 年，大亚湾海域各年度的水温变化范围为 14.83～29.41 ℃，年均值为 22.41～23.76 ℃，差别不大。夏季水温高且表、底层相差大（3～5 ℃)；冬季水温低，表、底层很接近，从 1982—2001 年，大亚湾海域水体温度呈上升趋势。1991—1993 年，大亚湾西部海域水温年均值为 23.5 ℃。水温分布呈现由沿岸浅水区向深水区递减趋势。1994—1995 年，核电站运转后，水温变化范围为 14.80～35.00 ℃，年平均值为 23.91 ℃，比 1991 年高 0.41 ℃。排水口的表层水温各季节均较高，夏季表层水温可高达 35 ℃。1996—1999 年，每年的季节调查中，核电站排水口的表层水温均较高，特别以春、夏季最为明显，其表、底层相差最大；核电站温排水主要影响表层（Tang et al.，2003)；特别是近年来大亚湾海域水温呈下降趋势（图 5 - 1、图 5 - 2)。

大亚湾海水溶解氧（DO）的这种时空变化与垂直分布特征与 O_2 在海水中的溶解度随水温和盐

度而变及大亚湾海水季节性分层有密切关系。随着时间的变化，大亚湾海水 DO 是逐年减小趋势由呈增加趋势，与整个海域水体温度有关。核电站运转后其温排水对大亚湾西部海区表层海水 DO 可能有一定的影响（潘金培 等，1998；Wang et al.，2008）（图 5-3，表 5-2）。

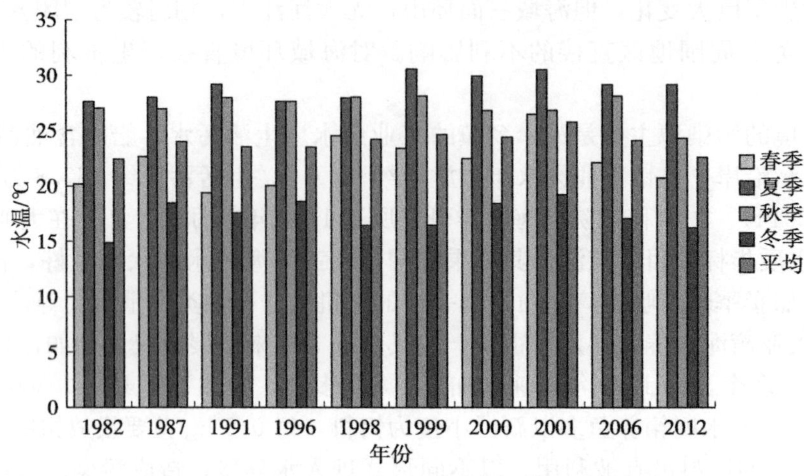

图 5-1 1985—2012 年大亚湾海区水温季节变化

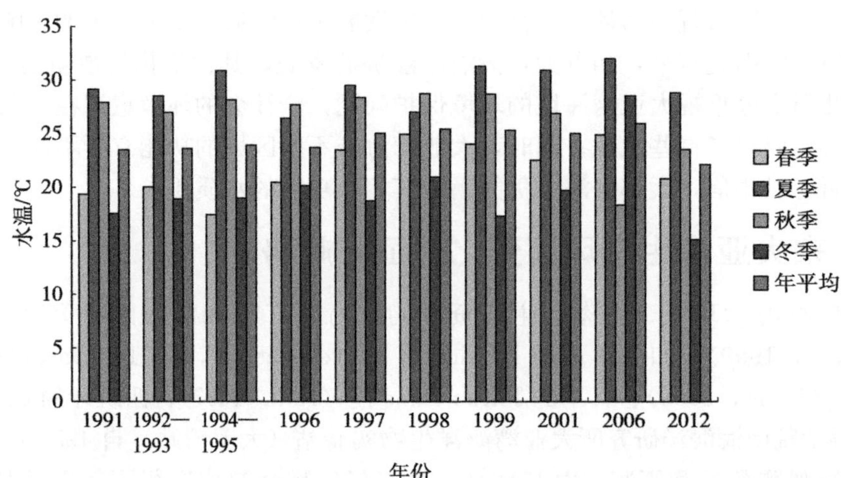

图5-2 1991—2012 年大亚湾西部（核电站邻近）海区各年度水温的季节变化

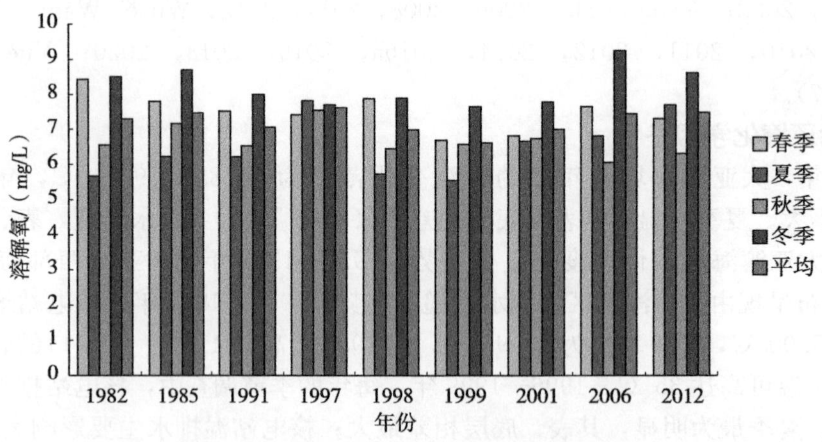

图 5-3 1982—2012 年大亚湾海水溶解氧

表 5-2　核电站运转前后大亚湾西部海水 DO 的变化

单位：mg/L

层次	年度	大鹏澳内	大鹏澳口	大鹏澳外
表层	1982—1993	7.44		
	1994—1999	7.21	7.05	7.19
底层	1982—1993	7.21		
	1994—1999	6.91	6.76	6.85

pH 变化范围为 7.96～8.40，年均值在 8.17～8.27，2006 年 pH 较低，年均值为 8.03，而 1998 年较高，年均值为 8.25。从总体上来看，30 年来大亚湾海域 pH 呈下降趋势，海洋酸化明显（Wang et al.，2006，2008；王友绍，2013）（图 5-4）。

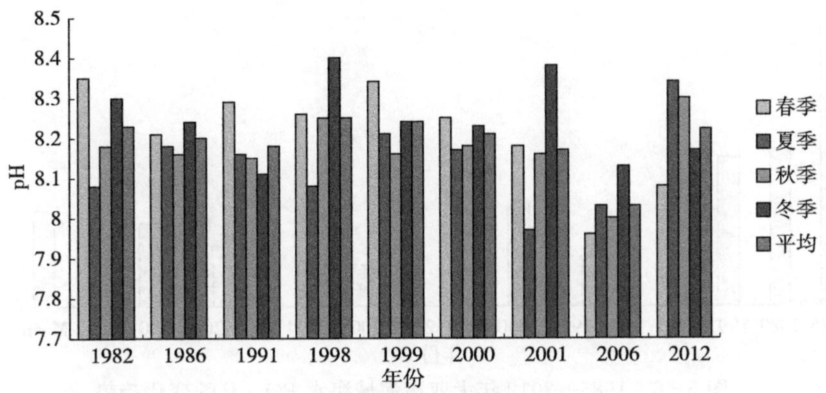

图 5-4　1982—2012 年大亚湾海水中 pH 变化

大亚湾海区 30 年来，无机氮（TIN）浓度总体呈逐年增加趋势（图 5-5）。核电站邻近海区海水中 TIN 浓度增幅也较大，尤其是 2002—2003 年浓度水平已比较高（王友绍 等，2004，2014；Wang et al.，2008），1997 年海水中 TIN 浓度已超过一类海水水质标准，1999 年海水中 TIN 浓度表层已超过二类水质标准，底层已超过一类而接近二类水质标准。大亚湾水产养殖由 1988 年 100 t 发展到 2005 年 58 573 t，17 年增加了 586 倍（Wu et al.，2009）；同时，由于沿岸人口的增加导致乡镇居民的生活污水排放增加，这些都可能是增加了该海区的无机氮浓度的原因（Wang et al.，2008）。

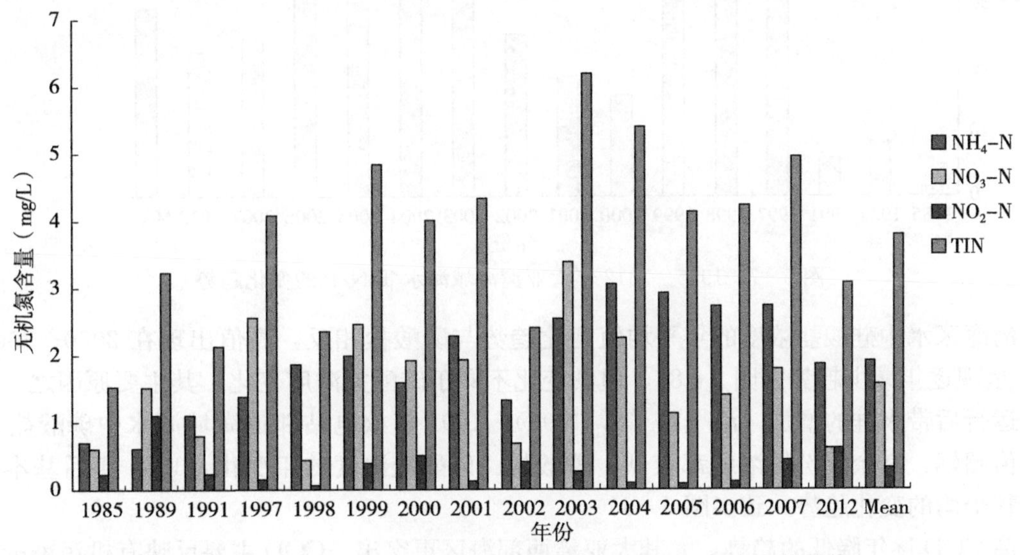

图 5-5　1985—2012 年大亚湾海域海水各种无机氮的变化趋势

大亚湾海区海水中磷酸盐浓度 1985—1986 年较高而至超标外，其他年份均未超标（图 5－6）。20 世纪 80 年代末以来，磷酸盐浓度明显下降，特别是 1996 年以来。TIN/P 比平均值由 20 世纪 80 年代的 1/1.5 上升到近年的＞50（图 5－7），大亚湾营养盐限制因子已有 80 年代的 N 限制过渡到目前的 P 限制（近年来 Si 和 P 季节性交替限制明显）。大亚湾海区水中硅酸盐浓度高值出现的季节：1985—1986 年为春、冬季；1988—1989 年为春季；1996 年为秋季；1997 和 1998 年为夏季；1999 年为春季。

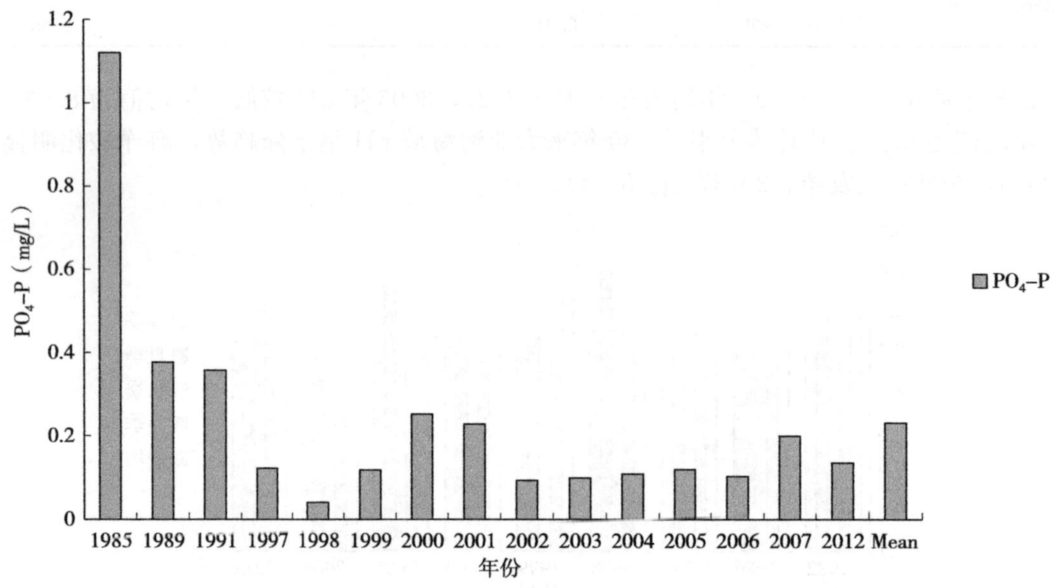

图 5－6　1985—2012 年大亚湾海域海水 PO_4－P 的变化趋势

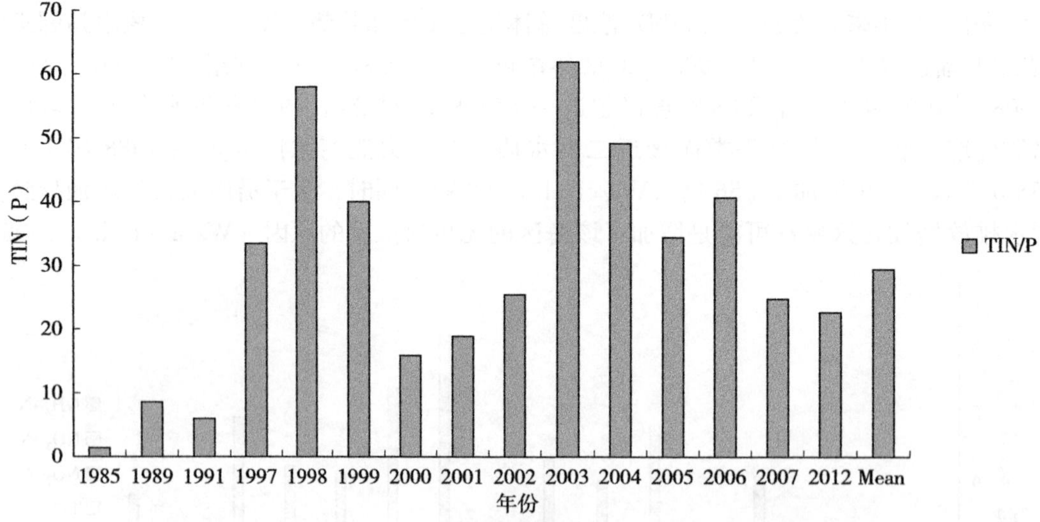

图 5－7　1985—2012 年大亚湾海域海水 TIN/P 的变化趋势

大亚湾海区水中硅酸盐浓度的年平均值变化趋势与磷酸盐相反，高值出现在 2000—2003 年，从 2003 年，呈现逐年减少趋势（图 5－8），但其变化不同于磷酸盐浓度变化，其主要原因之一可能是由于核电站运行后带来硅的增加（潘金培 等，1996）。1991 年核电站邻近海域海水中磷酸盐有 25％的月份平均值超标，其余年份的浓度都较低。磷酸盐、硅酸盐浓度的年变化，1991 年后基本上逐渐下降，这与整个湾的变化趋势一致（图 5－9）。

大亚湾 COD 逐年降低的趋势，尤其大亚湾西部海区更突出。COD 主要反映有机污染的情况，虽

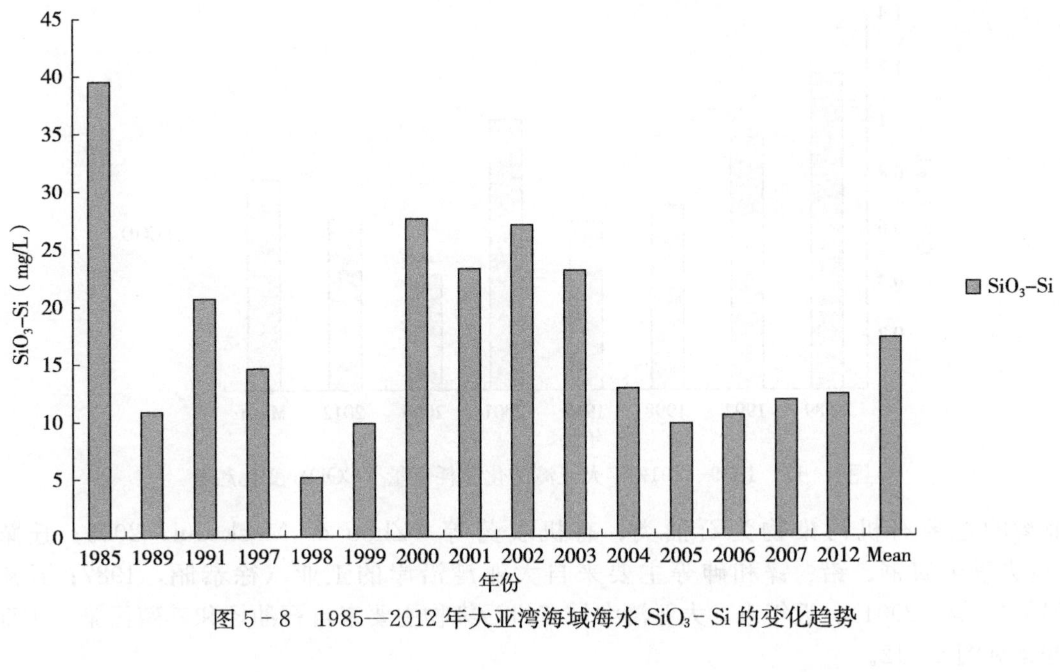

图 5-8　1985—2012 年大亚湾海域海水 SiO_3-Si 的变化趋势

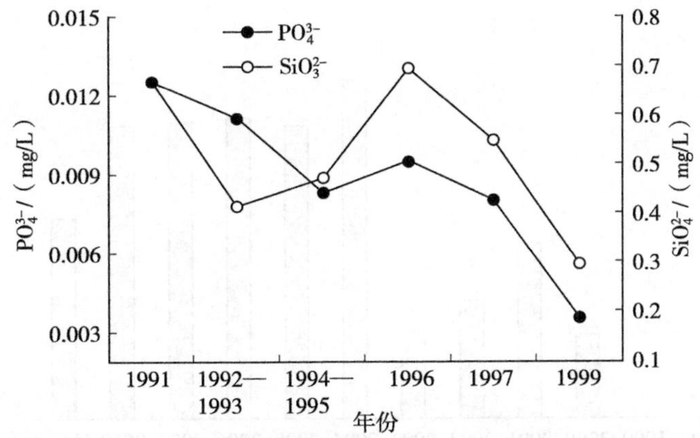

图 5-9　核电站邻近海区 P、Si 浓度的年度变化

然 COD 能较好地与有机物来源的空间分布相一致，但在时间变化方面却与整个生态系统的营养变化不协调。一个可能的原因之一是由于海水温度的变化（图 5-10）（王友绍 等，2004），海水中溶解有机物（DOM）的氧化还原状态发生了改变，从而导致大亚湾 COD 逐年降低的趋势（图 5-11）；但 COD 与 TIN、PO_4-P 和 SiO_3-Si 的量无关（韦蔓新 等，2002；彭云辉 等，2002）。

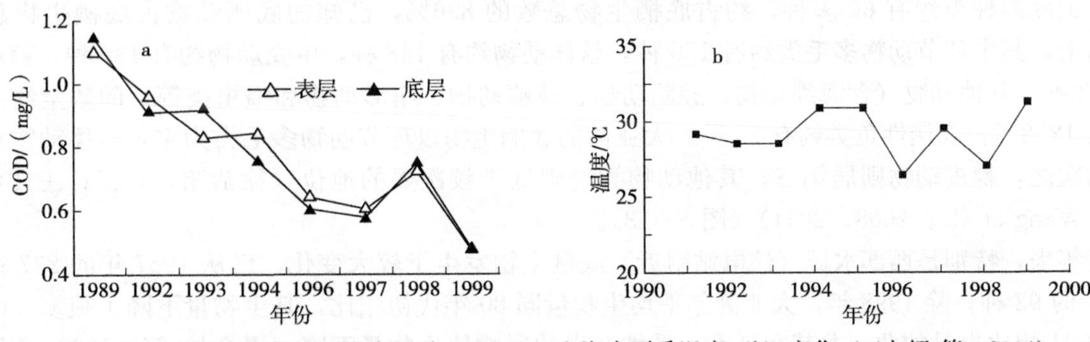

图 5-10　大亚湾西部海区海水夏季 COD（a）和海水夏季温度（b）变化（王友绍 等，2004）

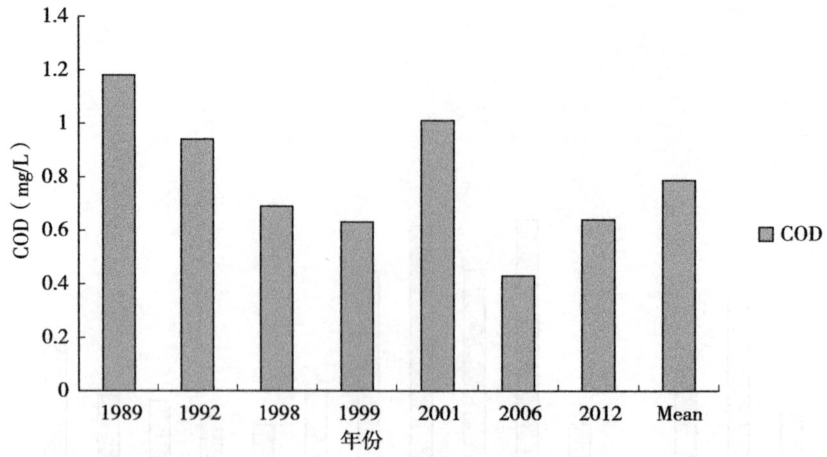

图 5-11　1989—2012 年大亚湾的化学耗氧量（COD）变化趋势

大亚湾的主要有机污染物为石油类、有机农药等（Zhou & Maskaoui，2003；丘耀文 等，2002），过去重金属铜、铅、锌和砷等主要来自大亚湾沿岸的工业（徐恭昭，1987；丘耀文 等，1997；何雪琴 等，2001）。近年来，大亚湾海域有机污染物主要来自石油烃和养殖污染。大亚湾海域石油类变化见图 5-12。

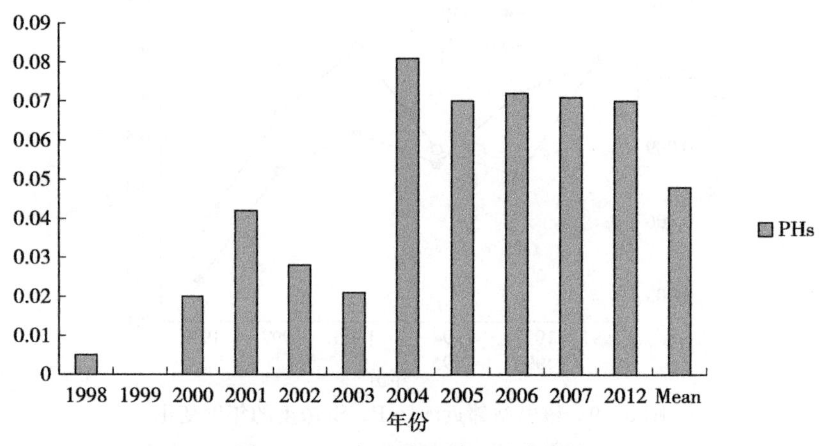

图 5-12　大亚湾海域石油类变化

5.1.2.2　大亚湾底栖生物

大亚湾底栖生物种类比较丰富，根据现有的资料统计，大亚湾已查明的底栖生物种类约有 700 余种（包括底栖植物和底栖动物），在底栖植物中包含海藻类和海草类，其中有关海藻类的调查相对要多些，记载的种类约有 60 多种，约占底栖生物总数的 8.6%，已知的底栖动物占底栖生物总种数 90%以上，其中环节动物多毛类约有 150 种，软体动物约有 148 种，甲壳动物约有 130 种，棘皮动物约有 52 种，其他动物（含海绵动物、腔肠动物、苔藓动物、纽形动物和缢虫类等）的数量约占底栖生物的 12.8%，底栖性鱼类约有 73 种。大亚湾的底栖生物以环节动物多毛类为主，软体动物和甲壳类动物次之，棘皮动物则居第三，其他动物类群则处于较次要的地位（徐恭昭，1987；王友绍 等，2004；Wang et al.，2008，2011）（图 5-13）。

近年来，特别是西部水域（核电站附近）底栖生物发生了较大变化，已从 1987 年的 237 种降至 2002 年的 92 种；除 1998 年，大亚湾年平均生物量同 80 年代初相比，其生物量下降了很多，西部水域与 1991 相比也是如此；尤其在夏季，受排温水的影响使生物量下降（潘金培 等，1998；Wang et al.，2008，2011）（图 5-14）。

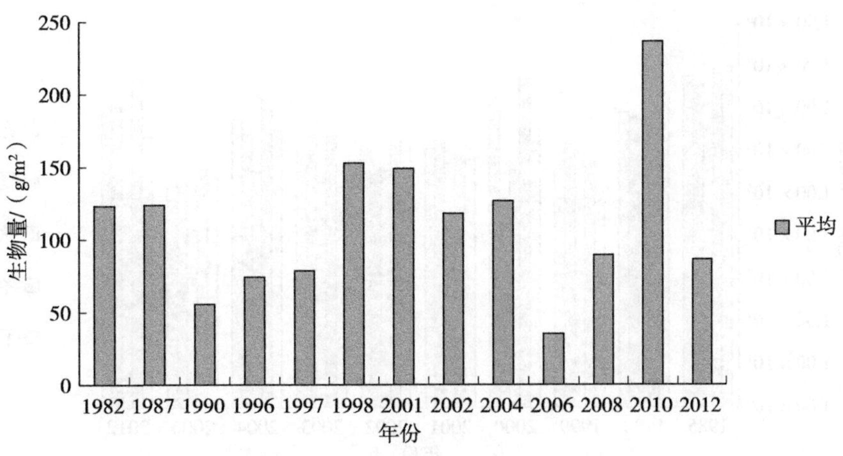

图 5－13　大亚湾底栖生物量变化

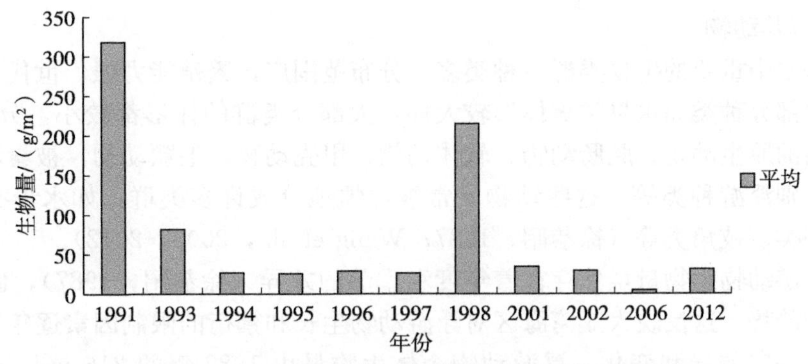

图 5－14　大亚湾核电站附近底栖生物量变化

5.1.2.3　大亚湾浮游植物

大亚湾浮游植物种类繁多，分别隶属于蓝藻门（Cyanophyta）、硅藻门（Bacillariophyta）、甲藻门（Pyrrophyta）、金藻门（Chrysophyta）、黄藻门（Xanthophyta）等，其中硅藻类是大亚湾浮游植物的主体，占 70%以上，其次是甲藻类（潘金培 等，2001；Wang et al.，2006，2008）。大亚湾浮游植物由 1983 年的 46 属 159 种降至 2002 年的 36 属 127 种（Wang et al.，2006，2008）。

大亚湾地处亚热带海区，因此浮游植物呈现亚热带生物的共同特性：种类繁多，其种类组成以暖水性种类和广温性种类为主（Sun et al.，2006；周贤沛 等，1998）；浮游植物数量变化呈单一周期型，优势种属季节更替频繁，有时有数种优势种，有时则是单一种类占绝对优势。80 年代的资料调查表明，浮游植物种类组成基本相近，但进入 90 年代以来，种类却在逐渐减少，近年来更为明显。大亚湾浮游植物数量通常是春、夏季较高，秋、冬较低，但近年来这一现象有所变化。秋末至冬初，细胞总量明显高于往年。这与湾内水域营养盐含量升高、水温升高有关。近几年来一些暖水性外海种类，如爱氏角毛藻（*Chaetoceros eibenii*）、中肋骨条藻（*Skeletonema costatum*）、洛氏角毛藻（*Chaetoceros lorenzianus*）等在秋冬季节广泛分布在湾内，并成为主要的优势种，这可能是由于湾内水温升高，有利于夏、秋季入湾的外海暖水种滞留并得以增殖。近年来调查发现，甲藻的数量有增多的趋势，某些甲藻会产生毒素，通过鱼、虾、贝食物链的传递，直接危害到人类的健康甚至生命安全。90 年代以来，虽然浮游植物数量明显减少，但同样表征浮游植物现存量的叶绿素 a 含量却有所上升，对这种似乎矛盾的现象的合理解释是：一些个体小于采样网目的种类采样时漏采了，而这一部分小个体的浮游植物的数量在增加，这也间接地显示了群落组成的小型化趋向。近年来，无论是浮游植物的数量和生物均有增加（图 5－15）。

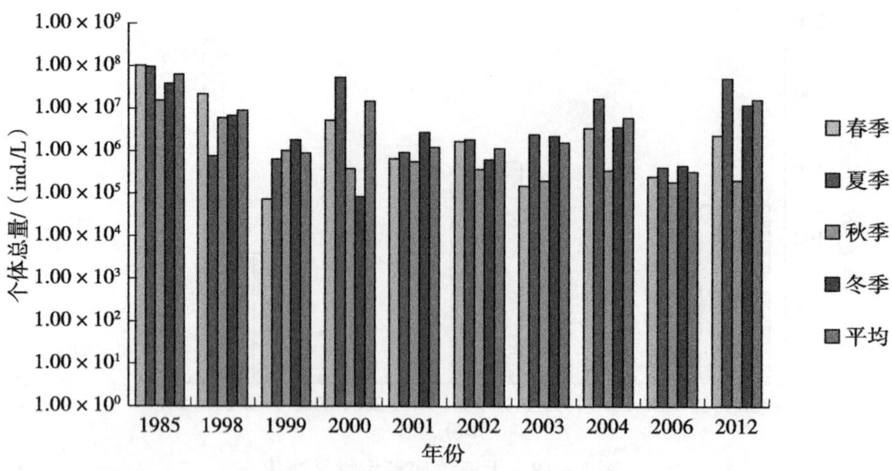

图 5-15 1986—2012 年大亚湾浮游植物个体总量变化

5.1.2.4 大亚湾浮游动物

浮游动物是海水中重要的生物类群，种类多，分布范围广，繁殖能力强，世代交替短，活动能力弱。在水域中，除部分种类如水母类等体形较大外，大部分类群的体形都较小，分布于整个水体中。它包括营浮游生活的原生动物、腔肠动物、软体动物、甲壳动物、毛颚动物、被囊动物、浮游幼虫以及其他门类中的个别浮游种类等。这些动物又常被习惯地分成许多类群，如水母类、桡足类、毛颚类、被囊类、樱虾类、枝角类等（徐恭昭，1987；Wang et al.，2008，2012）。

大亚湾海区浮游动物生物量虽然存在着年度和季节的差异（徐恭昭，1987），但其变化呈逐年下降、个体小型化的趋势，这反映大亚湾海区对浮游动物生长和繁衍的限制因素逐年增强。但在局部水域不尽相同，存在一定差异和变化。浮游动物个体生物量由 1982 年的 316 ind./m^3降至 2000 年的 90 ind./m^3。2001 年后大亚湾水体浮游动物个体生物量有所增加（Wang et al.，2008，2012）。

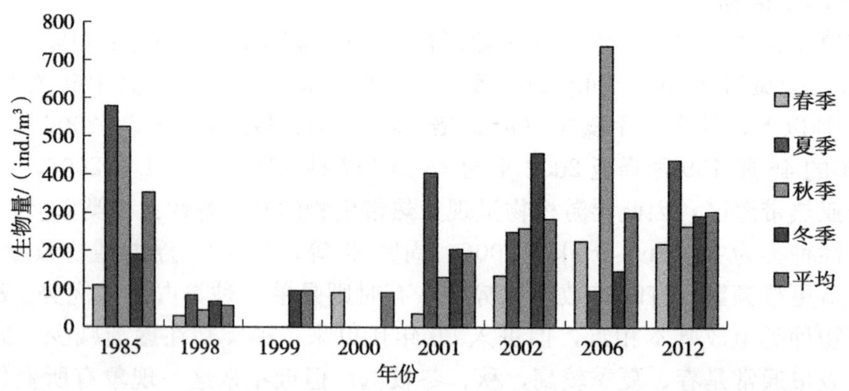

图 5-16 1985—2012 年大亚湾浮游动物个体生物量变化

1993 年 1 月以前，大亚湾海区（主要调查西部水域）浮游动物湿重生物量、体积生物量和个体生物量均呈逐年降低趋势。90 年代中期以后，湿重生物量和体积生物量均有较大幅度的波动和反弹，基本达到历史期的平均水准，而个体生物量虽有小幅反弹（以小、中型个体为主），但难以为继，并在 1998 年春季出现最低值 28.9 ind./m^3，该年年均密度仅为 53.23 ind./m^3（以小、中型个体为主），为 10 多年来的最低点。生物量的减少，反映了生物种类优势种群数量减少、优势种组成简单化、优势种个体变小、小个体种类及其数量增加等浮游动物本身因素的变化和更替。浮游动物的这些变化也反映了由于大亚湾沿岸和周边工农业生产的快速发展，如城镇房地产开发道路交通等基础建设，沿岸滩涂鱼虾池的不断扩建等，造成植被破坏、水土流失等负面影响的客观存在。近年来，大亚湾海区

（主要调查西部水域）浮游动物生物量正逐年增加。

大亚湾核电站冷却水系统对电站附近水域生物量也有一定的影响。排水口附近低生物量区受东南向热羽流和吸水口抽取大量海水（约 95 m^3/s）等综合效应，对一些水生生物的栖息、生长和发育，尤其对温度敏感度较高的一些浮游动物幼虫等，会产生直接或间接的负面作用，从而导致一些种群减少，水域生物量降低（潘金培 等，1998；王友绍 等，2004；Wang et al.，2008，2012）。

5.1.2.5　大亚湾游泳动物

大亚湾自然条件优越，生境多样，生产力及饵料基础雄厚，栖息着种类繁多和数量丰富的鱼类，是许多鱼类的产卵场、育肥场和索饵场，因而也是重要的渔场。随着沿岸工农业的飞速发展，养殖业与重大工程建设等人类活动对生态环境的胁迫会给渔业资源产生重大压力。大亚湾水域鱼类资源丰富，种类繁多，据历次（1985 年 1 月至 2004 年 10 月）渔业资源调查，大亚湾共获鱼类 328 种。其中以暖水性鱼类占绝大多数，达 90%，暖温性鱼类占 10%，属印度-西太平洋区系。其中，鲈形目种类占优势，体现其热带、亚热带特征，近 10 余年来大亚湾鱼类的种数没有减少，但一些重要经济鱼类已有明显减少趋势。常见的主要种类有 47 种，它们是大亚湾渔业资源的重要组成部分（徐恭昭，1987；王友绍 等，2004；Wang et al.，2008）。但一些重要经济鱼类的数量已有明显减少趋势。自 20 世纪 80 年代初期至 90 年代中期，大亚湾渔业资源量波动较大，1987 年 12 月最低，仅 110 t，至 2004 年 10 月有较大程度恢复，达 379 t，主要原因是一些中型鱼类数量有明显增加，如龙头鱼、前鳞鲻、梅童鱼、篮子鱼、白姑鱼、银牙鱼等，这与来大亚湾越冬产卵的外海鱼数量增加有关。2019 年，冬季渔业资源调查约达 350 t，主要优势种为长叉口虾蛄、猛虾蛄和伪装关公蟹等。大亚湾海域鱼类资源密度的变化也较大，20 世纪 90 年代中期渔业资源密度明显高于 20 世纪 80 年代中期，特别是自来实施禁海休渔政策使渔业资源衰退状况得到了有效的遏制，但鱼类小型化现象较为严重（图 5－17）。

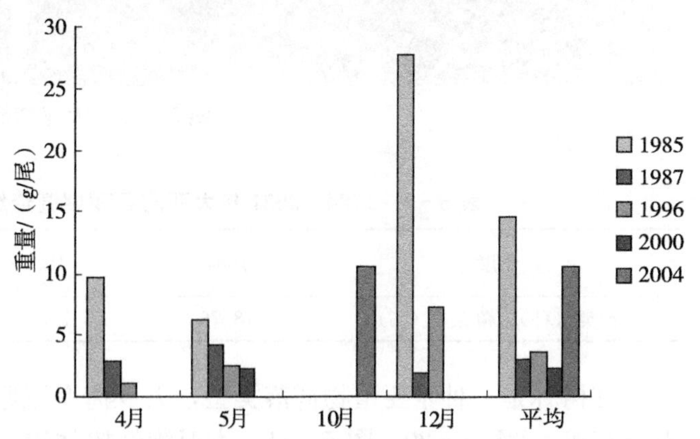

图 5－17　鱼类平均个体重量变化（Wang et al.，2008）

大亚湾海水养殖业发展速度较快。例如，大亚湾水产养殖从 1988 年的 440 hm^2 发展到 2005 年 13 298 hm^2，17 年间水产养殖增长了 30 倍左右（Wu et al.，2009）；近年来，大型深水网箱养殖正在逐年增加（图 5－18）。

图 5－18　大亚湾海上养殖

5.1.2.6 其他生物资源

大亚湾海域目前有 50 多个岛屿，在调查的 14 个海岛中，大部分海岛（鹅洲至大辣甲）均有珊瑚分布，分布的水深范围主要在 1.5～4 m，珊瑚的覆盖率较高（最高达 62.5%），而且健康状况良好。特别是在大亚湾北部近岸海域，南海石化引堤建设区发现有大面积珊瑚分布，密集区的覆盖率高（王友绍，2013；Wang et al.，2008；林昭进 等，2007），目前已查明有 83 种石珊瑚分布于大亚湾海域（黄晖，2021）（图 5－19、表 5－3）。

图 5－19 大亚湾蜂巢和鹿角珊瑚

表 5－3 1984—2021 年大亚湾石珊瑚调查结果（Wang et al.，2008；黄晖，2021）

年度	1984	1991	2002	2003	2021
种类（种）/覆盖率（%）	18/76	12/32	16/36	17/25.7	83/21.7

红树林是一种重要植物群落类型，大亚湾海域原生红树林过去主要分布白寿湾、范和港、坝光和双月湾等。（图 5－20、图 5－21）大亚湾红树林约 360 hm^2（包含 2019 年双月湾发现榄李林约 1 000 亩），20 世纪 90 年代减少至 160 hm^2，2005 年不足 70 hm^2。2019 年调查发现双月湾有我国分布最北界、最大规模以榄李为主原生林约 1 000 亩，但目前仅剩不到 50%。

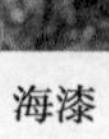

海漆

木榄

桐花树　老鼠簕

海芒果　秋茄

红海榄　榄李

银叶树　白骨壤

卤蕨　　黄瑾

无瓣海桑　　拉关木

坝光古银叶树

图 5-20　大亚湾周边主要红树植物物种

图 5-21　虾塘等吞噬大亚湾白寿湾（左）（王友绍，2014）和双月湾（右）原生红树林

大亚湾海域红树林群落主要为白骨壤群落、桐花树群落、秋茄-桐花树群落和古老银叶树群落等，真红树植物有秋茄、桐花树、海漆、白骨壤、红海榄、榄李、老鼠簕、卤蕨、无瓣海桑（外来种）、拉关木（外来种）和木榄，半红树植物有黄槿、银叶树和海芒果。大亚湾坝光拥有我国最为古老的银叶树群落。根据国家科技基础资源调查专项"红树林生物资源调查与重要种类DNA条形码库构建"调查，发现了大亚湾近海红树植物分布主要有11科14种，真红树植物物种比20世纪90年代发现的更多（陈学梅 等，1998）。

白寿湾以秋茄-桐花树群落为主，因建港口，面积大减；澳头湾原生白骨壤、秋茄和桐花树，因大量砍伐而遭破坏，只有少量残余。早年乡土红树植物植被一般高1～2 m，丛生、密集，覆盖度60%～90%（陈学梅 等，1998）。目前，白寿湾的原生红树林所剩无几，20世纪70年代，这里的红树林面积接近2 km^2。

大亚湾海域海草床生物资源状况调查结果表明，海草床的面积不足1 hm^2，海草种类为喜盐草，海草床栖息优势种为珠带拟蟹守螺和小翼拟蟹守螺（黄小平 等，2010）（表5-4）。

表5-4　大亚湾海域海草床调查结果（黄小平 等，2010）

面积/hm^2	主要海草种类	覆盖率/%
<1	喜盐草	6.67

大亚湾海区水温常年达20 ℃以上，盐度常年达30%以上，气环境条件适宜马尾藻的生长繁殖，马尾藻种数达18种（蒋福康 等，1996；国家海洋局第三海洋研究所，1990）；同时，大亚湾海岸基本上是岩基类型，而疏松的沉积岩海岸少，生长基质决定大亚湾马尾藻生长范围大、分布广，大亚湾海域马尾藻资源十分丰富（图5-22）。

图5-22　大亚湾海藻和海草

我国海龟资源曾十分丰富，繁殖地也曾遍布广东、海南、福建东南沿海等地。由于受人类开发破坏等因素影响，除西沙、南沙等无人岛及台湾、香港尚有少量海龟上岸繁殖外，惠东海龟国家级自然保护区是中国大陆的特有保护区，也是我国大陆唯一的海龟繁殖地，处于大亚湾东南湾口的海龟湾。大亚湾惠东绿海龟的产卵数量从20世纪80年代每年平均53窝（19～83窝/年），到90年代的每年平均25窝（1～61窝/年），再到2000年后每年少于20窝（0～53窝/年），2010年后平均每年不到5窝（0～10窝/年）。随着自然环境变化和人为活动增加，如多种渔业作业方式、船舶运输、大型海上建设和栖息地环境变化（大型海藻藻床的面积下降等）等，海龟洄游通道、海龟生存和栖息地生态环境受到的冲击增大（叶明彬 等，2015；Ng et al.，2017），导致海龟湾绿海龟上岸的产卵数量在逐年下降，迫切需要改变外部环境对海龟的食物来源、庇护场所和觅食洄游通道造成的不良影响。

通过30多年来获得的大量现场观测数据和资料，大亚湾生态环境长期变化研究结果首次区分了人类活动与自然变化对大亚湾海域生态环境影响与贡献，证实了人类活动增加打破中国近岸水体营养盐平衡这一重要发现（Wu & Wang，2007；王友绍，2013，2014）；由贫营养状态发展到中营养状态，局部海域已出现富营养化的趋势。

20 世纪 80 年代中期至 2000 年，生物群落组成明显小型化，生物多样性降低，生物资源衰退；自 2000 年以来，海洋生态保护加大，大亚湾生态系统正趋于好转，生物资源衰退等到遏制，但局部生态环境问题仍不乐观。大亚湾沿岸湿地遭到严重破坏，尤其是大亚湾海域红树林、海草床和珊瑚礁等典型海洋生态系统，原生红树林减少和群落趋于单一，近年出现了石珊瑚白化现象，珊瑚礁群落的优势种发生了改变（潘金培 等，1998；黄晖，2021；Wang et al.，2008），20 世纪 80 年代中期至 2000 年，在大亚湾的澳头港附近水域多次发生赤潮等，说明大亚湾生态系统曾经历过快速的退化过程。自 2000 年后，研究表明大亚湾生态系统某些方面正在趋于好转，大亚湾海域主要是受人类活动驱动的复合生态系统（Wang et al.，2008；王友绍，2014）。

5.2 海上绿色长城——红树林生态修复与保护

红树林生态系统处于海陆动态交界面，周期性遭到海水浸淹的潮间带环境，作为独特的海陆边缘生态系统，在自然生态平衡中起着特殊的作用，是热带、亚热带海岸带的生态关键区。红树林在固岸护堤、发展近海渔业、维持生物多样性、调节小气候、净化环境、发展生态旅游以及维持海岸带生态平衡等方面具有很高的生态、社会和经济价值。热带、亚热带存在多种不同类型的生态系统，其中最为特殊的是红树林生态系统，具有极高的生产力，通常认为，低纬度开阔海域初级生产力低，一般为 20～100 gC/（m^2·年），而红树林生态系统的净初级生产力高达 2 000 gC/（m^2·年），表现为高强度的物质循环和能量流动，以及丰富的生物多样性；红树林根系发达，可以固定沙壤、保护海岸、抵御破坏性海浪等；红树林是重要的碳存储系统，几千年来红树林封存了大量的碳，大约 1 000 t/hm^2，成为地球上最富碳的生态系统之一，可以帮助减缓气候变化。红树林对热带、亚热带生态系统的维持与发展起到关键性作用，并在全球变化过程中亦扮演重要角色。

自 20 世纪 80 年代中期以来，世界范围沿海地区开始经历快速的工业化、城市化进程，致使近海生态系统遭到严重破坏，海岸带地区生态系统均遭到不同程度的人类活动和自然变化的胁迫，尤其红树林退化与消失的趋势已相当严重。据联合国粮农组织（FAO）《1980—2005 年世界红树林》评估研究报告指出，许多国家因红树林毁林已造成环境和经济损失，1980 年以来，全世界已经损失红树林约 360 万 hm^2，约等于红树林总面积的 20%。我国天然红树林主要分布于海南、广东、广西、福建、台湾，历史上总面积曾达 25 万 hm^2，20 世纪 50 年代为 4 万 hm^2，目前尚存 2.2 万 hm^2。近 20 多年来，由于人类活动的影响，世界范围红树林退化与消失的趋势已相当严重；东南亚的红树林已损失 69%，中国也已损失了 65%以上；预计 2000—2050 年期间，东南亚地区红树林被破坏带来生态系统服务损失的经济量化值每年超过 20 亿美元。红树林生态系统在世界范围遭到了严重的破坏，这些问题已引起了世界各国政府和有关学者的极大关注。2004 年 12 月 26 日，印度尼西亚西北部的巨大海啸袭击了南亚和东南亚地区，吞噬了 25 万人的生命，无数人失去了家园。尤其在缺乏红树林保护的地区，海浪的巨大冲击力所造成的破坏最为严重，许多灾区原本生长着茂密的红树林，但在海啸发生前，这些红树林被旅馆、虾塘和沿海高速公路和房屋取代。这也给世人敲响了警钟，必须吸取教训，提高防灾意识，除加强沿海地区的防波堤建设外，应尽快恢复沿海的红树林。人类对自然生态环境的破坏和影响是近年来灾害加重的主要因素。环境衰退、气候变化已经成为人类不得不面对的灾难性问题，这些问题致使沿海地区洪涝灾害加重，近岸湿地退化、红树林大面积丧失等（图 5-23、图 5-24）。

2013 年，联合国政府间气候变化专门委员会（IPCC）第五次评估报告中已经指出，人类对气候

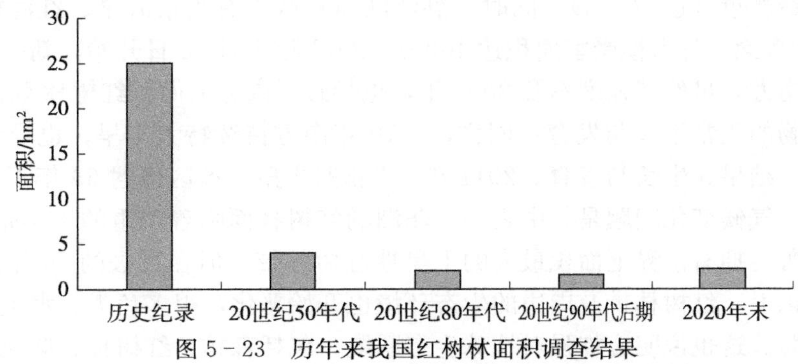

图 5 - 23　历年来我国红树林面积调查结果

图 5 - 24　自然灾害导致牛拉河口（左）和 Merbok 河口红树林死亡（右）

系统的影响是明显的；人类对气候的干扰越大，面临的风险就越高，受到的影响也更加广泛和不可逆转，近百年来气候系统正在变暖的事实。气候变化，导致冰川融化、海平面上升，暴雨、洪水、飓风、冰冻、干旱等各种极端气候事件频发，造成非常严重的气象灾害，这些灾害对人类的生产生活产生诸多不利影响。同时，红树林还面临建设活动的土地填海工程、水产养殖、农业、旅游等人类活动影响。红树林生态系统对全球气候变化最为敏感，如何在全球变暖和全球经济一体化的大环境下，开展红树林生态系统的研究、保护与发展已成为当前世界红树林区各国十分紧迫的任务。

2006 年，联合国环境规划署（UNEP）发布的研究表明，太平洋地区的红树林亟待保护，气候变化造成的海平面上升将严重威胁到这一重要生态系统。太平洋地区 16 个岛国和属国的红树林的调查发现，总体来看，到 21 世纪末，13%的红树林都将被淹没。某些岛屿甚至超过一半的红树林都将逐步消失，尤其是萨摩亚群岛（美属）、斐济、图瓦卢、密克罗尼西亚群岛将成为“重灾区”。在过去的 20 多年时间里，全球超过 1/3 的红树林消失了，目前全球红树林面积仍在以每年平均 0.7%的速度缩减（Spalding et al.，2010）。全球红树林受人类活动和自然变化威胁严重，如何多学科交叉开展红树林生态系统保护、生态修复与恢复研究，已成为亟待解决的重大科学与技术难题。

由于拉尼娜现象及大气环流异常影响，2008 年 1 月 13 日至 2 月 13 日，我国南方地区遭遇了 50 年以来罕见的长时间强降雪及冰冻灾害，对林业生产建设和林业科技工作造成了严重影响。在这次寒害中，我国南方沿海红树林也未免遭受重创，红树林受灾面积达 5 000 hm^2 以上，直接经济损失合计 1 200 万元以上。珠海淇澳岛红树林受灾面积占整个红树林恢复面积的 30%，自 1999 年以来种植的海桑林二、三级枝条全部受冻枯死，一级枝条和主干尚存活（但过后全部死亡），海桑林一片枯黄景象，本次冻害尤其对近 2 年新种植红树林影响非常大，除了秋茄、桐花及 2006 年种植的无瓣海桑外，其他苗木均受冻害，冻死及严重冻伤苗木达 303 194 株，共 24 hm^2。其中，2006 年种植的无瓣海桑、海桑、红海榄受害最严重（达100%）。同时，湛江红树林区也有大量海桑、红海榄受害，其中高桥地区2006年种植的海桑、红海榄受害面积达100%。2011年1月26日开始，新一轮大范围低温雨雪天气再次席卷中国南方，虽然其强度不及2008年，也导致了南方大面积红树林不能正常开花、结果，严重影响了红树植物的正常生长与发育；同样，2010年南方持续特大干旱，也导致了南方大面积红树林不能正常开花、结果、生长与发育。2011年，"非洲之角"地区遭遇60年不遇的旱灾，造成此次灾害的原因很多，气候变化问题是其中之一，非洲的红树林面临着严重的干旱带来的危害与考验。巴基斯坦的卡拉奇曾经拥有世界上面积最大的干旱性红树林带，但在过去的50年间，当地红树林面积几乎减少了一半以上，红树林带及周边的生态环境也开始恶化，很多鱼类、水生动物以及鸟类的生存也面临着严重威胁。这也说明应加强对地球生态系统，包括森林、红树林、湿地和河流等的修复和保护。

为应对全球变化，世界各国沿海红树林研究与保护都将面临两方面的问题：一方面，面临巨大人类活动的强烈干扰，即红树林污染、人为破坏以及不合理的开发和利用；另一方面，全球气候变暖，海平面上升以及面对经常性极端气候灾害等挑战。在人类活动和全球气候变化的双重影响下，世界红树林处于长时间持续衰退中，对自然灾害的应变能力大为下降。

红树林（Mangrove forest）是生长在热带亚热带海岸潮间带，受周期性海水浸淹的木本群落，是海滩上特有的森林类型。红树植物（Mangrove Plants）是亚热带、热带海区特有的高等植物，全球有红树植物约24科82种（未包括我国新发现新种钟氏海桑）（王友绍 等，2019），其中我国约有19科37种（林鹏，2001；王友绍 等，2019）。红树林主要分布在南、北半球20℃等温线内，是具有高生产力、蕴藏着丰富的生物资源和物种多样性的特殊生态系，在全球海洋的过程和生物资源方面具有重要地位。1983年世界自然保护联盟（IUCN）全球红树林调查表明，热带海岸带的大规模开发导致全球规模的红树林破坏。红树林生态系统的研究开始引起有关国家政府和学者的极大关注，继而成为国际上海洋科学的前沿性课题，如，The Mangrove Action Project（自1992），Wetlands International-China（自1996），Integrated Coastal and Marine Management（ICMM）& Distilling Good Practice（自1993）等研究计划。20世纪90年代末至今，红树林生态功能保护、恢复、利用和管理逐渐成为国际红树林研究的热点（Duke et al.，2007），内容涉及红树林生态系物种（王友绍，2019）、物流（Kristensen & Suraswadi，2002）和能流、污染环境与生态学（Tam & Yao，2002；Zhang et al.，2006；Wang & Gu，2021）、分子生态学（Fei et al.，2015ab，2021；Liu & Wang，2020；Liu et al.，2020；Huang & Wang，2009，2010，2011，2012；Zhang et al.，2012；Peng et al.，2013，2015abc，2020ab；Wang et al.，2015ab；Fei et al.，2015；王友绍，2019，2021；Wang & Gu，2021）、生态驱动因子以及保护、恢复、开发和管理等（Stone，2006；Boersma et al.，2005；Lewis III，2005；Elster et al.，2000；Dale et al.，2014；López-Portillo et al.，2017；Wang & Gu，2021）。

近年来，受损红树林生态系统的修复技术研究已成为红树林生态系统研究的热点内容之一（王友绍，2013；Dale et al.，2014；López-Portillo et al.，2017），特别是2003年以来，国际上红树林生态修复得到了快速发展（Dale et al.，2014；廖宝文 等，2010）。Stone（2006）认为防止地表移动、重新种植红树林是2004年遭受海啸袭击和2005年3月地震袭击的一些亚洲地区面临的任务，他描述了在这些地区生态系统是如何重建的，以及确保下次地震不会产生如此灾难性后果而实施的措施，拯救防止海啸肆虐的红树林。Boersma等（2005）介绍了Fernandina岛红树林等生态系统及其对该岛的生态功能、组成影响以及恢复，尤其是当地居民在红树林区生物的非法采集（从高端到低端大约100 000种），这给红树林生态系统带来了严重破坏。Jr等（2007）详细介绍了密西西比河地区的生态恢复，其中包括该地区红树林生态系统的恢复。Macintosha等（2002）研究了泰国南部安达曼沿岸红树林生态系统的恢复，利用种植多种红树植物对伐木、开矿和养殖区进行修复，对恢复区甲壳和软体动物检测表明，以红树科植物修复效果最好。在对哥伦比亚退化红树林区进行生态恢复中，Elster 等（2000）首先打通受阻的水道以引入更多的淡水进入该地区，然后选种了 3 种红树植物，研究表明造林的成功与否主要取决于选地和筹备工作。Lewis Ⅲ（2005）报道了红树林生态工程的成功管理经验与恢复技术。

我国红树林的研究起步较晚，早期研究主要是植物分类学和植物群落学。自 20 世纪 70 年代初首次开展红树林与近海渔业关系的研究以来，对红树林生态价值、经济价值和社会价值的研究不断深入。尽管与国际研究水平相比尚存在一定的差距，但经过我国科研工作者 40 多年的不懈努力，我国红树林的研究新趋势已逐渐形成，在红树林生态系的种类定界、物质、能量流、污染生态学、分子生态学研究（Tam & Yao，2002；Zhang et al.，2006，2012；Fei et al.，2015ab，2021；Liu & Wang，2020；Liu et al.，2020；Huang & Wang，2009，2010，2011，2012；Peng et al.，2013，2015abc，2020ab；Wang et al.，2015ab；Fei et al.，2015；王友绍，2019，2021；Wang & Gu，2021）和经济利用及其在红树林引种育苗、生态恢复工程上均取得了丰硕成果（林鹏，2003；张乔民等，2001；郑德璋 等，1999；Zhang et al.，2007；王友绍，2013；廖宝文 等，2010；王友绍，2021）。作为红树林生态系统恢复与重建技术基础构成，红树林引种与造林在我国历史悠久。早在 1882 年，就有华侨从南洋带回红树植物种实在漳州栽种。1949 年后，海南、广东、广西等各地民众和林业部门也进行了不少造林实践，但由于造林指标缺乏可比性，难以升华为技术资料。我国从 20 世纪 80 年代起才真正着手红树林造林技术方面的研究。为了扭转红树林资源急剧减少和海岸生态环境急剧恶化的严峻局面，提高红树林生态系统修复与重建技术水平，20 世纪 90 年代起，红树林主要树种造林配套技术、优良树种引种和抗寒北移技术、次生林改造技术、红树林防护效益测定与评价、红树林宜林海洋环境指标等列入国家科技攻关项目，现已形成一整套较成熟的红树林造林技术，并正在华南沿海各地推广使用（张乔民 等，2001；郑德璋 等，1999；廖宝文 等，2010；王友绍，2013）。自 2005 年以来，先后与湛江红树林国家级自然保护区管理合作先后在湛江雷州等地建立了红树林生态恢复与修复技术试验示范区 1 万多亩（王友绍，2019，2021）；在目前全球红树林面积仍在以每年平均 0.7%的速度缩减情况下（Spalding et al.，2010），我国成为国际上为数不多，红树林面积在增加的国家之一，推动了我国红树林生态修复与恢复技术、分子生态学机理研究走在国际前列（廖宝文 等，2010；王友绍，2019）。

1985 年，我国从孟加拉国引种优良速生乔木树种无瓣海桑到海南东寨港，现已成功北移到湛江海康、深圳福田、汕头、福建龙海等岸段，成为许多岸段裸滩造林和次生林改造的主要乔木树种，但有关无瓣海桑是否对乡土红树植物物种有影响，需要进行科学论证和评估。我国红树林主要树种造林、退化次生林改造、造林树种优良种源选择等相关红树林恢复技术的研究方面取得了重要进展（郑德璋 等，1999；廖宝文 等，2010；王友绍，2013）。

自 20 世纪 80 年代以来，我国沿海城市工矿企业迅速发展，人口分布密集，每年有大量的工业废水和生活污水未经达标处理直接排放入海，工业固体废弃物和生活垃圾大量堆积在岸滩或任意弃置入海，内陆地区污染物经河流携带入海，加上船舶、平台排放的污染物直接入海，造成近海海域和滨海湿地的油污染，氮、磷等营养盐和有机物污染以及重金属污染（喻龙 等，2002；王友绍，2014）。清除环境污染物的传统方法有物理修复法和化学修复法，但是这些方法存在着处理费用高、操作复杂、有二次污染的可能性等缺点。生物修复技术是近年来新兴的一门环境生物技术，具有工程简单、处理费用相对较低、清洁水平较高等优点。将生物修复技术应用于受污染滨海湿地的治理，对于保护滨海湿地生态环境、发展沿海经济具有重要意义。

我国研究人员在滨海污染环境的生物修复研究中作了大量工作。红树林是热带、亚热带沿海潮间带的耐盐森林生态系，不仅有很好的保滩护堤作用，而且能抗污染和净化污水。我国学者对红树林生态系统有机污染的微生物修复（林鹏，1997；Gu，2005；Sun et al.，2012）、重金属污染的植物修复（张凤琴 等，2005；Zhang，2007；Cheng et al.，2012；王友绍 等，2019；王友绍，2021）、富营养化水体的植物修复（林鹏，1997；Song et al.，2012；王友绍，2021）等进行了研究。

特别是近20年来，人类活动的干扰和增加（污染、过度捕捞、不合理开发与利用等）（Wang & Gu，2021）；外来生物物种的入侵，如互花米草、薇甘菊等（李鸣光 等，2000；杨雄邦 等，2010）；全球变化影响（全球变暖、海平面上升和极端天气等）（王友绍，2019，2021；Wang & Gu，2021），这些是直接导致红树林面积减少、生态系统功能退化主要原因。红树林生态修复、保护与发展逐渐成为国际海洋生态学研究的热点内容之一（Duke et al.，2007；Amir，2018；Temmerman et al.，2013；王友绍，2013，2019，2021；Wang & Gu，2021）。

大亚湾站红树林研究团队先后向国家提交了《我国红树林生态系统修复示范研究报告》《我国红树林生态系统评估理论、方法研究报告》等6部报告（王友绍，2019），为国家海洋生态环境保护和生物资源可持续发展提供了决策依据（图5-25）。

图5-25 《我国红树林生态系统修复示范研究报告》《我国红树林生态系统评估理论、方法研究报告》等

在国家自然科学基金重点项目、国家“908”专项、国家科技支撑计划重点项目的支持下，揭示了红树林对极端环境变化响应与适应机理，提出了红树林具有“四高”特性新观点（王友绍，2021；Wang & Gu，2021），填补国际红树林分子生态学研究空白（王友绍，2019，2021；Wang & Gu，2021），建立了红树林生态系统评价与修复技术体系（王友绍，2013），推动了红树林生态修复与保护发展。在广东湛江、浙江温州、广西丹兜海以及特殊区域等地建立了红树林生态修复技术试验示范区（图5-26），仅在雷州就建立了红树林示范区16 000多亩，根据Costanza等（Nature，1997，387：253-260）计算，每年的生态价值约7.4亿元；与“一带一路”沿岸国家合作，并将成果辐射推广至南亚和东南亚的巴基斯坦（玛里尔河口）、马来西亚（牛拉河口）等国家，促进了当地社会经济与生态保护协调发展。

在国家科技基础资源调查专项、国家“908”专项等项目支持下，已确认我国红树植物38种，包括1个新种（钟氏海桑：*S. zhongcairongii* Y. S. Wang &S. H. Shi）和1个记录种（拉氏红树：*R.* × *lamarckii*）（王友绍，2019），收录物种超过300种（包括动植物、昆虫等），DNA条形码数据超过2 000条，并建立红树林生态系统资源综合数据库等（图5-27）。

近年来，面对全球变暖、海平面上升、极端天气挑战以及人类活动增加，这也将为红树林的研究、保护和发展带来机遇与挑战（王友绍，2021；Wang & Gu，2021）。

中国的红树植物约占全球物种的46%，但目前我国关于红树林与全球气候变化相互关系的研究较少，主要研究成果也仅停留在室内模拟阶段。不过，我国红树林分子生态学研究在国际上处于领先

a.广东雷州 b.浙江温州

c.广西丹兜海 d.特殊区域

图 5-26 红树林生态修复示范区（王友绍，2013，2019，2021）

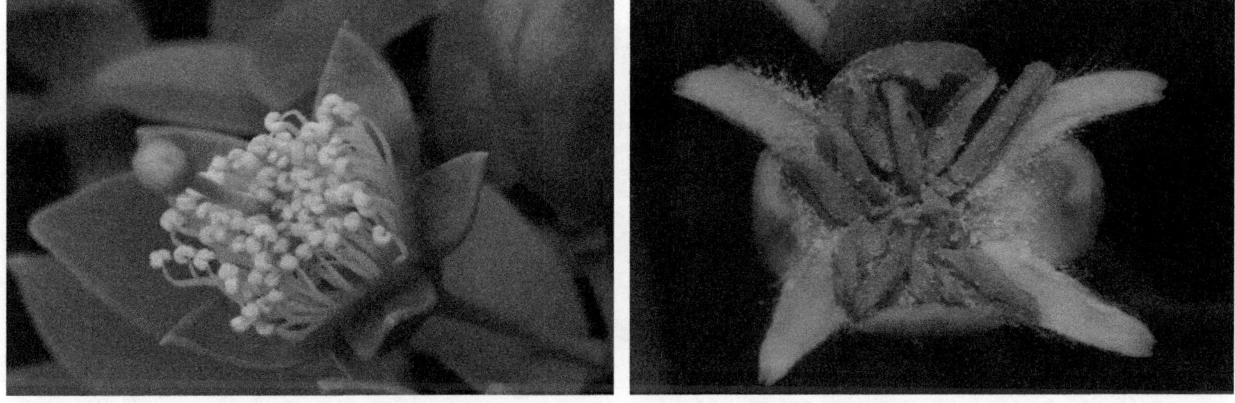

图 5-27 新种钟氏海桑（左）和记录种拉氏红树（右）（王友绍，2019）

水平（Fei et al.，2015ab，2021；Liu & Wang，2020；Liu et al.，2020；Huang & Wang，2009，2010，2011，2012；Zhang et al.，2012；Peng et al.，2013，2015abc，2020ab；Wang et al.，2015ab；Fei et al.，2015；王友绍，2019，2021；Wang & Gu，2021）。全球气候变化对红树林生态系统的影响是一个长期而复杂的过程，特别是在近年来异常气候频发（Gilman et al.，2008；王友绍，2019；Wang & Gu，2021）的背景下，加强红树林生态系统对全球气候变化的响应和适应机制的研

究，可为国家应对全球气候变化、防灾、减灾和红树林生态保护提供理论依据和技术支持。

一是要建立红树林生态系统定位立体监测网络，进行长期观测，加强全球气候变化与红树林生态系统（植物、动物和微生物）能量流动、物质循环、生物多样性和生物入侵等因素之间的相互作用关系研究，构建红树林生态系统观测与研究网络数据库，为全球气候变化研究提供基础数据和资料，并积极参与红树林生态系统与全球变化领域的国际合作与交流。

二是要加强红树林生态系统评估与优化管理研究，建立和健全红树林保护的长效机制，找到保护与可持续管理红树林生态系统与生物多样性的更有效方式，尤其国家要加大红树林国家级自然保护区投入力度，确保近海生态屏障的健康和稳定。

三是要加强红树林生态系统对全球气候变化的响应和适应的多学科综合与交叉研究。全球气候变化是一个复杂的过程，一个气候因子的变化往往伴随着许多环境因子的改变，如温度的升高往往伴随着 CO_2 升高、降雨量减少、盐度升高等。全球变暖为我国的红树林引种和北移提供了新的机遇和挑战。在传统的引种、驯化和造林的基础上，多学科交叉开展红树林生态系统对全球气候变化的响应和适应研究，能够为今后的引种和造林提供科学理论依据和技术支持。

四是要加强全球气候变化对红树林影响的历史追溯研究，借鉴历史可以使我们更好地预测未来气候变化对红树林生态系统的影响；此外，还应加强全球气候变化的预测研究，为减缓全球气候变化对我国近海生态环境的危害提供科学依据。

全球气候变化是指在全球范围内，气候平均状态统计学意义上的巨大改变或者持续较长一段时间的气候变动。因此，红树林对全球气候变化响应与适应的生态学机制研究（尤其是分子生态学机理），不但可以揭示红树林对逆境的响应与适应机制，还能为应对全球气候变化以及红树林资源可持续发展提供科学依据。

参 考 文 献

陈学梅，缪绅裕，王厚麟，等，1999. 大亚湾红树植物群落生态学研究［J］. 广州师院学报（自然科学版），20（2）：90－96.

戴民汉，魏俊峰，翟惟东，2001. 南海碳的生物地球化学研究进展［J］. 厦门大学学报（自然科学版），40（2）：545－551.

董俊德，王汉奎，黄良民，等，2002a. 海洋固氮生物多样性及其对海洋生产力的碳、氮贡献［J］. 生态学报（10）：1741－1749.

董俊德，王汉奎，张偲，等，2002b. 三亚湾海水温度季节变化及溶解无机氮的垂直分布特征［J］. 热带海洋学报，21（1）：40－47.

董金海，焦念志，1995. 胶州湾生态学研究［M］. 北京：科学出版社.

国家海洋局第三海洋研究所，1989. 大亚湾海洋生态文集（Ⅰ）［M］. 北京：海洋出版社.

国家海洋局第三海洋研究所，1990. 大亚湾海洋生态文集（Ⅱ）［M］. 北京：海洋出版社.

何雪琴，张观希，郑庆华，等，2001. 大亚湾底栖生物体中 4 种重金属残毒量分析与评价［J］. 地理科学（3）：282－285.

黄晖，2021. 中国珊瑚礁状况报告（2010—2019）［M］. 北京：海洋出版社.

黄良民，张偲，王汉奎，等，2007. 三亚湾生态环境与生物资源［M］. 北京：科学出版社.

黄小平，黄良民，等，2007. 中国南海海草研究. 广州：广东经济出版社.

黄小平，江志坚，张景平，等，2010. 广东沿海新发现的海草床［J］. 热带海洋学报，29（1）：132－135.

惠州市统计局，1999.《惠州统计年览 1999》［M］. 北京：中国统计出版社.

惠州市统计局，1996.《惠州统计年览 1996》［M］. 北京：中国统计出版社.

惠州市统计局，1994.《惠州统计年览 1994》［M］. 北京：中国统计出版社.

焦念志，1994. 海洋学的研究进展与发展趋势［M］//韩晓鹏，彭海青，翟世奎. 海洋科学中若干前沿领域发展趋势的分析与探讨. 北京：海洋出版社，127.

金启增，1996. 华贵栉孔扇贝育苗与养殖生物学［M］. 北京：科学出版社.

金恒镳，2003. 发展国际生态学研究的网络——迈向跨越疆界的联结［J］. 林业科技管理（2）：25－26.

蒋福康，李庆欣，林坚士，1996. 大亚湾的马尾藻资源研究［J］. 热带海洋（1）：85－90.

林鹏，2003. 中国红树林湿地与生态工程的几个问题［J］. 中国工程科学（6）：33－38.

林鹏，1997. 中国红树林生态系［M］. 北京：科学出版社.

廖宝文，李玫，陈玉军，等，2010. 中国红树林恢复与重建技术［M］. 北京：科学出版社.

李鸣光，张炜银，廖文波，等，2000. 薇甘菊研究历史与现状［J］. 生态科学，（3）：41－45.

林昭进，邱永松，张汉华，等，2007. 大亚湾浅水石珊瑚的分布现状及生态特点［J］. 热带海洋学报，（3）：63－67.

宁修仁，孙松，等，2005. 海湾生态系统观测方法［M］. 北京：中国环境科学出版社.

杨金森，秦德润，王松霈，2000. 海岸带和海洋生态经济管理［M］. 北京：海洋出版社.

隋广军，2015. 台风灾害评估与应急管理［M］. 北京：科学出版社.

潘金培，蔡国雄，1996. 中国科学院大亚湾海洋生物综合实验站研究年报第 1 期（1991—1993）［M］. 北京：科学出版社.

潘金培，王肇鼎，1998. 中国科学院大亚湾海洋生物综合实验站研究年报第 2 期（1944—1996）［M］. 北京：科学出版社.

潘金培，王肇鼎，吴信忠，2001. 海湾生态环境与生物资源持续利用［M］. 北京：科学出版社.

潘明祥，张正斌，王肇鼎，等，2000. 大亚湾海水微表层生物-化学研究Ⅱ（二）生物-化学特性的周日变化规律［J］.

热带海洋，(2)：57 - 63.

彭云辉，王肇鼎，陈浩如，等，1998. 大亚湾核电站运转前后大鹏澳海域水质状况评价［J］. 海洋环境科学（2）：13 - 17.

丘耀文，周俊良，Maskaoui K，等，2002. 大亚湾海域多氯联苯及有机氯农药研究［J］. 海洋环境科学（1）：46 - 51.

丘耀文，王肇鼎，1997. 大亚湾海域重金属潜在生态危害评价［J］. 热带海洋，(4)：49 - 53.

沈国英，黄凌风，郭丰，等，2010. 海洋生态学（第三版）［M］. 北京：科学出版社.

深圳市统计信息局，1998.《深圳市统计信息年鉴 1998》［M］. 北京：中国统计出版社.

深圳市统计信息局，1997.《深圳市统计信息年鉴 1997》［M］. 北京：中国统计出版社.

深圳经济特区年鉴编辑委员会，1985.《深圳经济特区年鉴 1985》［M］. 广州：广东省地图出版社.

深圳经济特区年鉴编辑委员会，1986.《深圳经济特区年鉴 1986》［M］. 广州：广东省地图出版社.

孙松，张永山，吴玉霖，等，2005. 胶州湾初级生产力周年变化［J］. 海洋与湖沼，(6)：3 - 8.

孙松，2015. 海湾生态系统的理论与实践——以胶州湾为例［M］. 北京：科学出版社.

苏纪兰，李炎，王启，2001. 我国 21 世纪初海洋科学研究中的若干重要问题［J］. 地球科学进展，(5)：658 - 663.

苏纪兰，2006. 21 世纪初我国海洋科学的展望［J］. 海洋学研究，(1)：1 - 5.

王友绍，王肇鼎，黄良民，2004. 近 20 年来大亚湾生态环境的变化及其发展趋势［J］. 热带海洋学报，(5)：85 - 95.

王友绍，2013. 计量海洋生态学：理论、方法与实践［M］. 北京：科学出版社.

王友绍，2014. 大亚湾生态环境与生物资源［M］. 北京：科学出版社.

王友绍，2013. 红树林生态系统评价与修复技术［M］. 北京：科学出版社.

王友绍，2019. 红树林分子生态学［M］. 北京：科学出版社.

王友绍，孙翠慈，王玉图，等，2019. 生态学理论与技术创新引领我国热带、亚热带海洋生态研究与保护［J］. 中国科学院院刊，34 (1)：121 - 129.

王友绍，2021. 全球气候变化对红树林生态系统的影响、挑战与机遇［J］. 热带海洋学报，40 (3)：1 - 14.

韦蔓新，童万平，赖廷和，等，2002. 广西北海湾 COD 与水文生物要素及不同形态氮磷的关系［J］. 台湾海峡，(2)：162 - 166.

吴成业，张建林，黄良民，2001. 南沙群岛珊瑚礁潟湖及附近海区春季初级生产力［J］. 热带海洋学报，(3)：59 - 67.

吴玉霖，孙松，张永山，等，2004. 胶州湾浮游植物数量长期动态变化的研究［J］. 海洋与湖沼，(6)：518 - 523.

徐恭昭 编著，1989. 大亚湾生态环境与生物资源［M］. 安徽合肥：安徽科学技术出版社.

徐继荣，王友绍，孙松，2004. 海岸带地区的固氮、氨化、硝化与反硝化特征［J］. 生态学报，(12)：2907 - 2914.

杨雄邦，田广红，廖宝文，等，2010. 无瓣海桑大战互花米草——运用植物更替措施控制互花米草的实践［J］. 湿地科学与管理，6 (4)：33.

叶明彬，袁陈华，古河祥，等，2015. 人工培育幼年绿海龟的卫星追踪试验［J］. 四川动物，34 (1)：15 - 20.

喻龙，龙江平，李建军，等，2002. 生物修复技术研究进展及在滨海湿地中的应用［J］. 海洋科学进展，(4)：99 - 108.

赵美霞，余克服，张乔民，等，2009. 近 50a 来三亚鹿回头石珊瑚物种多样性的演变特征及其环境意义［J］. 海洋环境科学，28 (2)：125 - 130.

赵士洞，2001. 国际长期生态研究网络（ILTER）——背景、现状和前景［J］. 植物生理学报，(4)：510 - 512.

赵士洞，2004. 美国长期生态研究计划：背景、进展和前景［J］. 地球科学进展，(5)：840 - 844.

赵士洞，2005. 美国国家生态观测站网络（NEON）——概念、设计和进展［J］. 地球科学进展，(5)：579 - 583.

张凤琴，王友绍，殷建平，等，2005. 红树植物抗重金属污染研究进展［J］. 云南植物研究，(3)：225 - 231.

张乔民，隋淑珍，张叶春，等，2001. 红树林宜林海洋环境指标研究［J］. 生态学报，(9)：1427 - 1437.

郑德璋，廖宝文，郑松发，等，1999. 红树林主要树种造林与经营技术研究［M］. 北京：科学出版社.

周贤沛，林永水，王肇鼎，1998. 大亚湾水域浮游植物群落特征的统计分析［J］. 热带海洋，(3)：57 - 64.

邹仁林，1996. 大亚湾海洋生物资源的持续利用［M］. 北京：科学出版社.

Adams J R，1969. Ecological investigations around some thermal power stations in California tidal waters［J］. Chesapeake Science，10 (3 - 4)：145 - 154.

Adrianov A，2004. Strategies and methodology of marine diodiversity studies［J］. Russian Journal of Marine Biology,

30 (1): 17 - 21.

Amir A A, 2018. Mitigate risk for Malaysia's mangroves [J] . Science, 359 (6382): 1342 - 1343.

Basatnia N, Hossein S A, Rodrigo - Comino J, et al., 2018. Assessment of temporal and spatial water quality in international Gomishan Lagoon, Iran, using multivariate analysis [J] . Environmental Monitoring and Assessment, 190 (5): 314.

Boersma P D, Vargas H, Merlen G, 2005. Living Laboratory in Peril [J] . Science, 308: 925.

Borja A, Chust G, Fontan A, et al., 2018. Long - term decline of the canopy - forming algae Gelidium corneum, associated to extreme wave events and reduced sunlight hours, in the southeastern Bay of Biscay [J] . Estuarine, Coastal and Shelf Science, 205: 152 - 160.

Botsford L W, Castilla J C, Peterson C H, 1997. The management of fisheries and marine ecosystems [J] . Science, 277: 509 - 513.

Boris I, Elena I, Vladimir D, 2003. Chironomid responses to long - term metal contamination: a paleolimnological study in two bays of Lake Imandra, Kola Peninsula, northern Russia [J] . Journal of Paleolimnology, 30: 217 - 230.

Cheng H, Liu Y, Jiang Z Y, et al., 2020. Radial oxygen loss is correlated with nitrogen nutrition in mangroves [J] . Tree physiology, 44, 1548 - 1560.

Cheng H, Tam N F Y, Wang Y S, et al., 2012. Effects of copper on growth, radial oxygen loss and root permeability of seedlings of the mangroves *Bruguiera gymnorrhiza* and *Rhizophora stylosa* [J] . Plant & Soil, 359 (1 - 2): 255 - 266.

Cullen J T, Lane T W, Morel F M M, et al., 1999. Modulation of cadmium uptake in phytoplankton by seawater CO_2 concentration [J] . Nature, 402: 165 - 167.

Costanza R, d' Arge R, de Groot R, et al., 1997. Value of the world's ecosystem services and natural capital [J] . Nature, 387: 253 - 260.

Dale P E R, Knight J M, Dwyer P G, 2014. Mangrove rehabilitation: a review focusing on ecological and institutional issues [J] . Wetlands Ecology and Management, 22: 587 - 604.

De Carvalho C A, Moreira R M, Branco O E A, et al., 2017. Combined hydrochemical, isotopic, and multivariate statistics techniques to assess the effects of discharges from a uranium mine on water quality in neighboring streams [J]. Environmental Earth Sciences, 76 (24): 830.

DelValls T A, Conradi M, Garcia - Adiego E, et al., 1998. Analysis of macrobenthic community structure in relation to different environmental sources of contamination in two littoral ecosystems from the Gulf of Cßdiz (SW Spain) [J] . Hydrobiologia, 385: 59 - 70.

Dong J, Zhang Y, Wang Y, et al., 2008. Spatial and seasonal variations of Cyanobacteria and their nitrogen fixation rates in Sanya Bay, South China Sea [J] . Scientia Marina, 72 (2): 239 - 251.

Dong J D, Zhang Y Y, Zhang S, et al., 2010. Identification of temporal and spatial variations of water quality in Sanya Bay, China by three - way principal component analysis [J] . Environmental Earth Sciences, 60: 1673 - 1682.

Duke N C, Meynecke J O, Dittmanns S, et al., 2007. A world without mangroves? [J] Science, 317: 41 - 42.

Elster C, 2000. Reasons for reforestation success and failure with three mangrove species in Colombia [J] . Forest Ecology and Management, 131: 201 - 214.

Evelia R A, Guillermo V, 2001. The coast of Mexico: approaches for its management [J] . Ocean & Coastal Management, 44: 729 - 756.

Fei J, Wang Y S, Zhou Q, et al., 2015a. Cloning and expression analysis of HSP70 gene from mangrove plant *Kandelia obovata* under cold stress [J] . *Ecotoxicology*, 24 (7): 1677 - 1685.

Fei J, Wang Y S, Jiang Z Y, et al., 2015b. Identification of cold tolerance genes from leaves of mangrove plant *Kandelia obovata* by suppression subtractive hybridization [J] . *Ecotoxicology*, 24 (7): 1686 - 1696.

Fei J, Wang Y S, Cheng H, et al., 2021. Cloning and characterization of *KoOsmotin* from mangrove plant *Kandelia obovate* under cold stress. *BMC Plant Biology*, 21: 10.

Fu B, Li S, Yu X, et al., 2010. Chinese ecosystem research network: Progress and perspectives [J] . Ecological Complexity, 254: 1 - 9.

Giller P, Hillebrand H, Berninger U G, et al., 2004. Biodiversity effects on ecosystem functioning: emerging issues and their experimental test in aquatic environments [J]. Oikos, 104 (3): 423 - 436.

Gilman L, Ellison, Duke N C, et al., 2008. Threats to mangroves from climate change and adaptation options: a review [J]. Aquatic Botany, 89 (2): 237 - 250.

Gordina A D, Pavlova E V, Ovsyany E I, et al., 2001. Long - term changes in sevastopol Bay (the Black Sea) with particular reference to the ichthyoplankton and zooplankton [J]. Estuarine, Coastal and Shelf Science, 52: 1 - 13.

Hafezi M, Giffin A L, Alipour M, et al., 2020. Mapping long - term coral reef ecosystems regime shifts: A small island developing state case study [J]. Science of the Total Environment, 716: 137024.

Hofmann E, Ford S, Powell E, et al., 2001. Modeling studies of the effect of climate variability on MSX disease in eastern oyster (*Crassostrea virginica*) populations [J]. Hydrobiologia, 460 (1 - 3): 195 - 212.

Huang G Y, Wang Y S, 2009. Expression analysis of type 2 metallothionein gene in mangrove species (*Bruguiera gymnorrhiza*) under heavy metal stress [J]. Chemosphere, 77 (7): 1026 - 1029.

Huang G Y, Wang Y S, 2010. Physiological and biochemical responses in the leaves of two mangrove plant seedlings (*Kandelia candel* and *Bruguiera gymnorrhiza*) exposed to multiple heavy metals [J]. Journal of Hazardous Materials, 182: 848 - 854.

Huang G Y, Wang Y S, Ying G G, 2011. Cadmium - inducible BgMT2, a type 2 metallothionein gene from mangrove species (*Bruguiera gymnorrhiza*), its encoding protein shows metal - binding ability [J]. *Journal of Experimental Marine Biology and Ecology*, 405: 128 - 132.

Huang G Y, Wang Y S, Ying G G, et al., 2012. Analysis of type 2 metallothionein gene from mangrove species (*Kandelia candel*) [J]. *Trees - Structure and Function*, 26 (5): 1537 - 1544.

Huang L, Tan Y, Song X, et al., 2003. The status of the ecological environment and a proposed protection strategy in Sanya Bay, Hainan Island, China [J]. Marine Pollution Bulletin, 47 (7 - 12): 180 - 186.

Huang L M, Jian W J, Song X Y, et al., 2004. Species diversity and distribution for phytoplankton of the Pearl River estuary during rainy and dry seasons [J]. Marine Pollution Bulletin, 47 (7 - 8): 588 - 596.

Inyang A I, Wang Y S, 2020. Phytoplankton diversity and community responses to physicochemical variables in mangrove zones of Guangzhou Province, China [J]. Ecotoxicology, 29 (6): 650 - 668.

Jan R Q, Chen J P, Lin Ch Y, et al., 2001. Long - term monitoring of the coral reef fish communities around a nuclear power plant [J]. Aquatic Ecology, 35: 233 - 243.

Jiang Z Y, Wang Y S, Cheng H, et al., 2015. Spatial variation of phytoplankton community structure in Daya Bay, China [J]. Ecotoxicology, 24 (7 - 8): 1450 - 1458.

Jenkins M, 2003. Prospects for Biodiversity [J]. Science, 302: 1175 - 1177.

Jackson J B C, Johnson K G, 2001. Measureing past biodiversity [J]. Science, 293: 2401 - 2404.

Jiang Z Y, Wang Y S, Cheng H, et al., 2015. Spatial variation of phytoplankton community structure in Daya Bay, China [J]. Ecotoxicology, 24 (7 - 8): 1450 - 1458.

Liu J, Wang Y S, 2020. Proline metabolism and molecular cloning of *AmP5CS* in the mangrove *Avicennia marina* under heat stress [J]. Ecotoxicology, 29 (6): 698 - 706.

Liu J, Wang Y S, Cheng H, 2020. Molecular cloning and expression of *AmCDPK* from mangrove *Avicennia marina* under elevated temperature [J]. Ecotoxicology, 29 (6): 707 - 717.

Lewis Ⅲ R R, 2005. Ecological engineering for successful management and restoration of mangrove forests [J]. Ecological Engineering, 24: 403 - 418.

Li J, Gu J D, 2007. Complete degradation of dimethyl isophthalate requires the biochemical cooperation between *Klebsiella oxytoca* Sc and *Methylobacterium mesophilicum* Sr isolated from wetland sediment [J]. Science of the Total Environment, 380: 181 - 187.

Ling J, Zhang Y Y, Dong J D, et al., 2013. Long L. J., Zhang S. Spatial variability of cyanobacterial community composition in Sanya Bay as determined by DGGE Fingerprinting and Multivariate Analysis [J]. Chinese Science Bulletin, 58 (9): 1019 - 1027.

Ling J, Zhang Y Y, Dong J D, et al., 2015. Spatial variations of bacterial community and its relationship with water chemistry in Sanya Bay, South China Sea as determined by DGGE fingerprinting and multivariate analysis [J]. Ecotoxicology, 24 (7-8): 1486-1497

Liu D, Sun J, Zhang J, et al., 2008. Response of the diatom flora in Jiaozhou Bay, China to environmental changes during the last century [J]. Marine Micropaleontology, 66: 279-290.

Liu S L, Deng Y Q, Jiang Z J, et al., 2020. Nutrient loading diminishes the dissolved organic carbon drawdown capacity of seagrass ecosystems [J]. Science of the Total Environment, 740: 140-185.

López-Portillo J, Lewis Ⅲ R R, Saenger P, et al., 2017. Mangrove Ecosystems: A Global Biogeographic Perspective [M]. Berlin: Springer International Publishing AG.

Luis V, Mercedes M, 1998. Time-series analysis of copepod diversity and species richness in the southern Bay of Biscay off Santander, Spain, in relation to environmental conditions [J]. ICES Journal of Marine Science, 55: 783-792.

Jr J W D, Boesch D F, Clairain E J, et al., 2007. Restoration of the Mississippi Delta: Lessons from Hurricanes Katrina and Rita [J]. Science, 315: 1679-1684.

Kim D H, Matsuda S, Yamamoto T, 1997. Nitrification, denitrification and nitrate reduction rates in the sediment of Hiroshima Bay [J]. Japan. Journal of Oceanography, 53: 317-324.

Kristensen E, Suraswadi P, 2002. Carbon, nitrogen and phosphorus dynamics in creek water of a southeast Asian mangrove forest [J]. Hydrobiologia, 474 (1-3): 197-211.

Kodama K, Aoki M I, Taniuchi S T, 2002. Long-term changes in the assemblage of demersal fishes and invertebrates in relation to environmental variations in Tokyo Bay, Japan [J]. Fisheries Management and Ecology, 9 (5): 303-313.

Kubo A, Hashihama F, Kanda J, et al., 2019. Long-term variability of nutrient and dissolved organic matter concentrations in Tokyo Bay between 1989 and 2015 [J]. Limnology and Oceanography, 64: 209-222.

Macauly J M, Summers J K, Engle V D, 1999. Estimating the ecological condition of the estuaries of the Gulf of Mexico [J]. Environmental Monitoring and Assessment, 57: 59-83.

Martinez-Frias J, 1997. Mine waste pollutes Mediterranean [J]. Nature, 388: 120.

Macintosha D J, Ashtona E C, Havanonb S, 2002. Mangrove Rehabilitation and Intertidal Biodiversity: a Study in the Ranong Mangrove Ecosystem, Thailand [J]. Estuarine, Coastal and Shelf Science, 55: 331-345.

Malakoff D, 2003. Marine research: scientists counting on census to reveal marine biodiversity [J]. Science, 302: 773.

Melville F, Burchett M, 2002. Genetic variation in *Avicennia marina* in three estuaries of Sydney (Australia) and implications for rehabilitation and management [J]. Marine Pollution Bulletin, 44 (6): 469-479.

Murphy R R, Perry E, Harcum J, et al., 2019. A generalized additive Model approach to evaluating water quality: Chesapeake Bay case study [J]. Environmental Modelling and Software, 118: 1-13.

Ng C, Dutton P H, Gu H X, et al., 2017. Regional conservation implications of green turtle (*Chelonia mydas*) genetic stock composition in China [J]. Chelonian Conservation and Biology, 16 (2): 139-150.

Peng Y L, Wang Y S, Cheng H, et al., 2013. Characterization and expression analysis of three CBF/DREB1 transcriptional factor genes from mangrove Avicennia marina [J]. Aquatic Toxicology, 140-141: 68-76.

Peng Y L, Wang Y S, Cheng H, et al., 2015a. Characterization and Expression analysis of a gene encoding *CBF/DREB1* transcription factor from mangrove *Aegiceras corniculatum* [J]. Ecotoxicology, 24 (7): 1733-1743.

Peng Y L, Wang Y S, Fei J, et al., 2015b. Ecophysiological differences between three mangrove seedlings (*Kandelia obovata*, *Aegiceras corniculatum*, and *Avicennia marina*) exposed to chilling stress [J]. *Ecotoxicology*, 24 (7): 1722-1732.

Peng Y L, Wang Y S, Gu J D, 2015c. Identification of suitable reference genes in mangrove *Aegiceras corniculatum* under abiotic stresses [J]. Ecotoxicology, 24 (7): 1714-1721.

Peng Y L, Wang Y S, Fei J, et al., 2020a. Isolation and expression analysis of two novel C-repeat binding factor (*CBF*) genes involved in plant growth and abiotic stress response in mangrove *Kandelia obovate* [J]. Ecotoxicology, 29 (6): 718-725.

Peng Y L，Wang Y S，Fei J，et al.，2020b. Isolation and expression analysis of a CBF transcriptional factor gene from the mangrove *Bruguiera gymnorrhiza* [J]. Ecotoxicology，29 (6)：726 - 735.

Qiu J W，Qian P Y，1997. Effects of food availability，larval source and culture method on larval development of Balanus amphitrite amphitrite Darwin：implications for experimental design [J]. Journal of Experimental Marine Biology and Ecology，217 (1)：47 - 61.

Sun L H，Chen H R，Huang L M，et al.，2006. Growth，faecal production，nitrogenous excretion and energy budget of juvenile cobia (Rachycentron canadum) relative to feed type and ration level [J]. Aquaculture，259 (1 - 4)：211 - 221.

Sun Q Y，Tang D L，Legendre L，et al.，2014. Enhanced sea - air CO_2 exchange influenced by a tropical depression in the South China Sea [J]. Journal of Geophysical Research，119 (10)：6792 - 6804.

Qiu D J，Huang L M，Lin S J，et al.，2016. Cryptophyte farming by symbiotic ciliate host detected in situ [J]. Proceedings of the National Academy of Sciences of the United States of America，113 (43)：12208 - 12213.

Rasse D P，Peresta G，Drake B G，2005. Seventeen years of elevated CO_2 exposure in a Chesapeake Bay Wetland：sustained but contrasting responses of plant growth and CO_2 uptSeventeen years of elevated CO_2 exposure in a Chesapeake Bay wetland：sustained but contrasting responses of plant growth and CO_2 uptake [J]. Global Change Biology，11 (3)：369 - 377.

Shen Z L，2001. Historical changes in nutrient structure and its influences on phytoplantkon composition in Jiaozhou Bay. Estuarine，Coastal and Shelf Science，52，211 - 224.

Song H，Wang Y S，Sun C C，et al.，2012. Effects of pyrene on antioxidant systems and lipid peroxidation level in mangrove plants，*Bruguiera gymnorrhiza* [J]. Ecotoxicology，21 (6)：1625 - 1632.

Song X Y，Huang L M，Zhang J L，2009. Harmful algal blooms (HABs) in Daya Bay，China：An in situ study of primary production and environmental impacts [J]. Marine Pollution Bulletin，58 (9)：3110 - 3118.

Song X Y，Liu H X，Zhong Y，et al.，2015. Bacterial growth efficiency in a partly eutrophicated bay of South China Sea：Implication for anthropogenic impacts and potential hypoxia events [J]. Ecotoxicology，24 (7 - 8)：1529 - 1539.

Spalding M，Kainuma M，Collins L，2010. World Atlas of Mangroves [M]. London，Earthscan Press.

Stelmakh L V，Senecheva M I，Kuftarkova E A，2010. Long - term variability of the structural and functional characteristics of phytoplankton in the Sevastopol Bay [J]. Journal of Environmental Protection and Ecology，11：182 - 190.

Stone R，2006. A rescue effort for tsunami - ravaged mangrove forests [J]. Science，314：404.

Sun C C，Wang Y S，Sun S，et al.，2006. Dynamic analysis of phytoplankton community characteristics in Daya Bay，China [J]. Acta ecologica sinica，26 (12)：3948 - 3958.

Sun F L，Wang Y S，Sun C C，et al.，2012. Effect of three different PAHs on nitrogen - fixing bacterial diversity in mangrove sediment [J]. Ecotoxicology，21 (6)：1651 - 1660.

Sun X H，Sun S，Li C L，et al.，2008. Seasonal and spatial variation in abundance and egg production of *Paracalanus parvus* (Copepoda：Calanoida) in/out Jiaozhou Bay，China [J]. Estuarine，Coastal and Shelf Science，79：637 - 643.

Wang C Y，Guo J Q，Liang S K，et al.，2018. Long - term variations of the riverine input of potentially toxic dissolved elements and the impacts on their distribution in Jiaozhou Bay，China [J]. Environmental Science and Pollution Research，9：8800 - 8816

Tang D L，Sui G J，2014. Typhoon Impact and Crisis Management [M]. Berlin：Springer - Verlag.

Tang D L，Kester D R，Wang Z D，et al.，2003. AVHRR satellite remote sensing and shipboard measurements of the thermal plume from the Daya Bay，nuclear power station，China [J]. Remote Sensing of Environment，84：506 - 515.

Tam N F Y，Yao M W Y，2002. Concentrations of PCBs in coastal mangrove sediments of Hong Kong [J]. Marine Pollution Bulletin，44 (7)：642 - 651.

Temmerman S，Meire P，Bouma T J，et al.，2013. Ecosystem - based coastal defence in the face of global change [J]. Nature，504：79 - 83.

Wang L Y，Wang Y S，Cheng H，et al.，2015a. Cloning of the *Aegiceras corniculatum* class Ⅰ chitinase gene (*AcCHI* Ⅰ) and the response of *AcCHI* Ⅰ mRNA expression to cadmium stress [J]. Ecotoxicology，24 (7)：

1705 - 1713.

Wang L Y, Wang Y S, Zhang J P, et al., 2015b. Molecular cloning of class Ⅲ chitinase gene from *Avicennia marina* and its expression analysis in response to cadmium and lead stress [J]. Ecotoxicology, 24 (7 - 8): 1697 - 1704.

Wang W C, Sun S, Sun X X, et al., 2020. Spatial patterns of zooplankton size structure in relation to environmental factors in Jiaozhou Bay, South Yellow Sea [J]. Marine Pollution Bulletin, 150: 110698.

Wang Y S, Lou Z P, Sun C C, et al., 2006. Multivariate statistical analysis of water quality and phytoplankton characteristics in Daya Bay, China, from 1999 to 2002 [J]. Oeanologia, 48 (2): 193 - 211.

Wang Y S, Lou Z P, Sun C C, et al., 2008. Ecological environment changes in Daya Bay, China, from 1982 to 2004 [J]. Marine Pollution Bulletin, 56 (11): 1871 - 1879.

Wang Y S, Sun C C, Lou Z P, et al., 2011. Identification of water quality and benthos characteristics in Daya Bay, China, from 2001 to 2004 [J]. Oceanological and Hydrobiological Studies, 40 (1): 82 - 95.

Wang Y S, Lou Z P, Sun C C, et al., 2012. Identification of water quality and zooplankton characteristics in Daya Bay, China, from 2001 to 2004 [J]. Environmental Earth Sciences, 66: 655 - 671.

Wang Y S, Gu J D, 2021. Ecological responses, adaptation and mechanisms of mangrove wetland ecosystem to the global climate change and anthropogenic activities [J]. International Biodeterioration & Biodegradation, 162: 105248.

Wang Y S, 2011. Effects of the operating Nuclear Power Plant on marine ecology & environment - a case study of Daya Bay in China. In Nuclear Power - Deployment, Operation and Sustainability [M] London: InTech Press.

Walker H A, Latimer J S, Dettmann E H, 2000. Assessing the effects of natural and anthropogenic stressors in the Potomac Estuary: implications for long - term monitoring [J]. Environmental Monitoring and Assessment, 63 (1): 237 - 251.

Wu M L, Wang Y S, 2007. Using chemometrics to evaluate anthropogenic effects in Daya Bay, China [J]. Estuarine, Coastal and Shelf Science, 72: 732 - 742.

Wu M L, Wang Y S, Sun C C, et al., 2009a. Identification of anthropogenic effects and seasonality on water quality in Daya Bay, South China Sea [J]. Journal of Environmental Management, 90: 3082 - 3090.

Wu M L, Wang Y S, Sun C C, et al., 2009b. Identification of water quality by using chemometrics in Daya Bay, China [J]. Oceanologia, 51 (2): 1 - 16.

Wu M L, Wang Y S, Sun C C, et al., 2010. Identification of coastal water quality by statistical analysis methods in Daya Bay, South China Sea [J]. Marine Pollution Bulletin, 60: 852 - 860.

Wu M L, Wang Y S, Sun C C, et al., 2011a. Investigation of spatial and temporal trends in water quality in Daya Bay, South China Sea [J]. International Journal of Environmental Research and Public Health, 8 (6): 2352 - 2365.

Wu M L, Zhang Y Y, Dong J D, et al., 2011b. Identification of coastal water quality by self - organizing map in Sanya Bay, South China Sea [J]. Aquatic Ecosystem Health and Management Society, 14 (3): 291 - 297.

Wu M L, Wang Y S, Sun C C, et al., 2012a. Monsoon - driven dynamics of water quality by multivariate statistical methods in Daya Bay, South China Sea [J]. Oceanological and Hydrobiological Studies, 41 (4): 66 - 76.

Wu M L, Ling J, Long L J, et al., 2012b. Influence of human activity and monsoon dynamics on spatial and temporal hydrochemistry in tropical coastal waters (Sanya Bay, South China Sea) [J]. Chemistry and Ecology, 28 (4): 375 - 390.

Wu M L, Zhang Y Y, Long L J, et al., 2012c. Identification of coastal water quality, including heavy metals, in the South China Sea [J]. Polish Journal of Environmental Studies, 21 (5): 1445 - 1452.

Wu M L, Zhang Y Y, Dong J D, et al., 2012d. Monsoon - driven dynamics of environmental factors and phytoplankton in tropical Sanya Bay, South China Sea [J]. Oceanological and Hydrobiological studies, 41 (1): 57 - 66.

Wu M L, Wang Y S, Gu J D, 2015a. Assessment for water quality by artificial neural network in Daya Bay, South China Sea [J]. Ecotoxicology, 24 (7 - 8): 1632 - 1642.

Wu M L, Wang Y S, Wang Y T, et al., 2016. Seasonal and spatial variations of water quality and trophic status in Daya Bay, South China Sea [J]. Marine Pollution Bulletin, 112 (1 - 2): 341 - 348.

Wu M L, Wang Y S, Wang Y T, et al., 2017. Scenarios of nutrient alterations and responses of phytoplankton in a changing Daya Bay, South China Sea [J]. Journal of Marine Systems, 165: 1-12.

Wu M L, Wang Y T, Cheng H, et al., 2020. Phytoplankton community, structure and succession delineated by partial least square regression in Daya Bay, South China Sea [J]. Ecotoxicology, 29 (6): 751-761.

Wu Z Z, Che Z W, Wang Y S, et al., 2015b. Identification of Surface Water Quality along the Coast of Sanya, South China Sea [J]. PLoS ONE, 10 (4): e0123515.

Xu Y, Wang W X, 2004. Silver uptake by a marine diatom and its transfer to the coastal copepod *Acartia spinicauda* [J]. Environmental Toxicology and Chemistry, 23 (3): 682-690.

Yu H, Li X, Li B, et al., 2006. The biodiversity of macrobenthos from Jiaozhou Bay [J]. Acta Ecologica Sinica, 26 (2): 416-422.

Yue W Z, Sun C C, Shi P, et al., 2018. Effect of temperature on the accumulation of marine biogenic gels in the surface microlayer near the outlet of nuclear power plants and adjacent areas in the Daya Bay, China [J]. PLOS ONE, 13 (6): e0198735.

Yin B, Huang L M, Gu J D, 2006. Biodegradation of 1-methylindole and 3-methylindole by mangrove sediment enrichment cultures and a pure culture of an isolated *Pseudomonas aeruginosa* Gs [J]. Water, Air, & Soil Pollution, 176 (1-4): 185-199.

Yue W Z, Sun C C, Shi P, et al., 2018. Effect of temperature on the accumulation of marine biogenic gels in the surface microlayer near the outlet of nuclear power plants and adjacent areas in the Daya Bay, China [J]. PLOS ONE, 13 (6): e0198735

Yung Y K, Wong C K, Yau K, et al., 2001. Long-term changes in water quality and phytoplankton characteristics in Port Shelter, Hong Kong, from 1988—1998 [J]. Marine Pollution Bulletin, 42 (10): 981-992.

Zhang F Q, Wang Y S, Lou Z P, et al., 2007. Effect of heavy metal stress on antioxidative enzymes and lipid peroxidation in leaves and roots of two mangrove plant seedlings (*Kandelia candel* and *Bruguiera gymnorrhiza*) [J]. Chemosphere, 67: 44-50.

Zhang F Q, Wang Y S, Sun C C, et al., 2012. A novel metallothionein gene from a mangrove plant, *Kandelia candel* [J]. Ecotoxicology, 21 (6): 1633-1641.

Zhang Y Y, Dong J D, Yang B, et al., 2010. Phytoplankton distribution and their relationship to environmental variables in Sanya Bay, South China Sea [J]. Scientia Marina, 74 (4): 783-792.

Zhang Y Y, Ling J, Yang Q S, et al., 2015. The diversity of coral associated bacteria and the environmental factors affect their community variation [J]. Ecotoxicology, 24 (7-8): 1467-1477.

Zhang Y Y, Yang Q S, Zhang Y, et al., 2021. Shifts in abundance and network complexity of coral bacteria in response to elevated ammonium stress [J]. Science of the Total Environment, 768: 144631.

Zheng G M, Tang D L, 2007. Offshore and nearshore chlorophyll increases induced by typhoon winds and subsequent terrestrial rainwater runoff [J]. Marine Ecology Progress Series, 333: 61-74.

Zhou J L, Maskaoui K, 2003. Distribution of polycyclic aromatic hydrocarbons in water and surface sediments from Daya Bay, China [J]. Environmental Pollution, 121: 269-281.

图书在版编目（CIP）数据

中国生态系统定位观测与研究数据集．湖泊湿地海湾生态系统卷．广东大亚湾站：2007-2017 / 陈宜瑜总主编；王友绍，孙翠慈，王玉图主编．—北京：中国农业出版社，2023.11
ISBN 978-7-109-31282-1

Ⅰ．①中…　Ⅱ．①陈…　②王…　③孙…　④王…　Ⅲ．①生态系—统计数据—中国②沼泽化地—生态系统—统计数据—深圳—2007-2017　Ⅳ．①Q147②P942.653.078

中国国家版本馆 CIP 数据核字（2023）第 202649 号

ZHONGGUO SHENGTAI XITONG DINGWEI GUANCE YU YANJIU SHUJUJI

中国农业出版社出版
地址：北京市朝阳区麦子店街 18 号楼
邮编：100125
责任编辑：李昕昱　　文字编辑：吴沁茹
版式设计：李　文　　责任校对：吴丽婷
印刷：北京印刷一厂
版次：2023 年 11 月第 1 版
印次：2023 年 11 月北京第 1 次印刷
发行：新华书店北京发行所
开本：889mm×1194mm　1/16
印张：12.25
字数：370 千字
定价：98.00 元
